SIMPLES NOTIONS

SUR

L'AGRICULTURE

PAR TH.-H. BARRAU

Nouvelle édition entièrement refondue

PAR

GUSTAVE HEUZÉ

Membre de la Société nationale d'agriculture de France
Inspecteur général honoraire de l'agriculture

CONTENANT 135 VIGNETTES ET UNE CARTE DE LA FRANCE AGRICOLE

PARIS

LIBRAIRIE HACHETTE ET Cⁱᵉ

79, BOULEVARD SAINT-GERMAIN, 79

SIMPLES NOTIONS

sur

L'AGRICULTURE

LA BROIE

SIMPLES NOTIONS

SUR

L'AGRICULTURE

L'ARBORICULTURE, LA SYLVICULTURE,

LA ZOOTECHNIE, L'ÉCONOMIE RURALE ET L'HORTICULTURE

PAR TH.-H. BARRAU

Nouvelle édition entièrement refondue

PAR

GUSTAVE HEUZÉ

Membre de la Société nationale d'agriculture de France
Inspecteur général honoraire de l'agriculture

ET CONTENANT 125 VIGNETTES ET UNE CARTE DE LA FRANCE AGRICOLE

PARIS

LIBRAIRIE HACHETTE ET Cie

79, BOULEVARD SAINT-GERMAIN, 79

1897

AVERTISSEMENT

La France, depuis vingt années, a donné une grande extension à l'enseignement agricole.

En vertu de la loi du 30 juillet 1875, une *école pratique d'agriculture* a été organisée dans chaque département. Les frais du personnel enseignant sont seuls à la charge de l'État. Ces écoles sont destinées à l'enseignement élémentaire de l'agriculture. Les études comprennent les éléments de la botanique, de la physique et de la chimie, l'emploi des machines, la zootechnie, l'agriculture et l'économie rurale. Des chefs pratiques y enseignent le manuel opératoire. Les élèves exécutent tous les travaux agricoles et horticoles. La durée des études est de deux ans.

Plusieurs *fermes-écoles*, créées d'après la loi du 3 octobre 1848, existent encore. L'instruction y est gratuite ; elle a du rapport avec l'enseignement des écoles pratiques d'agriculture.

Conformément à la loi du 16 juin 1879, un *professeur départemental d'agriculture* est chargé de leçons dans les écoles normales primaires et de conférences dans les communes de son département. Il est nommé au concours.

Les professeurs départementaux doivent diriger les *champs de démonstration* et guider les *instituteurs primaires* dans leur enseignement agricole.

Depuis 1882, les *notions d'agriculture et d'horticulture* ont été inscrites comme *matières obligatoires* dans l'enseignement primaire communal.

Divers collèges communaux possèdent aujourd'hui des *chaires d'agriculture* ou des *chaires d'horticulture* qui sont placées sous la direction des professeurs départementaux.

Plusieurs *orphelinats agricoles* possèdent aussi un enseignement agricole et horticole.

Chaque année, les Sociétés d'agriculture et les Comices agricoles, dans le but d'encourager la diffusion de l'enseignement agricole dans les communes rurales, attribuent des *médailles d'or, d'argent* et *de bronze* et parfois même des *objets d'art* aux instituteurs les plus dévoués à l'enseignement agricole. Ces récompenses sont toujours décernées sur les rapports des commissions qui ont examiné les cahiers des élèves, interrogé ces derniers et qui ont visité les jardins des écoles et les champs de démonstration organisés et surveillés par les instituteurs.

Chaque année aussi le gouvernement décerne dans les Concours régionaux des *diplômes de médailles d'or et d'argent* aux professeurs et instituteurs qui ont présenté les expositions scolaires les plus instructives. Ces collections comprennent des modèles, des dessins, des herbiers, des insectes, des cartes agronomiques, etc., et des travaux spéciaux concernant l'enseignement agricole.

Le livre de M. Barrau, dont nous offrons au public une édition nouvelle, a été de nouveau remanié afin qu'il soit au courant du perfectionnement et des découvertes de la science et de la pratique.

Nous avons cherché à être, comme M. Barrau lui-même, clair, élémentaire, pratique.

Les lectures, au nombre de 43, sont suivies par un certain nombre de *questions* rédigées dans le but de rendre plus facile la tâche des instituteurs et des commissions chargées d'interroger les élèves qui disputent les prix qui leur sont offerts par les associations agricoles pour l'enseignement de l'agriculture.

Ces questions sont au nombre de 394.

Comme nous le disions dans la dernière édition, ce livre est destiné aux écoles primaires rurales et aux écoles pratiques d'agriculture; il l'est aussi aux collèges communaux et aux écoles urbaines, où les enfants n'ont pas, comme dans les campagnes, des notions exactes sur le plus important de tous les arts. Puisse-t-il leur inspirer le désir de s'initier à des connaissances devenues aujourd'hui nécessaires pour tous et trouver dans la culture des arbres fruitiers, des légumes et des fleurs des occupations aussi douces qu'elles sont agréables.

Des gravures d'une parfaite exactitude et en grand nombre rendront le texte moins aride et plus instructif.

GUSTAVE HEUZÉ.

Paris, le 15 septembre 1896.

Éléments principaux enlevés à la terre par 100 kilos de récolte.

(Données moyennes.)

PLANTES	AZOTE	ACIDE PHOSPHORIQUE	CHAUX	POTASSE
	KIL.	KIL.	KIL.	KIL.
Blé	2,00	0,80	0,05	0,50
Seigle............	1,70	0,80	0,25	0,52
Orge.............	1,50	0,70	0,62	0,65
Avoine...........	1,80	0,52	1,10	0,40
Paille.				
Blé	0,48	0,22	0,24	0,48
Seigle............	0,40	0,24	0,75	0,34
Orge.............	0,46	0,16	0,90	0,32
Avoine...........	0,40	0,20	0,35	0,75
Racines.				
Betterave	0,17	0,07	0,04	0,42
Carotte...........	0,20	0,10	0,08	0,30
Foins.				
Luzerne	2,0	0,50	2,86	1,50
Sainfoin..........	1,80	0,46	1,40	1,75
Trèfle............	2,0	0,55	1,90	1,90
Vesce............	2,15	0,60	1,92	2 »

Une culture de blé qui aurait produit 25 hectolitres ou 1900 kilogrammes de grains et 4000 kilogrammes de paille, aurait donc soutiré à la couche arable :

	Grains.	Paille.	Totaux.
Azote.....................	38 kil.	19 kil.	57 kil.
Acide phosphorique........	15	9	24
Chaux....................	1	10	11
Potasse..................	10	19	29

C'est à l'aide des engrais qu'on peut rendre à la terre les substances qu'une récolte lui a enlevées.

SIMPLES NOTIONS

SCIENTIFIQUES ET PRATIQUES

SUR L'AGRICULTURE

PREMIÈRE PARTIE

TERRAINS, VÉGÉTATION ET CLIMATS

PREMIÈRE LECTURE

DÉFINITIONS. — TERRE ARABLE ET SOUS-SOL.

Définitions. — 1. Les *champs* sont des terrains que l'on cultive au moyen de la charrue, et qui produisent les grains nécessaires à la nourriture de l'homme, ou les plantes indispensables à l'alimentation des animaux et d'autres plantes utiles à l'industrie.

Les *prés*, ou *prairies*, ou *herbages* sont des terres où croît l'herbe dont les animaux se nourrissent.

Les *vignes* sont des terrains consacrés à la production du raisin dont on fait le vin.

Les *bois* ou *forêts* sont des terrains garnis d'arbres et d'arbrisseaux destinés ou à être brûlés, ou à servir à différents usages dans les arts et l'industrie.

Les *jardins* sont des enclos de peu d'étendue que l'on

cultive au moyen de la bêche et de la houe, et qui produisent des légumes, des fruits et des fleurs.

Dieu, qui a soumis la terre à l'homme, lui a imposé la loi de la féconder par le travail.

L'homme doit donc soigner les terres labourables et les prés, cultiver les vignes, les bois et les jardins.

La culture des champs se nomme *agriculture*.

La culture des jardins se nomme *jardinage* ou *horticulture*.

Le mot *agriculture*, dans le sens le plus général, comprend les travaux et les opérations de toute nature appliqués aux champs, aux prés, aux vignes et même aux jardins et aux bois.

Terre arable et sous-sol. — 2. On appelle *terre arable, couche végétale* ou *terre végétale* celle qui est propre à la culture, c'est-à-dire qui, étant travaillée par les soins de l'homme, est capable de produire des substances utiles à son alimentation ou à ses autres besoins.

La terre arable est d'autant plus féconde qu'elle contient plus d'humus. On appelle *humus* une sorte de terreau non acide, d'un aspect généralement onctueux et noirâtre, qui provient de la décomposition des matières végétales et animales qui se sont trouvées mêlées à la terre ou que l'on a ajoutées au sol.

La profondeur de la terre arable varie : dans quelques endroits, elle ne dépasse point dix à quinze centimètres; sur d'autres points elle a jusqu'à cinquante centimètres et même un mètre d'épaisseur.

Au-dessous du sol végétal s'étend le *sous-sol*, couche de terre plus ou moins utile à la vie des plantes.

Le sous-sol est *perméable* quand il est formé d'une couche terreuse ou caillouteuse que les eaux pluviales traversent aisément; il est *imperméable* lorsqu'il est très argileux ou formé par une roche compacte.

Éléments constitutifs du sol. — 3. Trois sortes principales d'éléments terreux d'une nature différente concourent avec l'humus à la composition du sol arable. Ces trois substances sont : l'argile, la silice et le calcaire.

On appelle *argile* ou *glaise* une terre onctueuse, susceptible de se mouler sous toutes les formes, retenant l'eau, ne la laissant point passer, se fendillant et se séparant en fragments plus ou moins durs lorsqu'elle se dessèche.

On appelle *silice* le sable pur, les petits cailloux quartzeux. Le sable siliceux ne forme jamais une pâte avec l'eau et celle-ci le traverse facilement.

On appelle *calcaire* ou *carbonate de chaux* des matières pierreuses et terreuses dont on peut extraire de la chaux.

Aucun sol agricole n'est exclusivement composé d'une de ces trois sortes de terre.

L'argile pure, la silice pure, le calcaire pur ou *craie* sont pour ainsi dire improductifs; mélangées ensemble, ces substances constituent de bons terrains.

Indépendamment de ces trois principaux éléments, les terrains contiennent de la *magnésie*, de la *soude*, de la *potasse* et du *fer* qui sont très utiles aux végétaux.

Espèces de terres. — 4. On appelle *terre argileuse* celle où l'argile domine, terre *siliceuse* celle dont le sable quartzeux forme la partie principale, et terre *calcaire* celle dans laquelle domine le carbonate de chaux.

On appelle généralement *terres fortes* celles qui sont très argileuses et compactes, *terres légères* celles qui sont surtout composées de silice et qui sont naturellement très divisées et sans consistance, et *terres de moyenne consistance* celles qui renferment : 1° du sable et de l'argile et qu'on appelle *silico-argileuses*; 2° de la silice et du calcaire et qu'on nomme *silico-calcaires*.

La terre qui contient 70 à 90 pour 100 de carbonate de chaux est appelée *terre crayeuse*; elle est pauvre et toujours blanchâtre.

Les *terres schisteuses* appartiennent à la classe des terres argileuses, et les *sols granitiques* et les *terres volcaniques* à celle des terres siliceuses.

Les terrains noirâtres qui renferment beaucoup de débris acides de végétaux sont désignés sous le nom de *terrains tourbeux*.

Les *terres de bruyère* ou *de landes* contiennent une forte proportion de sable et de terreau acide; leur couleur est grisâtre ou noirâtre. Ces terres produisent naturellement des bruyères; l'ajonc marin et de la fougère y végètent quand elles sont peu humides et profondes.   —

De toutes les terres arables la meilleure est celle qu'on appelle *terre franche*. Cette terre est un composé des trois autres, mélangées avec environ un quinzième ou un vingtième d'humus; sur 100 parties, elle doit contenir 8 à 15 parties de calcaire.

En général, la terre franche n'est ni trop friable, ni trop compacte; son aspect est généralement jaune brunâtre; elle est assez douce au toucher; elle est également perméable à l'eau, à l'air et à la chaleur.

Les *terres d'alluvion* sont celles que les eaux ont déposées; elles sont un peu légères et souvent fertiles. C'est par exception que les terres des marais ou *lais de mer* du Poitou, de Dunkerque, etc., sont très argileuses.

Tous ces terrains sont plus ou moins caillouteux ou pierreux. Les pierres d'un volume moyen et qui ne nuisent pas à la marche des instruments aratoires, sont très utiles sur les sols perméables, de fertilité moyenne, en ce qu'elles fixent plus d'humidité dans la couche arable pendant les temps de sécheresse.

Les terres fortes, compactes ou argileuses, s'échauffent tardivement au printemps et elles se refroidissent vite en automne, parce qu'elles absorbent facilement l'eau et qu'elles l'abandonnent très lentement; on les appelle *terres froides, terres tardives.*

Les terrains sablonneux perméables s'échauffent aisément à la fin de l'hiver et ils conservent tardivement en automne la chaleur qu'ils ont absorbée pendant l'été. On les nomme *terrains chauds* ou *terres hâtives* ou *précoces.*

Les terres calcaires et siliceuses plus ou moins rougeâtres doivent leur coloration à une quantité plus ou moins grande de parties ferrugineuses. Les terres calcaires rougeâtres à sous-sol perméable sont favorables à la culture de la vigne, de l'olivier, etc., mais les sols sablonneux fortement colorés par l'*oxyde de fer* sont de très mauvais terrains agricoles.

Il existe en Auvergne, dans le Velay et le Vivarais, des terrains qui proviennent de la décomposition de roches éruptives. Ces *terrains volcaniques* sont légers, perméables et noirâtres ou noir rougeâtre; ils sont riches en potasse et renferment des débris plus ou moins nombreux de roches basaltiques. Les pâturages y sont presque toujours productifs. -

Les *terrains tourbeux* existent dans les vallées; ils contiennent de 60 à 80 pour 100 d'humus acide. Desséchés et chaulés, on en obtient souvent des belles récoltes. Les hortillons d'Amiens y ont établi de riches cultures légumières.

Propriétés physiques des terrains agricoles. — **5.** Tous les terrains agricoles jouissent de propriétés physiques qui les rendent plus ou moins favorables à la culture des plantes.

Les sols siliceux, graveleux, granitiques et schisteux à sous-sols imperméables possèdent les propriétés physiques qui caractérisent les terres argileuses.

Les sols qui contiennent beaucoup d'humus, comme les terres de jardins ou les sols tourbeux, sont toujours plus frais pendant l'été que les terrains pauvres ou les sols sablonneux ou calcaires, parce que les matières organiques ont la propriété de retenir l'humidité avec facilité.

En général, les terres légères situées sur un versant exposé au nord ou ombragées par des plantations ou des haies vives sont moins sèches pendant les mois de juin, juillet et août que les mêmes sols situés sur un plateau, sur un coteau exposé au midi et n'ayant aucun arbre.

Les terres blanches argileuses ou calcaires sont ordinairement froides et tardives, parce que la couleur blanche réfléchit les rayons solaires, et que cette réflexion ne permet pas à la chaleur atmosphérique d'évaporer promptement l'eau dont la terre est saturée; les terres noirâtres, au contraire, sont plus chaudes quand elles sont perméables, parce qu'elles absorbent facilement les rayons solaires et conservent la chaleur.

QUESTIONNAIRE.

1. Qu'est-ce que les champs, les prés, les vignes, les bois? — Qu'entend-on par agriculture ou par jardinage?

2. Qu'est-ce que la terre végétale? — Qu'est-ce que l'humus?

3. Quels sont les éléments constitutifs des sols?

4. Qu'appelle-t-on terres argileuse, siliceuse, calcaire? — Qu'est-ce que les terres fortes ou légères? — A quelle classe appartiennent les terres schisteuses, granitiques ou volcaniques? — Parlez de la terre franche, des terres d'alluvion.

5. Qu'appelle-t-on terres précoces, tardives, chaudes, froides? — Les terres riches en humus sont-elles plus fraîches en été que les sols qui n'en contiennent pas?

DEUXIÈME LECTURE

LES PLANTES. — LA VIE VÉGÉTALE.

Les plantes. — 6. Les plantes sont des êtres organisés, fixés et insensibles ; ils croissent dans tous les sens, vivent et meurent.

Lorsqu'on examine une *ronce* à l'époque où elle est couverte de fleurs, on reconnaît, quand on détaille les parties qui la composent, qu'elle a des *racines*, des *tiges*, des *feuilles*, des *bourgeons*, des *fleurs* et des *fruits*.

Chacune de ces parties a une organisation particulière et des fonctions spéciales.

7. La *racine* se développe toujours dans le sens opposé à la tige ; elle fixe la plante dans le sol et y puise les matériaux nécessaires à sa nourriture.

Elle n'a point de bourgeons et ne prend jamais la couleur verte sous l'influence de la lumière.

On connaît quatre sortes de racines : 1° les *racines*

fibreuses (fig. 1), qui sont composées de filaments longs, simples ou ramifiés; exemple : les racines de froment; 2° les *racines pivotantes* (fig. 2), qui sont simples, longues et coniques; exemple : la racine de la betterave; 3° les

Fig. 1. — Racine fibreuse.
(Froment.)

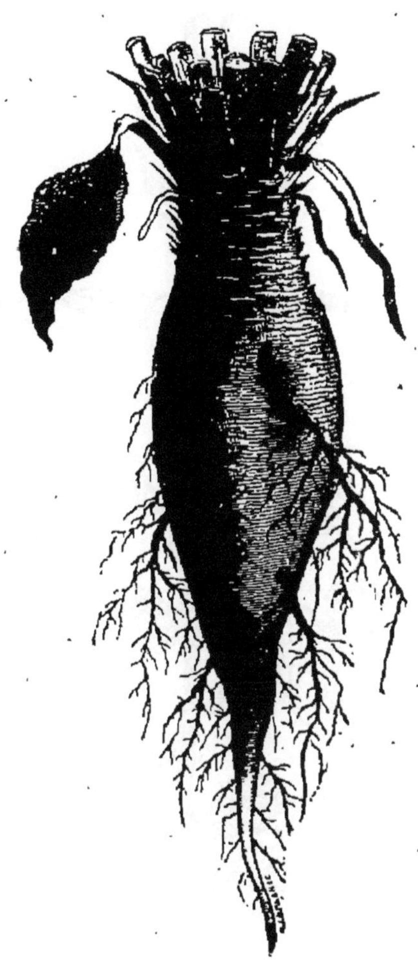

Fig. 2. — Racine pivotante.
(Betterave.)

racines traçantes ou *rampantes*, qui se répandent près de la surface de la terre; exemple : les racines du chiendent et de l'orme; 4° les *racines charnues*, qui présentent des renflements considérables; exemple : les racines de la betterave et du navet.

On distingue dans la racine le *collet*, qui est la séparation entre la tige et la racine, le *pivot* ou corps de la racine et les *radicelles* ou les parties grêles, déliées, dont l'ensemble est appelé *chevelu*.

8. La *tige* est la partie du végétal qui croît en sens inverse de la racine. Elle sert de support aux feuilles, aux fleurs et aux fruits.

Elle constitue une *plante herbacée* si elle reste verte, une *plante ligneuse* si elle se convertit en bois.

Les tiges sont *fistuleuses* si elles sont creuses intérieurement; *solides* ou *pleines* si elles n'ont pas de cavité intérieure; *grimpantes* quand elles montent et s'attachent aux murs et aux arbres (le lierre); *volubiles* (fig. 3) si elles s'entortillent autour d'un échalas ou d'un arbre; *rampantes* si elles s'étendent sur le sol; *traçantes* si les jets qu'elles produisent s'enracinent et produisent de nouveaux pieds (le fraisier).

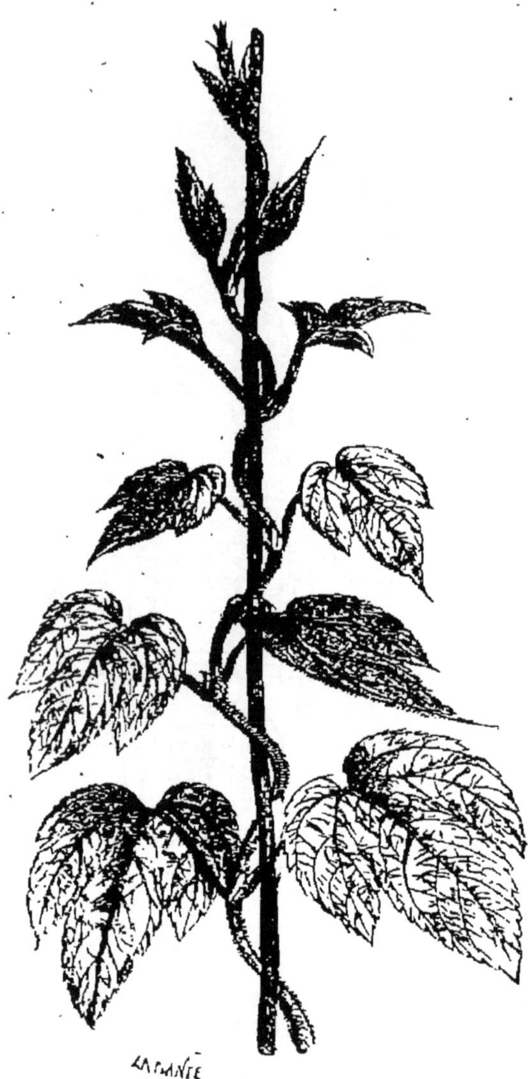

Fig. 3. — Tige volubile. (Houblon.

La tige est simple quand elle ne porte pas de ramification; *la tige est ramifiée* lorsqu'elle supporte des branches et des brindilles.

9. Les *feuilles* sont ces organes ordinairement en lames minces et vertes qui naissent généralement sur les tiges ou les ramifications et quelquefois aussi sur le collet de la racine.

Elles se composent de deux parties : 1º du *limbe* qui est la feuille proprement dite ; 2º du *pétiole* qui en est le support ou la queue.

Les unes sont *lisses* ou *glabres*, les autres sont *velues* ou *cotonneuses*, c'est-à-dire couvertes de poils plus ou moins mous ; enfin, quelques-unes sont *épineuses* ou munies d'aiguillons.

10. Les *bourgeons* ont été divisés en quatre classes :

Fig. 4. — Bourgeon développé.
(Pêcher.)

Fig. 5. — Calice et corolle.
(Tabac.)

1º Le *bourgeon proprement dit* ou *bouton* est un petit corps arrondi qui se développe sur les branches dans l'aisselle des feuilles et à l'extrémité des rameaux et produit une pousse (fig. 4). Le *bouton à feuilles* est allongé et un peu pointu, le *bouton à fleurs* ou *bouton à fruits* est arrondi et gonflé. On appelle *bouton adventif* celui qui se développe sur un point où il n'existe pas ordinairement de boutons ; *bourgeon axillaire* celui qui est situé à l'aisselle d'une feuille et *bourgeon terminal* celui qui est situé à l'extrémité d'une ramification.

2º Le *bulbe* est un bourgeon composé d'écailles charnues ; on le désigne ordinairement sous le nom d'*oignon*.

3° Le *turion* est un bourgeon souterrain qui, en se développant, produit une tige ; exemple : la partie comestible de l'asperge.

4° Le *tubercule* est un rameau souterrain parsemé d'yeux qui sont des bourgeons. Il verdit quand il reste exposé à l'action de la lumière ; exemple : le tubercule de la pomme de terre.

11. La *fleur* (fig. 5) est l'organe de la reproduction ; elle

Fig. 6. — Cerises.

Fig. 7. — Tête de pavot-œillette.

comprend le *calice*, ou enveloppe externe de couleur ordinairement verte ; la *corolle*, ou enveloppe intérieure qui offre les nuances les plus variées et les plus éclatantes ; les *organes* nécessaires à la production des graines et qui sont toujours situés au centre de la corolle.

12. Le *fruit* est la production qui résulte de la fécondation. Il se compose de l'enveloppe et de la graine.

Les uns sont *charnus* ou *pulpeux*, comme la poire, la pêche, la cerise (fig. 6), et renferment intérieurement des pépins ou un noyau ; les autres sont *secs*, de formes très diverses, et ils renferment une ou plusieurs graines; exemple : la *cosse* du haricot, la *silique* du colza, la *tête* ou *capsule* du coquelicot ou du pavot (fig. 7).

13. La *graine* est la semence qui sert à la reproduction de la plupart des plantes; elle comprend une partie plus ou moins dure, tantôt farineuse, tantôt oléagineuse, tantôt cornée et à l'intérieur de laquelle est situé le *germe* ou *embryon*.

La vie des plantes. — **14.** Quand on confie une graine de haricot à une terre qui a suffisamment d'*humidité*, d'*air* et de *chaleur*, elle se gonfle, se ramollit en absorbant de l'eau, et son enveloppe ne tarde pas à se déchirer; alors sa radicule ou jeune racine s'allonge, s'enfonce dans la terre, tandis que sa *tigelle* ou jeune tige se développe en soulevant hors de terre les deux lobes appelés *cotylédons*, qui ont pour destination de nourrir la *plantule* ou jeune plante dès qu'elle commence à croître (fig. 8).

Quand la racine est un peu développée, les cotylédons se flétrissent et tombent, alors la *germination* est terminée.

Fig. 8. — Germination du haricot.

Les semences du froment, du seigle, de l'oignon, etc., ne développent en germant qu'un seul cotylédon.

15. Les végétaux ne se nourrissent que de substances liquides et gazeuses. C'est dans la terre qu'ils puisent l'eau ainsi que les sels et les gaz qu'elle tient en dissolution.

L'absorption de ces liquides se fait par les extrémités

des racines. La force avec laquelle s'opère cette absorption est considérable. L'eau qui a pénétré dans le végétal après être chargée de matières solubles alimentaires prend le nom de *sève*.

16. La sève est incolore ; elle se répand dans tout le végétal et s'élève jusqu'aux feuilles, où elle ne tarde pas à se trouver en contact immédiat avec l'air par le concours de petites ouvertures qui existent sur les feuilles et qu'on nomme *stomates*.

La température a une grande influence sur le mouvement de la sève. Ainsi, au printemps, une température à la fois chaude et humide en rend la circulation plus active. Le froid, au contraire, la ralentit ; ainsi, à la fin de l'automne, elle devient épaisse, reste stagnante, pour ne circuler de nouveau qu'au retour du printemps.

On remarque chez quelques arbres et arbustes un second mouvement de *sève* au mois d'*août* ; mais cette circulation, qui est déterminée par la formation des boutons ou le développement des bourgeons qui se sont formés au printemps, est moindre que celle qui a lieu après l'hiver.

La sève, parvenue à l'extrémité des rameaux, se répand dans les feuilles. Après avoir été modifiée favorablement par l'air, elle redescend vers les racines et concourt essentiellement à la vie et à l'accroissement du végétal. On la nomme alors *sève élaborée*, *sève descendante* ou *cambium*.

17. La modification de la sève par l'air est connue sous le nom de *respiration* ; cet acte de la vie végétale a lieu sous l'influence de la chaleur et de la lumière.

Pendant le jour, les feuilles, les écorces décomposent l'air, retiennent son carbone et laissent échapper l'oxygène qui y est combiné. Durant la nuit, le contraire a lieu. Ainsi, dans l'obscurité, les plantes fixent l'oxygène et dégagent de l'acide carbonique, gaz qui n'est pas respirable. Ces phénomènes expliquent pourquoi il y a danger de laisser une certaine quantité de fleurs et de fruits dans un appartement habité et fermé pendant la nuit.

6. Les plantes sont-elles des êtres vivants?
7-9. Quelles sont les parties qui les composent?
10. Comment divise-t-on les bourgeons?
14. Comment a lieu la germination?
15. D'où les plantes tirent-elles leur nourriture?
16. Comment a lieu la marche de la sève?
17. Les plantes respirent-elles? — Est-il prudent de conserver des fleurs ou des fruits dans une chambre habitée pendant la nuit?

TROISIÈME LECTURE

DURÉE DES VÉGÉTAUX. — MULTIPLICATION PAR GRAINES, PAR BOUTURES, PAR MARCOTTE, PAR REJETONS ET ÉCLATS DE PIEDS.

Durée des végétaux. — 18. Tous les végétaux n'ont pas la même durée d'existence.

Les uns ne vivent que l'espace d'une année; on les appelle *plantes annuelles* : le maïs, l'avoine, le lin, les pois, les haricots, etc.

Les autres ne meurent qu'après dix-huit mois ou deux années d'existence; on les nomme *plantes bisannuelles* : le colza, la cardère, le blé, l'oignon, la betterave, etc.

Enfin d'autres vivent un nombre d'années plus ou moins considérable; on les appelle *plantes vivaces* : la luzerne, le chiendent, le chêne, le fraisier, etc.

En général, les plantes annuelles cultivées sont plus exigeantes, plus délicates, moins rustiques que les végétaux bisannuels et les plantes vivaces.

On connaît quatre moyens de multiplier les végétaux : le semis, la bouture, la marcotte, les rejetons et éclats de pieds.

Multiplications par graines. — 19. La plupart des plantes agricoles et horticoles se propagent par graines. Ainsi, c'est en semant les graines qu'ils fournissent qu'on multiplie le blé, le colza, le pavot, le trèfle, le sainfoin, les haricots, etc.

Semer une graine, c'est la confier, à une époque déterminée, à un sol bien préparé.

Les graines ne germent facilement que lorsqu'elles ont été récoltées à parfaite maturité et qu'on a eu soin de les conserver. Les semences de mauvaise qualité, qu'on a déposées dans des locaux très humides ou très chauds, perdent promptement leur faculté germinative.

Certaines graines germent encore facilement à la quatrième ou sixième année, comme les semences de chou, de colza, de navet, de citrouille, de melon, etc. Par contre, d'autres perdent à la seconde année leur faculté de germer, comme les graines de panais, d'angélique, de bouleau.

Certaines graines, comme les semences de chou, de colza, de sarrasin, de seigle, montrent leurs cotylédons vers le huitième ou le dizième jour. D'autres, comme le froment, la betterave, le maïs, etc., ne germent que quinze jours après qu'elles ont été enterrées. Enfin, les fruits de l'épine blanche et le noyau de l'olive ne germent que l'année qui suit celle où ils ont été semés.

On enterre les graines plus ou moins selon leur volume. Les petites graines doivent être couvertes de très peu de terre; les semences volumineuses peuvent être enterrées jusqu'à 0 m. 10.

Les époques où les semis doivent être faits varient suivant le mode de végétation des plantes et leur rusticité, selon aussi la nature du sol qu'on cultive et le climat qu'on habite.

Multiplication par boutures. — 20. Si toutes les plantes annuelles et bisannuelles sont toujours reproduites par les semis, plusieurs arbustes fruitiers et arbres forestiers sont ordinairement propagés à l'aide de la *bouture*.

Faire une *bouture*, c'est détacher d'un végétal, soit un rameau, soit une partie de la tige, et mettre en terre l'extrémité inférieure de cette bouture. Cette extrémité inférieure pousse des racines, et la partie de la bouture qui est hors de terre pousse des bourgeons et des feuilles, et ensuite des fleurs et des fruits. C'est ainsi qu'en plantant un rameau de saule, de peuplier d'Italie ou une pousse d'un an de la vigne ou de groseillier, de géranium, on obtient un autre saule, un autre peuplier, une autre vigne, un autre groseillier ou un autre géranium.

Les boutures se font toujours à la fin de l'hiver ou au commencement du printemps. Dans les jardins et les pépinières on les plante de préférence dans une terre un peu fraîche.

On connaît deux sortes de boutures : 1° la *bouture simple*, qui est la plus usitée ; 2° la *bouture à talon*, que l'on opère en plantant en terre une pousse d'un an ayant à sa base un empattement ou une petite portion d'une branche ancienne,

Cette dernière bouture est celle qu'il faut préférer quand les circonstances le permettent, parce qu'elle a toujours à la fin de la première année un plus grand nombre de jeunes racines.

Multiplications par marcotte. — 21. On multiplie aussi certains végétaux herbacés et ligneux à l'aide de la *marcotte*.

Marcotter, c'est courber dans la terre un rameau d'un végétal sans l'en détacher ; quand ce rameau a poussé des racines, on le sépare du végétal auquel il appartient et on le plante à part (fig. 9). C'est ainsi qu'en couchant en terre la pousse d'un œillet de manière que le bout de cette pousse sorte de terre, on obtient un autre œillet, qu'on détache ensuite.

Le marcottage des vignes s'appelle *provignage*.

Multiplication par rejetons et éclats de pieds. — 22. Certains végétaux se propagent de préférence par rejetons ou éclats de pieds ; ce mode de multiplication est simple et il permet de multiplier des variétés qui se reproduisent difficilement par le concours de leurs semences.

Les *rejetons* sont des pousses que certains végétaux produisent sur leurs racines ou à leurs collets et qu'on enlève quand ils ont un peu de racines, pour les replanter; ou bien ce sont des filets comme ceux que produisent les fraisiers, ou des œilletons comme ceux des artichauts.

Ainsi l'on obtiendra un prunier sauvageon de rejeton, en arrachant et plantant une des pousses enracinées qui

Fig. 9. — Marcottes.

apparaissent au pied. Ce sujet sera planté dans un endroit donné pour être, plus tard, greffé en écusson ou en fente avec la variété qu'on désire propager.

On multiplie une plante vivace par éclats de pieds, en divisant sa souche avec précaution, soit à l'aide d'un couteau, soit au moyen d'une bêche.

L'oseille, la ciboulette, le lilas, les chrysanthèmes, les phlox, etc., se propagent souvent par éclats de pieds.

18. Qu'appelle-t-on plantes annuelles ? — Plantes bisannuelles ? — Plantes vivaces ?

19. Quels sont les différents moyens de multiplier les végétaux ? Qu'est-ce que le semis ?

20. Qu'entend-on par la multiplication par boutures ?

21. Qu'est-ce que la marcotte ?

22. Qu'est ce que la multiplication par rejetons et éclats de pieds ?

QUATRIÈME LECTURE

INFLUENCE DE LA CHALEUR, DU FROID, DE LA LUMIÈRE. — EXPOSITION. — ABRIS.

Influence de la chaleur. — 23. Il n'y a pas de végétation possible sans chaleur et sans humidité.

La chaleur à la fin de l'hiver réchauffe le sol, excite la végétation des graines, la succion de l'eau ou des sucs par les spongioles des racines, et l'action vitale des bourgeons en favorisant la circulation de la sève. C'est elle aussi qui, à la même époque, excite la vitalité des anciennes racines et des troncs, oblige les plantes à développer de nouvelles racines, et favorise le développement des bourgeons radicaux des plantes-racines. Enfin, c'est elle encore qui, en élevant la température de l'air, permet le développement des bourgeons des tubercules de pomme de terre ou des racines de carotte, betterave, navet conservés dans des caves.

C'est donc avec raison qu'on ne cesse de dire que le réveil de la végétation a pour cause unique la chaleur.

Toutes les plantes excitées par la chaleur végètent et produisent des boutons, des pousses, des feuilles, des fleurs et des fruits.

Nonobstant, chaque plante exige, pour végéter ou fleurir, un degré déterminé de température. Ainsi :

Le chèvrefeuille commence à végéter à   3° au-dessus de 0
Le groseillier   —   à   6°   —
Le mûrier   —   à   9°   —
La vigne   —   à 10°   —
L'acacia   —   à 12°   —
Le noisetier   fleurit   à   3°   —
L'amandier   —   à   6°   —
Le cerisier   —   à   8°   —
Le seigle   —   à 14°   —
Le froment   —   à 16°   —
La vigne   —   à 18°   —

Si le printemps est froid, la végétation des plantes est lente; s'il est chaud, elle se développe avec rapidité. De là les *années tardives* et les *années précoces*.

En automne, époque où la température du sol et de l'air diminue progressivement, les feuilles rougissent ou jaunissent et ne tardent pas à tomber. Cette chute est le moment où commence le *sommeil de l'hiver*, où les racines ont très peu d'activité. C'est pourquoi on choisit la fin de l'automne ou la fin de l'hiver pour opérer la transplantation des arbres fruitiers et forestiers.

Influence du froid. — 24. Le froid est nécessaire à la vie des végétaux, en ce qu'il suspend ou ralentit la circulation de la sève; mais lorsqu'il survient au moment de la floraison des plantes, il leur est souvent fatal. C'est ainsi que souvent l'abricotier, le pêcher, la vigne, etc., restent stériles lorsque la température s'abaisse au moment où leurs fleurs sont développées.

Ce n'est pas sur le tissu végétal que le froid exerce son influence, mais sur les liquides qu'il renferme et dont il provoque l'évaporation ou la congélation. Ainsi, les jeunes pousses de la pomme de terre, les feuilles du mûrier, les racines de la betterave, les fruits du pommier, etc., qui renferment plus ou moins d'eau, subissent des modifications plus sensibles, plus fâcheuses, que les feuilles de l'orme, les pousses du bouleau, les fruits du noyer, parce qu'ils contiennent moins d'humidité.

La nature a pourvu certains arbres d'une enveloppe épaisse, afin qu'ils résistent plus facilement au froid. Au nombre des végétaux qui résistent aux fortes gelées il faut citer le bouleau, le platane, le marronnier; les premiers ont leurs troncs garnis de plusieurs écorces superposées; le dernier a ses bourgeons enveloppés d'écailles couvertes de résine.

La plupart des arbres et arbustes qui perdent leurs feuilles durant l'hiver sont plus rustiques, moins délicats que ceux qui les conservent.

Influence de la lumière. — 25. La lumière exerce aussi une grande influence sur les végétaux; elle les colore en une couleur verte plus ou moins intense, elle concourt à la formation des huiles essentielles qui les rendent aromatiques, à l'existence des parties huileuses, alcooliques et résineuses; elle augmente la qualité et la solidité des bois et rend les fruits plus sucrés, plus savoureux.

Les végétaux privés de l'action directe de la lumière éprouvent de grands changements. Leurs tiges restent molles, leurs feuilles sont petites et d'un vert pâle. Cet état de souffrance est appelé *étiolement*.

La décoloration des végétaux est utilisée dans la culture de certains légumes. Ainsi, c'est en enterrant les tiges du cardon, du céleri, en liant la laitue, la chicorée, la romaine, c'est en privant ces végétaux de l'action directe de la lumière qu'on les fait *blanchir*, qu'on les rend plus tendres et plus alimentaires.

L'absence de lumière est aussi nécessaire pour que diverses racines et tubercules aient plus de valeur. Ainsi la racine de la betterave saccharine contient d'autant plus de sucre qu'elle se développe complètement en terre, la pomme de terre n'est véritablement comestible que lorsque ces tubercules se sont développés sous terre.

Si la lumière est nécessaire à toutes les plantes, elle nuit au contraire à la germination des graines. Celles-ci demandent pour germer la chaleur obscure et l'humidité.

Enfin, les plantes qui croissent sur les sommets des

montagnes ou dans les plaines ont toujours des couleurs plus vives, des odeurs plus prononcées que celles qui végètent dans les vallées étroites ou à l'ombre des arbres.

Exposition. — **26.** L'exposition exerce une grande influence sur les propriétés agricoles des terrains et la réussite des plantes cultivées.

L'*exposition du sud*, sous tous les climats, est la plus tempérée, la plus chaude ; c'est celle qui convient le mieux, dans le Midi, à l'oranger, à l'olivier, à l'amandier, au figuier et, dans le Nord, à la vigne et toutes les cultures de primeurs.

L'*exposition de l'est* n'est favorable, en général, aux arbres fruitiers que dans la région du Midi. Souvent les premières feuilles de ces arbres sont exposées à y être brûlées par les rayons du soleil qui les frappent avant que la rosée ait disparu.

L'*exposition de l'ouest* est la moins favorable, à moins qu'on n'y cultive des pêchers et des cerisiers tardifs. Par exception, le vignoble de l'Ermitage est exposé à l'ouest.

L'*exposition du nord* est utile au châtaignier, au pin laricio, au sapin, au bouleau. Elle est aussi favorable à la vigne dans les localités où les bourgeons peuvent être détruits par des gelées tardives. Les vignobles situés sur la côte de Reims, sur les coteaux du Rhin et de la Garonne sont exposés au nord. On utilise dans les jardins les murs exposés au nord en y plantant des poiriers ou des framboisiers et des groseilliers.

En général, le caractère des vents, l'intensité des rayons du soleil pendant le printemps, l'été et l'automne, la quantité d'eau amenée par la pluie, la fréquence et l'intensité des brouillards et la nature du sol rendent, sous un climat donné, les expositions plus ou moins nuisibles aux hommes, aux plantes et aux animaux.

Abris. — **27.** Un *abri* est une montagne ou un coteau, un bois, une haie, un mur, une palissade, etc., qui garantit une localité, un champ ou une petite surface, desvents froids et violents, de la grande ardeur du soleil ou de la gelée.

Les abris ont une grande importance en agriculture et en horticulture.

Les montagnes, dans la région du Midi, protègent les oliviers, l'amandier, l'oranger, etc., des vents du nord; les haies de cyprès pyramidal et les palissades faites avec le grand roseau (Arundo) protègent aussi, dans la vallée du Rhône, diverses cultures de la violence du vent qu'on appelle *mistral*.

Dans la région de l'Ouest, les haies vives servent d'abri aux cultures et aux animaux domestiques contre les vents de mer et elles fixent dans le sol plus de fraîcheur pendant le printemps et l'été.

Enfin, sur les hautes montagnes du Centre, on élève souvent des murs en pierres sèches pour garantir les animaux de la grande agitation de l'air.

C'est par des abris bien dirigés qu'on parvient, dans les jardins, à cultiver des plantes délicates, celles qui résistent mal aux vents froids et qui ne veulent pas être exposées à une vive lumière ou à une grande chaleur.

On les fait avec de la grande paille de seigle ou avec des roseaux de marais séchés et coupés régulièrement. On plante, à cet effet, de forts pieux de 2 mètres en 2 mètres hors de terre. On achève la charpente au moyen de trois rangs de lattes disposés horizontalement sur chaque face du brise-vent; entre les pieux et les lattes on assujettit la paille ou les roseaux : on forme ainsi une espèce de mur de paille qui protège les jeunes plants.

On fait des brise-vent naturels en plantant en lignes serrées des thuyas, des épicéas, des troènes et divers autres arbustes.

QUESTIONNAIRE.

23. Quelle influence la chaleur exerce-t-elle sur les végétaux cultivés? — Toutes les plantes exigent-elles les mêmes degrés de chaleur pour végéter et fleurir?

24. Le froid est-il utile à l'existence des végétaux ? — Pourquoi certaines fleurs et jeunes pousses sont-elles quelquefois détruites par les gelées tardives ?

25. Quelle influence la lumière exerce-t-elle sur les végétaux ? — Qu'appelle-t-on étiolement ? — Cette décoloration est-elle utilisée dans la culture des légumes ?

26. Quelle influence l'exposition exerce-t-elle sur la végétation ?

27. Les abris sont-ils favorables à certaines cultures ?

CINQUIÈME LECTURE

RÉGIONS AGRICOLES. — INFLUENCE DU CLIMAT.

Régions agricoles. — 28. La France agricole doit être divisée en plusieurs régions ayant pour base le climat, la configuration du sol, les procédés culturaux, les plantes cultivées et les animaux domestiques qu'on y élève, entretient ou engraisse.

Ces régions sont au nombre de neuf, savoir :

29. La *région du Sud ou de l'olivier*, qui comprend le Roussillon, le bas Languedoc, le Vivarais, le bas Dauphiné, le comtat d'Avignon, la Provence et le comté de Nice.

Cette région offre des plaines étendues limitées par des montagnes très accidentées. A cause de la douceur de l'hiver et de la grande chaleur de l'été, on y cultive très en grand l'olivier, l'amandier, le pistachier, le figuier, la vigne et le mûrier. Sur le bord de la Méditerranée, on y voit croître en pleine terre le palmier, l'oranger, le citronnier et le caroubier.

Les parties accidentées sont occupées par le chêne vert, le chêne-liège, le pin d'Alep, arbres qui dominent toujours des arbrisseaux spéciaux à la région, tels que le lentisque, le grenadier, la lavande, la sauge et le thym.

Cette région possède peu de bêtes à cornes, mais elle multiplie très en grand les bêtes à laine, les vers à soie et

LA FRANCE AGRICOLE PAR G. HEUZÉ.

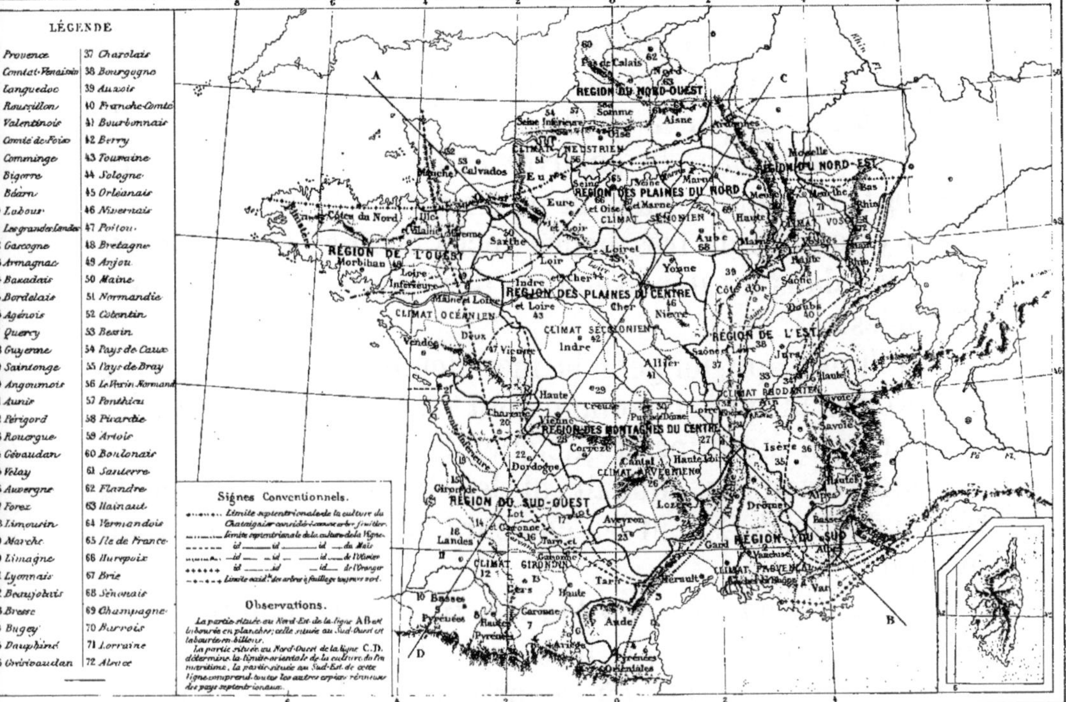

les abeilles. Les irrigations y favorisent des cultures productives.

30. La *région du Sud-Ouest* est très étendue; elle renferme le haut Languedoc, le comté de Foix, le Lauraguais, le Béarn, la Navarre, le Bigorre, l'Armagnac, l'Agenais, le Bordelais, le Quercy, le Périgord et la Saintonge. Ses immenses plaines sont limitées, d'une part par l'Océan, de l'autre par les montagnes des Pyrénées, et sur la ligne opposée aux rives de l'Océan par la région des montagnes du Centre.

Cette vaste région cultive la vigne très en grand dans les plaines du Bordelais et du Languedoc. Elle est traversée du sud à l'ouest par la vallée de la Garonne, dans laquelle on cultive le tabac, le chanvre et le sorgho à balais. Le maïs est très cultivé dans la partie sud de la région.

On y possède de très belles races bovines et on y élève le cheval dans les départements des Landes et des Basses-Pyrénées.

Les dunes, qui longent la mer depuis l'embouchure de la Garonne jusqu'à Bayonne, sont couvertes de très belles forêts de pin maritime et quelquefois de chêne-liège.

Cette région ne connaît ni les froids excessifs de la région du Nord-Est, ni les chaleurs brûlantes de la région du Sud.

31. La *région des montagnes du Centre* comprend le Gévaudan, l'Auvergne, le Rouergue, le Forez, le Limousin et la Marche, contrées où le maïs mûrit difficilement son grain, et où la vigne ne croît que sur les versants exposés au sud-est et garantis des vents du nord par des élévations.

Cette région spécule très en grand sur l'élevage, l'entretien et l'engraissement des bêtes bovines. Les nombreux animaux qu'elle possède vivent pendant la belle saison sur les montagnes; ils quittent les pâturages pour redescendre dans les vallées, lorsque la neige commence à tomber.

C'est dans cette région que sont situés les centres de production des races bovines de Salers et d'Aubrac.

Les bêtes à laine sont nombreuses sur les *causses* ou plateaux calcaires; leur lait sert à fabriquer des fromages de Roquefort.

Généralement le climat de la région des montagnes du Centre est froid, mais l'air y est pur et sain.

32. La *région Sud-Est* est plus froide encore pendant l'hiver que la région des montagnes du Centre. Elle comprend le haut Dauphiné, la Dombes, la Savoie, le Lyonnais, le Mâconnais, le Beaujolais, le Bugey et la Bourgogne.

Cette grande région renferme deux parties bien distinctes : les plaines de la Dombes, de la Bourgogne et du Mâconnais; les montagnes du Dauphiné, du Lyonnais, du Bugey et de la Savoie.

C'est dans les plaines que la vigne occupe de grandes surfaces et qu'elle fournit des vins de première qualité. Les parties montagneuses offrent de beaux pâturages et de nombreuses forêts d'arbres verts résineux.

Cette région multiplie très en grand l'espèce bovine dans les parties accidentées; elle possède, en outre, de grands troupeaux de chèvres dans le Lyonnais.

Si la température est favorable, dans les plaines et les vallées, à la végétation de la vigne, du maïs et à l'existence des prairies naturelles, par contre, dans les montagnes, elle est froide et parfois très glaciale, à cause des glaciers et des neiges qui y séjournent pendant quatre à cinq mois.

33. La *région du Nord-Est* comprend la Franche-Comté, l'Alsace, les Vosges, le Pays Messin, la Lorraine et le Barrois.

Les montagnes y sont des contrées froides pendant l'hiver, mais les plaines sont d'excellentes contrées agricoles pendant l'été et l'automne. Les parties accidentées offrent de très belles forêts d'essences résineuses, d'excellents pâturages et des prairies bien irriguées. Les plaines sont occupées par le froment, le maïs, le tabac, la vigne et le houblon.

On y élève des chèvres, des bêtes à cornes et des bêtes à laine, et on y fabrique beaucoup de fromages.

34. La *région des plaines du Nord* est très étendue. Elle comprend l'Ile-de-France, la Beauce, la Brie, l'Orléanais, le Gâtinais, le Vexin, la Champagne et la basse Bourgogne, contrées qui, pour la plupart, sont riches et bien cultivées.

Si la vigne n'y produit de bons vins que dans la Champagne et la basse Bourgogne, le froment, l'avoine, le colza y donnent des récoltes satisfaisantes.

L'étendue considérable que les prairies artificielles y occupent annuellement a permis depuis longtemps d'y multiplier très en grand les bêtes à laine appartenant aux races mérinos et dishley-mérinos et de spéculer sur la production du lait.

Cette région renferme la Champagne Pouilleuse, qui perd d'année en année son aspect triste et monotone par suite des progrès qu'y fait l'agriculture et des semis de pin sylvestre et de pin noir d'Autriche qu'on ne cesse d'opérer sur les parties très crayeuses et arides appelées *savarts*.

La région des plaines du Nord renferme de grandes exploitations et de nombreuses distilleries de betterave.

35. La *région des plaines du Centre* renferme la Sologne, le Perche, le Maine, le Berry, le Nivernais, le Charolais, la Puisáye, le Morvan et la Touraine, c'est-à-dire les contrées qui, dans le centre de la France, ont des terres sablonneuses, granitiques, encore pauvres ou couvertes en partie de bruyères et d'ajoncs.

Si les vallées offrent parfois de riches cultures, si les bords de la Loire sont souvent ornés de beaux vignobles, si les parties calcaires sont de bonnes contrées agricoles, les sables de la Sologne, les terres blanches du Berry sont encore de mauvais terrains. C'est par la culture du pin sylvestre et les marnages qu'on est parvenu, sur divers points de la région, à les améliorer.

Cette région possède un grand nombre de bêtes à laine, elle élève avec succès les races bovines charolaise et durham et elle spécule très avantageusement sur la multiplication du cheval percheron.

36. La *région de l'Ouest* offre des plaines et des parties accidentées ; elle est limitée par l'Océan et la Manche et les régions du Nord-Ouest, des plaines du Centre et du Sud-Ouest. Elle comprend la Bretagne, l'Anjou, la Vendée et le Poitou. Son climat est doux et humide ; on y voit croître en pleine terre divers végétaux appartenant à la région du Sud : le camellia, le magnolia, le laurier-tin, etc.

Sauf dans le marais du Poitou, les terres labourables sont de fertilité ordinaire et divisées en champs de quelques hectares entourés de haies vives qui donnent à la région un aspect très boisé.

On y élève et engraisse les bœufs et les moutons et on y multiplie l'espèce chevaline. Ces spéculations y sont favorisées par les pâturages qu'on observe sur les terres arables.

Le blé noir ou sarrasin y est très cultivé, surtout sur les terrains de landes qu'on défriche dans le but de les transformer en terres arables.

Cette région est principalement exploitée par des métayers.

37. La *région du Nord-Ouest* est la plus riche et la mieux cultivée. Elle comprend la Normandie, le Merlerault, le Cotentin, la Picardie, le Santerre, le Boulonais, l'Artois et la Flandre. Les pommiers à cidre y sont nombreux.

La partie comprise entre le département de la Manche et la Belgique offre, à une faible distance du littoral, de nombreux herbages et prairies sur lesquels on engraisse des bêtes à cornes, on entretient des vaches laitières et on élève des chevaux.

On y cultive le blé, le pavot, le tabac, le lin, la cameline, le houblon et la betterave comme plante industrielle. C'est avec cette racine qu'on alimente annuellement les nombreuses sucreries qui existent dans la Picardie, l'Artois et la Flandre.

Le climat de cette région est assez doux, mais il est brumeux et humide une grande partie de l'année. Il n'y a que la Flandre et l'Artois qui subissent pendant l'hiver les influences de froids un peu intenses.

Influence du climat. — 38. Les climats déterminent toujours les systèmes de culture qu'on doit suivre et les plantes qu'on peut cultiver.

Ainsi, le climat brûlant ou très tempéré des rives de la Méditerranée permet à Hyères, Cannes, Nice et Port-Vendres, la culture en pleine terre de l'oranger et du citronnier; le climat tempéré des départements de l'Hérault, Gard, Vaucluse, Bouches-du-Rhône, Var, etc., favorise, depuis quinze siècles, la végétation de l'olivier et de l'amandier; ainsi encore le maïs, qui mûrit très bien ses semences dans les plaines du Languedoc, de la Bourgogne, de la Lorraine et de l'Alsace, ne peut accomplir toute sa végétation sur les plateaux de l'Auvergne, au milieu des plaines de la Normandie et de la Flandre; enfin, le vin que produit la vigne dans le Languedoc, la Bourgogne, l'Anjou, l'Alsace et la Lorraine, est remplacé dans la Normandie, la Picardie, la Flandre et la Bretagne par le cidre ou la bière, parce que le climat de ces localités ne permet pas aux raisins d'y arriver à maturité.

Si les contrées sèches, comme les plaines de la Beauce, de la Brie, du Berry, du Languedoc, de la Provence, etc., ont intérêt à adopter la culture céréale, la Bretagne, le Bourbonnais, le Limousin, le Dauphiné, etc., doivent conserver le système pastoral mixte qu'elles ont adopté depuis longtemps. Ce système comprend la culture des plantes alimentaires alliées à des pâturages naturels ou artificiels, c'est-à-dire à l'élevage des bêtes bovines et ovines.

Ce système cultural est aussi celui qu'ont adopté depuis longtemps les agriculteurs de la Normandie, contrée où l'herbe croît avec autant de facilité que dans les localités les plus froides : les montagnes des Vosges, de la Franche-Comté, des Hautes-Alpes et de la Provence.

L'influence que le climat exerce sur les plantes agricoles est telle que le blé, le seigle et l'orge arrivent toujours à maturité vingt à vingt-cinq jours plus tôt dans les plaines du Midi que dans celles de la Brie et de la Picardie.

La position géographique d'une contrée influe souvent très sensiblement sur son climat. C'est à leur situation voisine de la Manche et à l'influence exercée par le grand courant atlantique qui va du Mexique à la Norvège et qu'on nomme *Gulf-stream*, que la Normandie et la basse Bretagne doivent la douceur de leur climat.

C'est aussi à leur faible distance de l'Océan que l'Anjou, la Vendée, la Saintonge, le Bordelais, etc., peuvent posséder en pleine terre, l'*araucaria*, le *pittosporum*, le *myrthe*, le *thé* et d'autres végétaux ligneux qu'on ne rencontre que dans la région méditerranéenne.

Ces contrées, par suite de leur douce température, expédient chaque année à Paris, de Cherbourg, du mont Saint-Michel, de Roscoff, d'Angers, de Bordeaux, etc., des quantités considérables de *légumes de primeurs* d'une vente facile et rémunératrice.

Ces produits légumineux succèdent ordinairement à ceux qui sont expédiés de l'Algérie, de l'Espagne et de la basse Provence à la halle de Paris, depuis le mois de novembre jusqu'en avril.

QUESTIONNAIRE.

28. Combien de régions agricoles observe-t-on en France? — 29. Parlez de la région du Sud. — 30. Du Sud-Ouest. — 31. Des montagnes du Centre. — 32. Du Sud-Est. — 33. Du Nord-Est. — 34. Des plaines du Nord. — 35. Des plaines du Centre. — 36. De l'Ouest. — 37. Du Nord-Ouest.

38. Quelles influences le climat exerce-t-il sur les systèmes de culture et la végétation des plantes agricoles?

DEUXIÈME PARTIE

FERTILISATION DU SOL

SIXIÈME LECTURE

MATIÈRES FERTILISANTES. — AMENDEMENTS.
ENGRAIS MINÉRAUX. — ENGRAIS CHIMIQUES.

On améliore les terrains agricoles en y appliquant des amendements, des engrais, et en les assainissant lorsqu'ils sont humides.

Amendements. — 39. *Amender* le sol, c'est y mélanger des substances qui le rendent meuble s'il est trop compact, ou qui le rendent plus consistant s'il est trop meuble.

On peut améliorer un sol argileux en y mêlant du sable, et un sol sablonneux en y mêlant de l'argile. Ces opérations sont souvent difficiles et toujours coûteuses.

Matières fertilisantes. — 40. Fumer ou fertiliser le sol, c'est y mélanger des engrais ou matières fertilisantes.

Il est indispensable de *fumer* les champs, parce que chaque récolte enlève à la terre une partie de sa fertilité; si on ne lui rendait pas la fécondité absorbée au moyen des engrais, elle serait bientôt épuisée.

Engrais minéraux. — 41. On appelle *engrais miné-raux* les substances qui apportent à la couche arable des principes minéraux utiles à la vie des plantes, tels que la chaux, le plâtre, la potasse, la soude, le phosphate de chaux.

Les faits constatés par de nombreuses expériences ont démontré qu'il était utile, dans la fertilisation des champs, d'associer l'acide phosphorique à l'azote et à la potasse.

Tous les engrais minéraux ne dispensent pas de l'emploi des engrais animaux et végétaux.

42. La CHAUX provient d'une pierre calcaire qu'on a fait cuire dans un four ardent et qui s'y est réduite en une masse blanche et friable : la chaux, mêlée à un peu d'eau, s'échauffe, fume, bouillonne, et forme une pâte fine et blanche dont on fait un grand usage dans les constructions.

Répandre de la chaux sèche et pulvérulente, mais éteinte et non vive ou *brûlante*, sur la terre qu'on veut féconder, c'est ce qui s'appelle la *chauler*.

La chaux convient à tous les terrains qui ne sont pas calcaires ; néanmoins, sur les terrains humides, elle est inutile, parce que l'eau paralyse son action ; et sur les terres crayeuses, elle est nuisible, car elle augmente la quantité de calcaire que contient la couche arable.

Loin de se dispenser de fumer les terres chaulées, il faut les fumer avec soin ; car, comme elles produisent beaucoup, elles seraient sans cela promptement épuisées.

On chaule les champs quelquefois au printemps, plus souvent en été et au commencement de l'automne.

La quantité de chaux que l'on emploie par hectare varie selon la nature du sol et les habitudes du pays.

Voici comment on opère le chaulage : la chaux, au sortir du four, est déposée sur le sol en petits tas éloignés de 7 mètres ; on la recouvre d'une couche de terre d'environ $0^m,16$, et on la laisse une huitaine de jours, pendant lesquels elle se *délite* et se réduit ensuite en poussière. Comme la terre qui couvre les tas se crevasse, on a soin de boucher les fentes pour que la pluie ne puisse y pénétrer. Puis on mêle la chaux à la terre qui la couvre, et, avant de la répandre, on attend qu'elle ait complètement achevé de se réduire en poussière, ce qui dure encore huit jours ; ensuite on répand les tas sur la surface du sol, on herse et l'on enterre la chaux par un labour peu profond. Pour faire ce travail, comme pour répandre la chaux, il faut, autant que possible, choisir un temps sec.

43. La MARNE est une terre calcaire inféconde par elle-même, mais propre à féconder les terres arables, surtout celles qui sont argileuses, sablonneuses, schisteuses et granitiques ; on la trouve en beaucoup d'endroits, sous la couche arable, à une plus ou moins grande profondeur. On la nomme *marne calcaire*, *marne argileuse* et *marne sili-ceuse* selon la prédominance du carbonate de chaux, de l'argile ou de la silice.

Pour *marner* un champ, on dépose la marne par petits monceaux sur le sol au commencement de l'hiver : les pluies et les gelées font qu'elle se délite ; en février et mars, on répand cette poudre marneuse sur toute l'étendue du champ, on laboure une fois et l'on sème de l'avoine, plante qui réussit très bien après marnage.

Cet engrais est appliqué à la dose de 50 à 80 mètres cubes par hectare selon sa composition.

L'effet de la marne ne devient pas très sensible tout de suite ; mais l'influence heureuse de cet engrais minéral se fait sentir pendant 10, 12 ou 15 ans, suivant la quantité appliquée et la richesse de la marne en carbonate de chaux.

44. Les *minéraux phosphatés* ont de nos jours une grande importance.

Les *nodules* ou *phosphate de chaux naturel*, qu'on extrait du sol dans les Ardennes, la Meuse, la Picardie, le Quercy, etc., existent à l'état de *rognons* plus ou moins irréguliers. Quand ils ont été lavés, on les pulvérise à l'aide de meules. La poudre qu'on livre à l'agriculture constitue une source abondante d'*acide phosphorique*, car elle en contient de 16 à 30 pour 100.

45. On utilise aussi avec succès les *scories de déphos-phoration*, produit qui provient de la fabrication de l'acier.

Ces scories sont livrées à la culture sous forme de poudre très fine contenant de 10 à 20 pour 100 d'acide phosphorique. On les utilise à la dose de 500 à 1 000 kilogrammes par hectare.

46. Le *superphosphate de chaux* est obtenu en faisant agir de l'acide sulfurique à 52 degrés sur la poudre fine de nodules. Il contient de 12 à 15 pour 100 d'acide phosphorique. On l'applique à la dose de 200 à 400 kilogrammes par hectare.

47. Le *nitrate de soude*, qu'on importe de l'Amérique du Sud, est très utilisé. Il fournit aux plantes de l'*azote* qui est très assimilable. Il agit avec promptitude sur les céréales. On le répand à la dose de 100 à 300 kilogrammes par hectare. Il contient de 15 à 16 pour 100 d'azote.

Le *chlorure de potassium* est aussi appliqué comme engrais; il contient de 50 à 55 pour 100 de potasse. La *kaïnite*, ou sulfate double de potassium et de magnesium, n'en renferme que 12 à 13 pour 100.

48. L'agriculture emploie diverses sortes de CENDRES dans la fertilisation des terres arables.

Les *cendres de bois* produisent un bon effet sur les sols sablonneux, schisteux et argilo-siliceux bien assainis; celles qui ont déjà servi à la lessive et qu'on appelle *charrées* ont plus d'efficacité que les autres, quoiqu'elles aient perdu beaucoup de potasse et de soude. Elles exercent une heureuse action sur les légumineuses.

Les *cendres de tourbe* sont aussi très utiles quand elles sont légères et blanches.

On emploie dans la Picardie des *cendres noires* et des *cendres rouges* qu'on extrait du sol. Ces *cendres pyriteuses* sont très actives sur les sols calcaires. On les applique en février sur les céréales et les prairies artificielles.

La *tangue*, ou *cendre de mer*, est un sable fin que l'on ramasse à marée basse sur certaines plages de la Normandie et de la Bretagne; elle est très active; elle contient des sels calcaires et alcalins.

49. Le PLATRE est une espèce de pierre calcaire qu'on a

réduite en poudre grise ou blanche par l'action du feu et qui, mêlée à l'eau, forme instantanément une pâte solide, très utile dans les constructions.

Le plâtre n'améliore pas le sol, mais il fait pousser avec plus de vigueur les plantes sur lesquelles on le répand.

Les végétaux auxquels le *plâtrage* est utile sont la luzerne, le sainfoin, le trèfle, la lupuline ; il ne convient pas aux prairies naturelles et aux céréales.

La quantité de plâtre qu'on doit employer varie entre 2 ou 3 hectolitres par hectare : elle peut être beaucoup plus considérable.

On répand le plâtre à la volée sur les plantes, lorsque

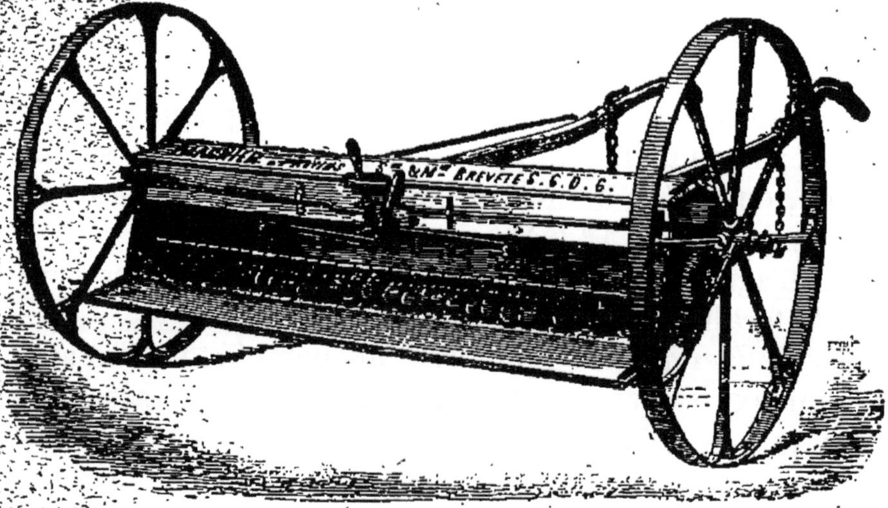

Fig. 10. — Semoir à engrais.

leurs feuilles commencent à couvrir le sol, c'est-à-dire en avril ou, au plus tard, dans les premiers jours de mai. Cette opération doit avoir lieu le matin ou le soir pendant la rosée, ou dans le courant du jour quand les plaines ont été mouillées et lorsque l'air est calme.

Les *plâtras* provenant de démolitions sont de précieux engrais pour les terres non calcaires ; ils renferment du salpêtre ou nitrate de potasse.

Les engrais pulvérulents qui précèdent sont répandus à la main, opération qui n'est pas toujours régulière et facile, surtout lorsqu'il est question d'appliquer des matières un peu caustiques.

On peut remplacer aujourd'hui la main de l'homme par le semoir. Les semoirs à engrais (fig. 10) que possède maintenant l'agriculture fonctionnent avec une grande régularité.

QUESTIONNAIRE.

39. Qu'est-ce qu'amender le sol?

41. Qu'appelle-t-on engrais minéraux? — Quels sont les principaux engrais minéraux?

42. Qu'est-ce que la chaux? — Qu'est-ce que chauler un champ? — La chaux convient-elle comme engrais à tous les terrains? — Faut-il fumer des terres chaulées? — Comment s'opère le chaulage?

43. Qu'est-ce que la marne? — Comment procède-t-on pour marner un champ?

44. Que désigne-t-on par nodules? — 45-46. Pourquoi emploie-t-on des scories de déphosphoration et du superphosphate de chaux?

47. Pourquoi répand-on du nitrate de soude?

48. Quel est l'emploi des cendres?

49. Qu'est-ce que le plâtre? — Quel est l'effet du plâtrage? — Quels sont les végétaux auxquels le plâtre est utile? — Quelle est la quantité de plâtre qu'on doit employer?

SEPTIÈME LECTURE

ENGRAIS ORGANIQUES. — FUMIERS. — ENGRAIS ANIMAUX. ENGRAIS VÉGÉTAUX.

Engrais organiques. — 50. Les engrais organiques les plus usités sont le fumier, les engrais animaux et les engrais végétaux.

Le cultivateur doit s'attacher à produire beaucoup d'engrais. Les engrais sont la richesse de l'agriculture : sans engrais point de belles récoltes. Avec des engrais on augmente continuellement les produits du sol. La production des engrais doit donc être le premier objet des soins du cultivateur.

Aussi jamais un cultivateur ne doit vendre ses pailles à moins d'y être contraint par une nécessité absolue ou de résider près d'une grande ville et d'y acheter des engrais ; il doit les convertir en fumier, soit en les faisant manger par des animaux, soit surtout en les utilisant comme litière.

Fumiers. — 51. L'engrais le plus généralement employé, c'est le *fumier* ; on appelle ainsi la litière qu'on retire de dessous les animaux et à laquelle sont alliés des crottins de chevaux ou de moutons, ou des fientes de vaches ou de bœufs.

Les fumiers les plus utiles sont : le fumier de cheval, le fumier de mouton et le fumier des bêtes à cornes.

Le fumier des chevaux est chaud et actif, et convient spécialement aux terres froides ; celui des moutons est presque aussi actif, et convient aux mêmes terrains ; celui des bêtes à cornes est plus onctueux, moins chaud ; son effet, moins énergique, est plus durable ; il convient surtout aux terres sablonneuses et légères.

La quantité de fumier qu'on doit répandre sur un champ varie selon la qualité du sol, les exigences des plantes qu'on veut cultiver et surtout les ressources que possède le cultivateur. En général 30 000 kilogrammes (à peu près 30 voitures à un cheval) sont une fumure suffisante pour un hectare.

Le fumier bien fabriqué et à demi décomposé contient 0,40 pour 100 ou 4 kilogrammes par 1 000 kilogrammes d'azote et 2,6 pour 100 ou 26 kilogrammes pour 1 000 kilogrammes d'acide phosphorique. Or, le blé avec sa paille contient, par 100 kilogrammes de grain, 2 kilogr. 30 d'azote et 1 kilogr. 40 d'acide phosphorique. Une récolte de 2 000 kilogrammes ou 25 hectolitres enlève donc à la couche arable 46 kilogrammes d'azote et 25 kilogrammes d'acide phosphorique. La fumure appliquée pourra donc suffire à plusieurs cultures.

On doit, deux mois au moins avant la semaille du froment, répandre le fumier sur la terre en jachère et l'enterrer par un labour. On peut aussi, à l'automne et pendant l'hiver, le répandre sur les trèfles, les sainfoins qui sont en végétation.

La paille est la meilleure litière qu'on puisse placer sous les animaux. Quand on en manque, on peut y suppléer en employant les roseaux, les bruyères, les genêts et les feuilles sèches d'arbres.

On peut laisser le fumier s'amonceler dans les bergeries, parce que l'engrais que donnent les bêtes à laine est d'une nature sèche et ne les expose pas à l'humidité; mais on doit nettoyer souvent les étables. Quant aux écuries, il est bon de les curer tous les jours.

On doit soigner le fumier jusqu'à ce qu'on l'emploie : on en fait un tas sur une surface légèrement bombée que l'on a soin de bien tasser; ou on l'accumule dans une grande fosse munie d'un puisard, dans lequel se rend le purin ou jus de fumier.

Pendant les sécheresses, pour empêcher le fumier de prendre le *blanc*, on le couvre de terre et on répand sur le tas le liquide qui s'en échappe par-dessous, ou bien on l'arrose avec du *purin* ou liquide qui s'échappe des étables et des écuries.

Quand on conduit le fumier dans les champs, on en forme de petits tas à d'égales distances; puis à l'aide d'une fourche on répand très régulièrement ces *fumerons* sur toute la surface du champ.

C'est commettre une grande faute que de laisser pendant plusieurs semaines le fumier étendu sur la terre à l'action destructive des agents atmosphériques.

Engrais animaux. — 52. On appelle *engrais animaux* les débris d'animaux et les déjections qui ne sont pas mêlés à la litière, tels que le noir animal, les os concassés, le sang, la chair desséchée, les excréments humains employés à l'état frais ou transformés en poudrette, les crottins de chevaux et de moutons, la colombine, le guano.

Le *noir animal*, ou résidu de raffinerie, contient de 60 à 70 pour 100 de phosphate de chaux. On l'utilise avec avantage dans la région de l'Ouest, sur les terres non calcaires, à la dose de 8 hectolitres par hectare. Comme les nodules, les scories précités, il fournit au sol le phosphate de chaux qui est si utile à la croissance du froment, des navets et des choux.

Les *os concassés* jouissent des mêmes propriétés, mais ils agissent moins promptement.

La *chair desséchée*, additionnée d'os en poudre, est un excellent engrais.

La *colombine*, ou fiente des pigeons, constitue un engrais très énergique; elle est très riche en azote et en acide phosphorique.

Le *guano du Pérou*, ou excréments d'oiseaux marins, est un engrais précieux et très actif quand il est pur.

La *poudrette*, ou excréments humains desséchés, est très fertilisante quand elle est pure; malheureusement elle est souvent alliée à une certaine quantité de matière terreuse ou de tourbe.

La fraude sur les *engrais de commerce* est si fréquente que le cultivateur a intérêt à faire analyser la matière qu'il se propose d'acheter, afin de connaître sa teneur en azote, acide phosphorique, etc., ou à acheter avec garantie mentionnée sur la facture.

On utilise ordinairement les déjections des moutons au moyen du *parcage*. Cette opération consiste à faire séjourner les moutons sur le champ que l'on veut fumer : on les enferme dans des enclos nommés *parcs*, qu'on forme avec des claies, et où ils passent la nuit ou seulement cinq à six heures lorsqu'ils reviennent du pâturage. Chaque bête fertilise 1 mètre carré par chaque *coup de parc*. On donne ordinairement deux coups de parc, pendant la nuit, et un au milieu du jour lorsque les animaux, pendant l'été, pâturent sur des terres bien herbues.

Le berger couche hors du parc des moutons, dans une petite cabane roulante.

On commence le parcage en mai ou en juin, et on cesse en septembre ou octobre.

Engrais liquides. — 53. On doit utiliser avec soin, sur les terres en jachère ou sur les prairies, les *urines* qui proviennent des bêtes à cornes et le *purin* qui s'écoule des tas de fumier pendant les jours pluvieux. Ces liquides sont très fertilisants.

L'*engrais flamand* ou *courte graisse* est un mélange de purin, de vidange et de tourteau qu'on laisse fermenter dans une citerne pendant plusieurs mois. On le répand ensuite sur les terres qui doivent être occupées par le colza, le tabac, à l'aide d'un tonneau d'arrosage, à la dose de 150 à 250 hectolitres par hectare.

Les *eaux d'égouts*, près de diverses grandes villes, sont utilisées avec succès dans les cultures agricoles et horticoles.

Engrais mixtes. — 54. Presque partout, aux environs des centres populeux, on utilise avec un grand succès les *boues de ville*, connues généralement sous le nom de *gadoues*.

Le plus ordinairement ces matières ne sont pas employées à l'état frais; on les laisse en tas pendant plusieurs mois, c'est-à-dire jusqu'à ce qu'elles développent une odeur nauséabonde, signe certain qu'elles se sont transformées en engrais. Elles ont alors une couleur noirâtre et sont très actives, très fertilisantes. Leur unique défaut est de contenir des débris de vaisselle, de verre, etc.

Les *curures d'étangs*, de mares, qui sont riches en matières organiques : débris de plantes, de poissons, etc., constituent d'excellents engrais pour les terres argileuses et sablonneuses. On doit les laisser en tas à l'action de l'air pendant une année et y mêler de la chaux vive.

Engrais végétaux. — 55. On appelle *engrais végétaux* les matières fertilisantes fournies par les végétaux; *engrais vert*, les plantes que l'on enfouit en vert quand elles sont en fleur; *engrais végétaux secs*, les *tourteaux* ou *trouilles* qui proviennent des graines oléagineuses et les *marcs de pomme* et *de raisin*. Les tourteaux contiennent de 4 à 7 pour 100 d'azote.

Les plantes que l'on emploie principalement comme engrais vert sont, dans le midi de la France, le *lupin blanc*; dans le centre, les *fèves*, le *sarrasin*, le *colza*, la *navette* et la *vesce*; dans l'ouest, le *goémon* ou varech qu'on ramasse sur le rivage de la mer et que l'on récolte sur les rochers à marée basse à des époques fixées.

Achat d'engrais chimiques. — Avant d'acheter un *engrais chimique* on doit, à l'aide de l'analyse, connaître sa teneur en *azote*, en *acide phosphorique*, en *chaux* et en *potasse*.

C'est lorsqu'on connaît sa composition et celle du sol, que l'on cultive qu'on peut aisément déterminer la quantité qu'il faut appliquer par hectare.

On connaît aujourd'hui les éléments qu'une récolte donnée enlève à la couche végétale.

Dans toute culture bien dirigée, il faut fournir à la terre tous les éléments dont les plantes ont besoin pour donner de bonnes récoltes, sans amoindrir la richesse initiale de la terre arable.

Les *syndicats agricoles* livrent aux agriculteurs des engrais commerciaux qu'ils ont achetés sur analyse.

QUESTIONNAIRE.

50. Pourquoi est-il nécessaire de fumer les champs? — Quels sont les principaux engrais organiques? — Pourquoi le cultivateur doit-il produire beaucoup d'engrais?

51. Quel est l'engrais le plus généralement employé? — Quelles sont les diverses sortes de fumier? — Quel en est l'emploi? — Quelle est la quantité de fumier qu'on doit répandre sur un champ? — De quoi forme-t-on la litière des animaux? — Comment soigne-t-on le fumier jusqu'à ce qu'on l'emploie? — Comment répand-on le fumier sur les champs? — Comment, pendant les sécheresses, empêche-t-on le fumier de perdre ses propriétés fertilisantes?

52. Qu'appelle-t-on engrais animaux, et quels sont les plus importants? — Qu'est-ce que le parcage?

53. Quels sont les engrais liquides qu'on peut employer? — Doit-on laisser perdre le purin? — Comment fabrique-t-on l'engrais flamand?

54. Qu'appelle-t-on engrais végétaux? — Quelles sont les plantes que l'on emploie généralement comme engrais vert?

TROISIÈME PARTIE

INSTRUMENTS ARATOIRES
ET OPÉRATIONS CULTURALES

HUITIÈME LECTURE

CHARRUE. — LABOURS. — ANIMAUX D'ATTELAGE.

56. *Labourer* la terre, c'est la couper, la soulever, la diviser, et la renverser à l'aide d'un instrument nommé *charrue* et traîné par des animaux.

Charrues. — **57.** Il y a deux principales sortes de charrues : celles qui ont un avant-train avec une ou deux roues, ce sont les *charrues ordinaires* (fig. 11), et celles qui n'ont point d'avant-train, qu'on appelle *araires* ou *charrues simples* (fig. 12).

Les formes de ces charrues sont diversifiées à l'infini. Le cultivateur habile et prudent doit choisir celle qui convient le mieux à son terrain et aux habitudes de son pays.

Voici la description de la charrue ancienne avec avant-train.

L'*age* est la flèche en bois qui s'attache au joug des animaux ou à l'avant-train, et à laquelle tient le *corps* de la charrue; le *sep* est la pièce qui soutient le soc dans quelques charrues anciennes, et qui glisse au fond du

sillon de manière à s'appuyer contre la terre non encore
labourée, du côté opposé au versoir; le *coutre*, espèce de
grand couteau, fend la terre, le *soc* la coupe horizontale-

Fig. 11. — Charrue Dombasle avec avant-train.

ment et la soulève, le *versoir* la retourne; les *mancherons*,
que le laboureur doit manier habilement, servent à diriger
et maintenir la charrue; quelquefois, au lieu de deux

Fig. 12. — Charrue simple ou araire.

mancherons, la charrue n'a qu'un seul *manche*, que le
laboureur tient d'une main, tandis que de l'autre main il
tient un fouet ou un aiguillon pour conduire l'attelage
(fig. 13).

De nos jours, les versoirs des charrues sont en fonte, en fer ou en acier. Autrefois, ils étaient en bois.

On doit employer pour l'age un bois résistant, comme le frêne ou l'orme.

Il ne faut pas faire les mancherons d'un bois très léger, parce qu'ils doivent être en état de résister aux efforts du laboureur; on les fait ordinairement en chêne.

L'avant-train doit être en bois léger; les roues peuvent être en fer.

Le coutre est en fer; il est adapté à la charrue, de telle sorte qu'on peut le descendre ou l'élever à volonté.

Le fer qui sert à fabriquer les socs doit être de très bonne qualité; la pointe et l'aile doivent être aciérées. Si la terre est forte, l'aile doit être coupante; autrement elle éprouverait trop de résistance pour couper horizontalement la bande de terre; si elle est pierreuse, on ajoute une pointe très aiguë, afin que la charrue pénètre mieux et ait plus de fixité (fig. 12).

La charrue sans avant-train, la plus répandue en France, a été imaginée par Mathieu de Dombasle.

On emploie dans le nord de la France une charrue à versoir mobile ou à double corps que l'on désigne sous le nom de *charrue tourne-oreille* ou *double-brabant* (fig. 14). Cet instrument, qui se propage de plus en plus dans sa région septentrionale, est en fer; il exécute un excellent travail sur toutes les terres argilo-siliceuses profondes.

Le conducteur, après l'avoir réglé suivant la profondeur à laquelle le soc doit agir, l'abandonne à lui-même tant sa fixité est grande. C'est seulement aux extrémités des *réages* qu'il saisit le mancheron pour faire basculer les deux corps sur eux-mêmes.

La charrue double-brabant laboure entièrement à plat, parce qu'elle n'ouvre qu'une raie.

Labours. — 58. Assez ordinairement on dirige le labour dans le sens de la pente du terrain, pour donner aux eaux un écoulement plus facile. Mais sur les coteaux et sur les pentes roides, on laboure en travers, non seule-

ment pour que l'attelage se fatigue moins, mais afin que
les engrais et la terre remuée soient moins facilement

Fig. 13. — Araire flamand.

entraînés en automne et en hiver, lors des grandes pluies.
La profondeur du labour doit varier selon l'épaisseur et

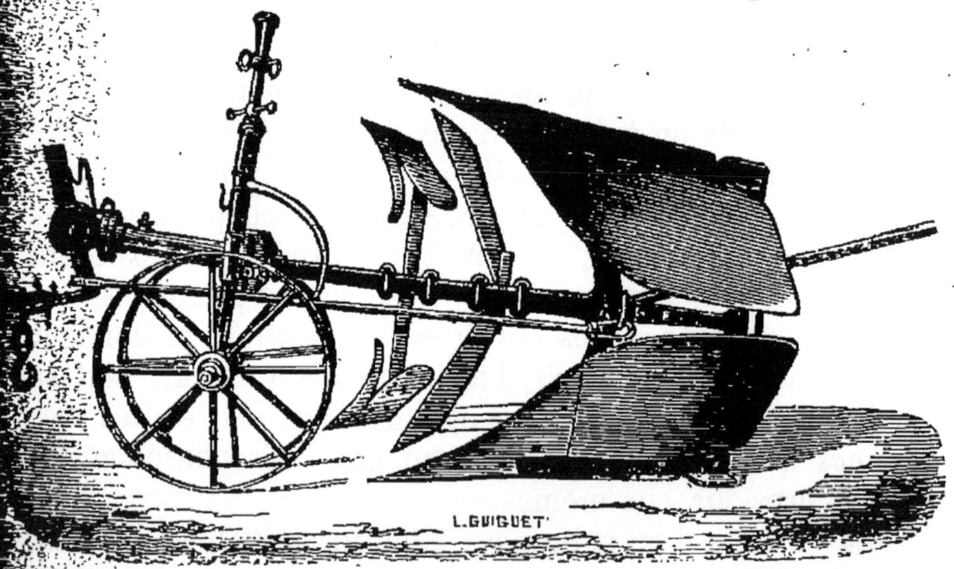

Fig. 14. — Charrue double-brabant.

la qualité du sol arable, selon les saisons et la quantité de
fumier qu'on peut appliquer par hectare, et aussi selon la
longueur des racines des plantes que l'on cultive.

Le premier labour que l'on donne à la terre doit être le plus profond, afin que la terre bien retournée ait le temps de mûrir ; mais c'est ce qu'on ne peut pas toujours faire. Quand le terrain est trop dur, et qu'on ne peut pas, la première fois, faire entrer assez profondément le soc, on tâche de le faire pénétrer plus profondément dans les labours qui ont lieu plus tard.

Les terrains légers, sablonneux et chauds exigent moins de labours que les terres fortes. Il faut aussi multiplier les labours sur les pentes très rapides, de peur que la terre trop longtemps soulevée par la charrue ne soit entraînée plus facilement par les pluies abondantes. Les terres argileuses exigent des labours d'autant plus fréquents qu'elles sont plus tenaces ; malheureusement, ces labours sont pénibles et coûteux. Il faut les faire à propos, et éviter de les répéter sur les terres compactes peu de temps avant l'époque des semailles d'automne.

On peut labourer à peu près en tout temps les terrains légers qui ne retiennent pas l'eau. Il n'en est pas de même des autres et surtout des sols calcaires : s'ils sont trop trempés par les pluies, tantôt la terre s'attache au soc et au versoir de la charrue, tantôt elle est soulevée en bandes très peu divisées, qui ensuite, se séchant, deviennent fort dures, et les animaux attelés à la charrue, en piétinant le sol, le gâtent encore. Lorsque ces mêmes terrains sont trop secs, il est presque impossible de les travailler : ils se partagent en mottes très dures que la herse ne peut pas toujours diviser.

Pour labourer avec avantage les terrains argileux, il faut choisir le moment où les pluies ont pénétré suffisamment le sol, sans cependant le trop tremper.

59. On peut labourer à plat ou en billons.

On laboure *à plat*, lorsque la charrue à versoir fixe, tournant autour d'une ligne droite, renverse les bandes de terre les unes contre les autres ou lorsque la charrue tourne-oreille, la charrue double-brabant ou à versoir mobile, en allant et en revenant, jette toujours la terre du même côté, et remplit successivement chaque raie, en traçant une autre raie auprès, en sorte que la pièce de terre ainsi labourée présente une surface unie.

Labourer *en billons*, c'est laisser, de distance en distance, des sillons, et élever la terre qui se trouve entre ces raies profondes.

Il y a des cas où il peut être utile de labourer en petits billons, c'est lorsque la couche arable est peu profonde et repose sur un sous-sol imperméable et qu'on a peu de fumier à employer; généralement, il vaut mieux labourer à plat les terrains à sous-sols un peu perméables, ce qui n'empêche pas de pratiquer dans le sol quelques sillons servant de rigoles d'écoulement pour les eaux pluviales.

Les animaux qu'on attelle le plus souvent à la charrue sont les chevaux et les bœufs; on y attelle aussi quelquefois les vaches. Il y a même des pays dont le sol est extrêmement léger, où la charrue est tirée par des ânes.

Le travail des chevaux est plus prompt, celui des bœufs est plus uniforme. Les bœufs coûtent moins à nourrir, mais les chevaux font, en outre, des charrois pour lesquels on ne saurait employer les bœufs à cause de leur lenteur.

Au printemps, en été et au commencement de l'automne, pour ne pas trop fatiguer les animaux, on fait deux attelées par jour, l'une le matin, l'autre dans l'après-midi : la première de cinq à onze heures, ou de quatre à dix; la seconde, de une à six, ou de deux à sept heures. En hiver et à la fin de l'automne, on ne fait qu'une attelée, qui dure environ cinq heures.

Pour que le labour soit bon, il faut qu'il soit bien égal, que la terre soit bien remuée, et que les bandes soient parallèles et parfaitement renversées suivant un angle de 45 degrés environ.

On dit que le labour est égal quand les raies ouvertes par la charrue sont partout à égale distance les unes des autres, et quand elles ont la même profondeur et la même largeur.

Voici comment le laboureur doit disposer sa charrue avant d'entamer la pièce de terre.

S'il veut labourer profondément avec une charrue ancienne munie d'un avant-train, il aura soin que l'age soit peu avancée sur l'avant-train ; au contraire, il avancera l'age sur l'avant-train, s'il veut que le labour soit peu profond.

Si la charrue n'a pas d'avant-train, il élèvera ou abaissera le régulateur ou la ligne de tirage. En traçant les premières raies, il reconnaîtra s'il a élevé le régulateur trop ou trop peu.

Le laboureur commence la première raie en attaquant modérément la couche arable. Ce n'est qu'à la troisième raie qu'il fait pénétrer le soc à la profondeur que doit avoir le labour. Alors, en voyant la charrue avancer, il reconnaît s'il donne au labour la profondeur voulue ; si le soc n'est point entré assez avant, il arrête l'attelage et abaisse l'age. Quand la charrue *pique* à la profondeur voulue, il s'occupe à diriger la pointe du soc en droite ligne, en tenant toujours les mancherons, afin que le soc ne s'écarte ni à droite ni à gauche.

En poursuivant son travail, le laboureur doit continuer d'appuyer sur les mancherons s'il dirige une charrue avec avant-train, mais plus légèrement qu'il n'avait fait pour entamer le terrain, et il doit diriger son attention du côté du versoir, afin de s'assurer si la terre est renversée d'une manière convenable.

Après avoir achevé une *raie*, le laboureur, avant d'en recommencer une autre, doit détacher la terre qui adhère au versoir et au sep, et débarrasser la charrue des racines et des herbes qui s'y arrêtent souvent. Il doit aussi examiner si, dans le cours du travail, sa charrue ne s'est pas dérangée.

Une charrue à laquelle sont attelés deux chevaux laboure 45 à 50 ares par jour. Elle n'agit que sur 35 à 40 ares quand elle est traînée par deux bœufs.

Le cultivateur qui laboure le sol en petits sillons, se sert d'une charrue ordinaire et d'une charrue à deux versoirs.

QUESTIONNAIRE.

56. Qu'est-ce que labourer?

57. Quelles sont les deux principales sortes de charrues? — Donnez la description de la charrue.

58. Dans quel sens doit-on labourer? — Quelle doit être la profondeur des labours? — Quelles sont les terres qu'on doit labourer souvent? — Peut-on labourer en tout temps? — Quel moment faut-il choisir pour labourer avec avantage?

59. Qu'est-ce que labourer à plat? — Qu'est-ce que labourer en billons? — Quels sont les animaux qu'on attelle à la charrue? — Quel est le travail le plus avantageux, celui des bœufs ou celui des chevaux? — Quelle doit être chaque jour la durée du travail des attelages? — Quelles sont les conditions d'un labour bien fait? — Comment le laboureur trace-t-il le premier sillon? — Que doit faire le laboureur après avoir achevé un sillon?

NEUVIÈME LECTURE

HERSE, HERSAGE. — ROULEAU, ROULAGE. — SCARIFICATEUR. HOUE A CHEVAL. — BUTTOIR. — SARCLAGE, BINAGE.

Il ne suffit pas de labourer un champ avec la charrue; il est souvent nécessaire de le herser.

Herser, c'est, après avoir labouré, briser et émietter les mottes ou enterrer des semences, et par là, unir la surface du sol.

Herse. — 60. L'instrument qui sert à herser s'appelle *herse*.

La herse la plus simple est un fagot d'épines attaché à une pièce de bois chargée de pierres, et tiré ordinairement par un cheval. Cette herse grossière unit très bien la surface des terres très légères; mais comme le frottement brise bientôt les rameaux épineux et qu'il faut sans cesse les remplacer, on a imaginé de faire des herses plus solides, plus énergiques et capables de servir plus longtemps. Elles consistent en un châssis de bois à trois ou quatre côtés, et hérissé en dessous de dents de fer ou de bois.

Pour construire solidement une herse, on doit choisir du bois très dur, coupé au moins depuis deux ans; si le bois n'est pas parfaitement sec, on aura beau faire entrer les dents de fer ou de bois dans les trous, ces derniers s'élargiront, et les dents tomberont l'une après l'autre, pour peu que le temps soit sec et chaud. Il faut aussi que

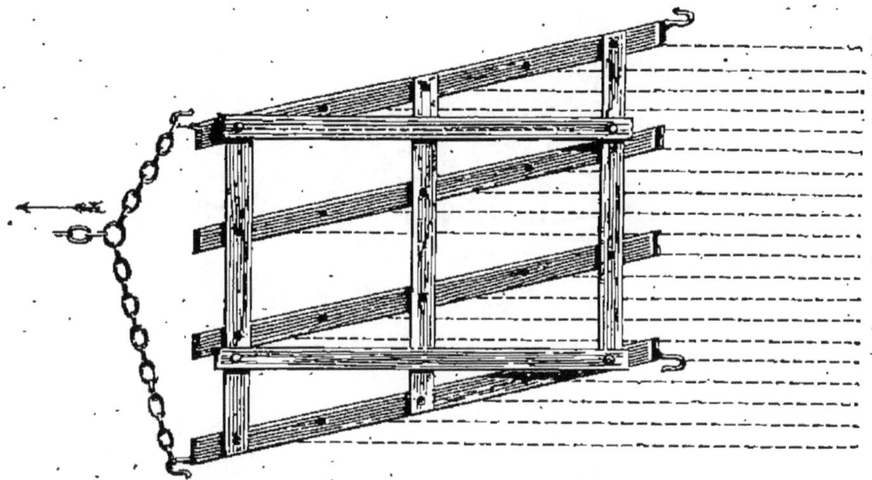

Fig. 15. — Herse perfectionnée de Valcour.

les diverses pièces de l'instrument soient parfaitement ajustées; car pour peu qu'elles ballottent dans les mortaises, elles seront bientôt séparées et brisées.

Les herses varient de forme et de grandeur suivant les contrées.

La plus énergique et la plus répandue est la *herse Valcour* (fig. 15). Les dents sont disposées de manière que chacune trace une raie sur le sol. Ces dents sont en fer ou en bois selon que la herse doit être plus ou moins énergique.

Il existe aussi une herse spéciale, qu'on nomme *herse à chaînons* (fig. 16), qu'on utilise spécialement pour bien ameublir, diviser les terres un peu argileuses, pour enterrer de petites semences ou herser des prairies mousseuses par des jours pluvieux.

Hersage. — 61. Après le labour, on ne doit point herser trop tôt, afin de laisser à la terre le temps de prendre l'air; on ne doit pas non plus herser trop tard, parce que le sol pourrait avoir le temps de se durcir, et le hersage deviendrait bien plus pénible. Il faut avoir aussi égard à la nature du terrain. Sur les sols légers, le hersage est plus facile, et l'on trouve aisément le moment favorable. Mais sur les terres fortes il n'en est pas de

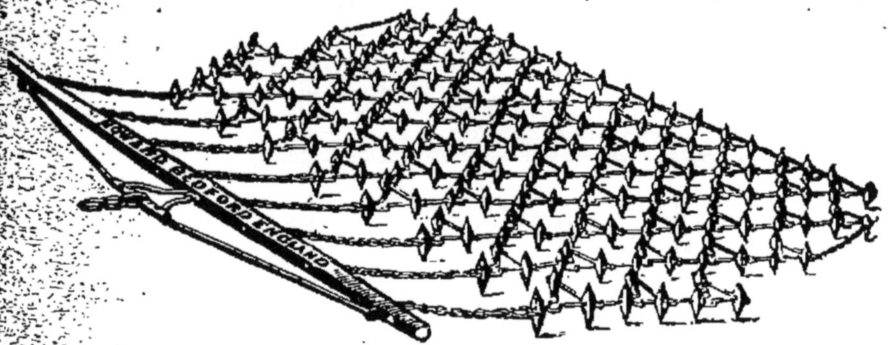

Fig. 16. — Herse à chaînons et à pointes.

même. Quand les mottes sont trop humides, elles se pétrissent sous les pieds des animaux et fléchissent sous l'action des dents de la herse; lorsqu'elles sont trop sèches, elles sont déplacées sans être divisées, et la herse ne fait que sautiller irrégulièrement sur le sol. Il faut choisir l'instant où la terre est suffisamment ressuyée, sans avoir perdu toute son humidité. Quand la herse n'est pas assez lourde, et qu'elle va par soubresauts continuels, sans écraser les mottes et sans émietter toute la surface du sol, il faut allonger les traits de l'attelage et charger la herse de pierres.

Rouleau, roulage. — 62. Souvent, après avoir hersé, on roule.

Rouler, c'est faire passer sur le terrain un *rouleau uni* de bois, de pierre ou de fonte, traîné par les animaux d'attelage. Le roulage convient à toutes sortes de terrains, surtout aux terres légères, siliceuses et calcaires. Les roulages exécutés sur les sols légers sont appelés *plombages*;

ils permettent à la couche arable de conserver plus facilement sa fraîcheur.

Il y a de l'avantage à rouler les blés dans le courant de mars ou avril si le sol a été labouré à plat, surtout quand ils ont souffert d'un hiver rigoureux.

On roule les avoines nouvellement levées, afin d'écraser les mottes, d'enfoncer les pierres et de rendre par là la

Fig. 17. — Rouleau Crosskil ou brise-mottes.

fauchaison plus facile. En général, les roulages opérés sur les céréales quand elles sont encore jeunes, rendent leur tallage plus complet.

La plupart des rouleaux sont situés au milieu d'un châssis de bois, dans lequel les extrémités des essieux ou tourillons sont emboîtées.

On se sert aussi, pour briser les mottes sur les sols argileux et calcaires, de rouleaux en fonte armés de pointes nombreuses ou de rouleaux en bois portant de fortes dents que l'on appelle *rouleaux brise-mottes* (fig. 17).

Scarificateur. — 63. Le *scarificateur* est un instrument destiné à pulvériser le sol plus profondément que la herse en le soulevant et en le divisant, mais sans le retourner.

Le scarificateur (fig. 18) n'est autre chose qu'une grande herse solidement établie, armée de dents très fortes, longues et légèrement recourbées à leur partie inférieure, et montées sur des roues mobiles qui servent à régler l'*entrure* des dents. L'instrument peut facilement être traîné par un attelage de deux à trois chevaux.

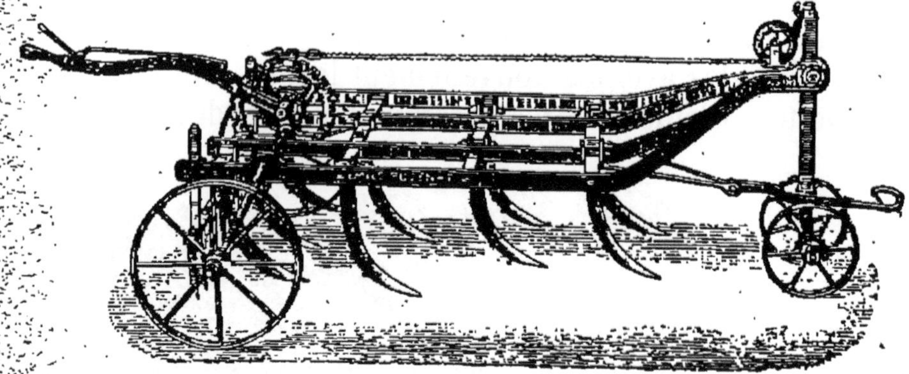

Fig. 18. — Scarificateur Puzenat.

Houe à cheval. — 64. La *houe à cheval* (fig. 19) est un instrument qui se compose de plusieurs fers de houe,

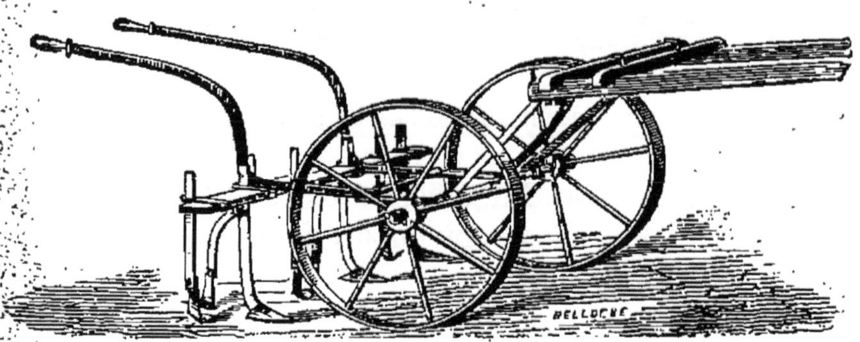

Fig. 19. — Houe à cheval.

fixés sur un bâti en bois ou en fer avec ou sans avant-train, et traîné par un cheval.

La houe à cheval rend d'utiles services dans la culture des plantes semées en lignes; avec elle, un homme et un cheval, accompagnés d'un enfant qui tient l'animal par la bride et le conduit entre les rangées des plantes, peuvent biner en un seul jour un hectare et demi de terre. Il ne reste plus alors qu'à donner un binage à la main entre les plantes situées sur les lignes, ce qui se fait promptement et à peu de frais dans la culture de la betterave, du maïs, de la pomme de terre, etc.

Buttoir. — 65. Le *buttoir* (fig. 20) est une charrue double ou à deux versoirs mobiles, avec laquelle on butte les pommes de terre, les topinambours et le maïs.

Fig. 20. — Buttoir ou butteur.

Cet instrument sert aussi à ouvrir des rigoles d'assainissement après les semailles d'automne sur les terres à sous-sol imperméable.

On peut substituer aux animaux d'attelage des machines à vapeur pour traîner la charrue, le scarificateur et la herse. Cette innovation a été déjà introduite sur quelques exploitations d'une grande étendue.

Sarclage, binage. — 66. Il est indispensable de sarcler les blés, les avoines, le lin, etc.

Sarcler une récolte, c'est arracher les herbes qui pullulent dans les champs, y mûrissent, s'y ressèment chaque année, et nuisent autant à la propreté des récoltes qu'à leur produit. On doit détruire les plantes indigènes avant qu'elles aient passé fleur, au moins celles de ces herbes qui nuisent le plus aux céréales par leur élévation ou par l'étendue de leurs racines ou de leurs feuilles : tels sont les hièbles, les nielles, les pavots ou coquelicots, les ivraies, la moutarde sauvage, la ravenelle, la folle avoine, le mélampyre ou blé de vache et surtout les chardons.

Ce sont ordinairement des femmes et des enfants qui sarclent; ils arrachent les mauvaises herbes à la main, ou à l'aide d'une binette légère lorsque le froment a été semé en lignes.

On ne saurait fixer l'époque du sarclage. Généralement, c'est au printemps qu'il faut sarcler, lorsque la terre est convenablement ressuyée et avant que les plantes soient très développées. Mais ce qui importe le plus, c'est de détruire les végétaux nuisibles avant qu'ils montent en graine; autrement, leurs semences, tombant sur le sol, produiraient une foule de mauvaises herbes qui souilleraient la terre pendant plusieurs années.

Il est aussi très utile de biner les plantes cultivées en lignes, comme les betteraves, le colza, le pavot, le tabac, le maïs, etc.

Biner une culture, c'est ameublir le sol et détruire les mauvaises herbes qui y croissent, soit avec une binette, soit à l'aide d'une serfouette. *Un binage bien fait vaut un arrosage!*

C'est au printemps et pendant l'été qu'on exécute les binages. Celui qu'on opère quelques semaines après la levée des betteraves, des carottes, du pavot-œillette, est difficile à exécuter; on doit éviter de détruire les jeunes plantes et de les couvrir de terre. Le deuxième et le troisième binage présentent moins de difficultés parce que les plantes sont très apparentes.

Un ouvrier habile peut biner de 12 à 18 ares par jour, selon la force des plantes.

On doit opérer autant que possible après une pluie et par un beau temps, afin que les plantes déracinées puissent périr très promptement.

QUESTIONNAIRE.

60. Qu'est-ce que herser? — Décrivez la herse. — Quelles précautions doit-on prendre pour construire solidement une herse?

61. Quand et comment doit-on herser ?

62. Qu'est-ce que rouler ? — Quand roule-t-on les blés et les avoines ? — Comment les rouleaux sont-ils en mouvement ? — A quoi servent les rouleaux armés de pointes ?

63. Qu'est-ce que le scarificateur ?

64. Qu'est-ce que la houe à cheval ?

65. Quel est l'instrument que l'on appelle buttoir, et quelle est sa destination ?

66. Qu'est-ce que sarcler ? — Comment se font les sarclages ? — Qu'est-ce que biner ? — Quelles précautions doit-on prendre quand on opère un premier binage ?

DIXIÈME LECTURE

DESSÉCHEMENT A L'AIDE DE FOSSÉS. — DRAINAGE. — MARAIS ET ÉTANGS.

Desséchement à l'aide de fossés. — 67. *Assainir* le sol, c'est le dessécher, c'est-à-dire le débarrasser des eaux surabondantes et des eaux stagnantes. On y parvient si le sol a suffisamment de pente, en pratiquant des fossés et des rigoles ouvertes, qui reçoivent les eaux surabondantes et les conduisent dans le ruisseau le plus voisin.

Quand le terrain n'a point de pente, ou quand on n'a pas de cours d'eau dans le voisinage, le desséchement est bien plus difficile. On peut cependant venir à bout de l'opérer en labourant la couche arable en gros billons ou en planches étroites et très convexes.

En Hollande et dans les Moëres de Dunkerque, on emploie un procédé aussi simple qu'ingénieux pour délivrer des eaux surabondantes les plaines qui n'ont ni pente ni écoulement, et qui même sont plus basses que le niveau des rivières. On enlève les eaux à l'aide de pompes aspirantes et foulantes que font mouvoir des moulins à vent ; l'eau ainsi élevée est rejetée dans un des nombreux canaux qui sillonnent le pays.

Drainage. — 68. On dessèche aussi les terrains humides au moyen de rigoles couvertes garnies intérieurement de pierres (fig. 21), de fascines et de tuyaux en terre cuite (fig. 22) placés bout à bout, et longs de 30 à 33 centimètres. L'eau passe entre les pierres ou dans les tuyaux, et suit le canal qu'ils offrent à son écoulement. C'est ce qu'on appelle *drainage*.

Les *drains* ou conduits doivent être bien droits. Pour fabriquer les tuyaux, on emploie des argiles qu'on extrait à la fin de l'automne; après l'hiver on pétrit ces matières fortement et on les place dans des machines desti-

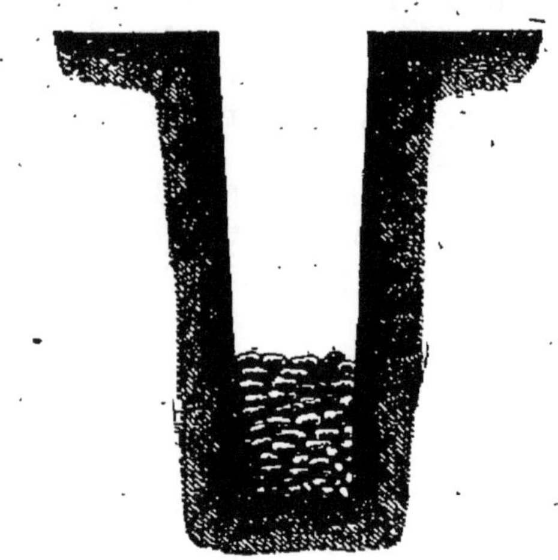

Fig. 21. — Drain empierré.

Fig. 22. — Drain avec tuyau.

nées à la fabrication des tuyaux de drainage; on laisse sécher les tuyaux pendant un mois ou deux avant de les soumettre à l'action du feu.

L'ensemble du drainage se compose de drains qui versent leurs eaux dans d'autres grands drains appelés *collecteurs*; les collecteurs débouchent dans un fossé.

Il y a le drainage régulier et le drainage partiel.

Le premier consiste à disposer des drains par séries de lignes parallèles également espacées. Les collecteurs sont placés dans les parties basses du terrain. Ce mode est le plus fréquemment employé.

Le drainage partiel consiste surtout à établir les collecteurs d'après les lignes de dépression du sous-sol, plutôt que d'après celles de la superficie, et cela dans le but d'aller chercher les eaux souterraines au point où elles sourdent, et de leur procurer un écoulement facile.

Dans tous les cas, les drains doivent former avec les collecteurs dans lesquels ils débouchent des angles aigus et non des angles droits, afin que la vitesse des courants ne soit pas diminuée par leur jonction.

La profondeur à laquelle les drains sont placés et leur espacement varient d'après la disposition des couches du sol, et surtout d'après son degré d'humidité. Quand il y a dans le sol beaucoup de sources, on va jusqu'à 1 m. 30 de profondeur et on espace les drains de 10 à 12 mètres. S'il y a peu ou point de sources, il suffit, en moyenne, d'une profondeur de 1 mètre et d'un espacement de 15 à 20 mètres ; l'inclinaison ne doit jamais être moindre de 1 à 2 millimètres par mètre.

Le diamètre des tuyaux (fig. 23) varie depuis 0 m. 02

Fig. 23. — Tuyau de drainage.

jusqu'à 0 m. 08. Ceux du plus fort diamètre sont employés comme collecteurs.

Pour établir les drains, on ouvre des tranchées dans le sol, la largeur de ces fossés diminue à mesure que l'on descend, de sorte que dans le bas elle est à peine supérieure au diamètre du tuyau A (fig. 22).

Le creusement de ces fossés se fait à l'aide d'outils spéciaux et on nettoie le fond à l'aide d'une curette (fig. 24). On vérifie de temps à autre le travail à l'aide d'un *gabarit*.

Quand la tranchée est terminée et qu'elle a été bien *damée* dans sa partie inférieure, on y place les tuyaux bout à bout, de manière que les ouvertures soient dans un contact aussi parfait que possible. On pose sur le joint un fragment de tuyau, l'on tasse modérément la terre dessus, et l'on comble la tranchée avec la terre qu'on en avait extraite.

Un drainage complet exige l'emploi par hectare de 1 000 mètres de drains et 3 000 tuyaux de 0 m. 33 de lon-

Fig. 24. — Curette de fond.

gueur, lorsque les drains sont espacés de 10 mètres les uns des autres.

Marais et étangs. — 69. C'est entreprendre une œuvre utile et rendre service à son pays que de dessécher les marais.

On appelle *marais* des terrains où l'eau n'a point d'écoulement, et qui sont en partie submergés; on n'y observe que des plantes aquatiques.

Non seulement les marais sont improductifs, mais les vapeurs qui s'en exhalent sont nuisibles à la santé des hommes.

Il ne faut pas confondre les marais avec les étangs.

Les *étangs* sont de vastes espaces remplis d'eau où l'on nourrit des poissons et que l'on peut tarir à volonté, en ouvrant les bondes et en détournant le ruisseau qui les alimente.

Assez ordinairement on dessèche un étang tous les deux ou trois ans, et l'on en pêche alors tout le poisson; puis on cultive le sol desséché en céréales, surtout en avoine, sans y mettre d'engrais; après une ou deux récoltes, on remet le terrain en étang. Ce mode de culture est connu sous le nom d'*évolage*.

L'*empoissonnement* exige par hectare, quand le fond de l'étang est bon, 150 carpes, 18 kilogrammes de tanches et 14 kilogrammes de brochets. A la pêche biennale, on récolte 90 kilogrammes de carpes, 60 kilogrammes de tanches et 100 kilogrammes de brochets.

QUESTIONNAIRE.

67. Qu'est-ce qu'assainir le sol? — Comment assainit-on le terrain? — Comment dessèche-t-on en Hollande les terrains qui n'ont point de pente?

68. Qu'est-ce que le drainage? — Comment doit-on établir les drains? — En quoi consiste l'ensemble du drainage? — Comment les drains doivent-ils déboucher dans les collecteurs? — A quelle profondeur doivent être placés les drains et quel doit en être l'espacement? — Quel est le diamètre des tuyaux? — Comment ouvre-t-on les tranchées? — Comment place-t-on les tuyaux dans les drains?

69. Qu'est-ce que les marais? — Est-il nécessaire de les dessécher? — Qu'est-ce qu'un étang? — Quelle est la manière de tirer parti des étangs.

ONZIÈME LECTURE

IRRIGATIONS. — QUALITÉS DE L'EAU. — QUANTITÉ D'EAU NÉCESSAIRE. — MODES D'IRRIGATION. — ARROSAGES.

Irrigations. — 70. Les irrigations ont pour but de fournir aux plantes l'eau dont elles ont besoin.

Irriguer, c'est faire arriver sur un terrain pendant un temps déterminé une eau courante, afin qu'elle imbibe la couche arable aussi complètement que possible, et qu'elle tempère l'action fâcheuse d'une trop grande chaleur.

Généralement, les irrigations sont beaucoup plus utiles dans la région du Midi que dans celle du Nord-Ouest.

Qualités de l'eau. — 71. Les eaux qu'on utilise dans les irrigations sont tantôt limoneuses, tantôt limpides. Les premières sont très utiles, parce qu'elles déposent sur le sol un limon fertilisant, mais on doit éviter de les employer sur des prairies naturelles en végétation, parce qu'elles laissent sur les tiges et les feuilles des parties sablonneuses qui nuisent à la qualité de l'herbe ou du foin. Les secondes peuvent être utilisées à tous les moments de l'année et pour toutes les cultures.

72. Les eaux qui proviennent de terrains granitiques, des grès rouges et des sols volcaniques, tiennent en dissolution des sels de potasse et de soude ; elles sont très utiles aux plantes. Il en est de même des eaux pluviales, des eaux des rivières et des étangs peuplés de poissons.

Les *eaux les plus mauvaises* sont celles qui sortent des forêts et des terrains tourbeux ; celles qui sont séléniteuses ou chargées de sels calcaires ou trop froides sont aussi peu favorables à la vie des plantes agricoles.

On améliore les eaux trop froides en les conservant quelque temps dans des réservoirs, et les eaux acides en les faisant passer à travers un bassin contenant de la chaux éteinte et en pâte.

Quantité d'eau nécessaire. — 73. Dans la région du Midi, où la chaleur est très élevée et l'évaporation considérable, les arrosages demandent plus d'eau que dans le Nord, où le climat et la terre sont plus humides, où la chaleur est moins forte, où les plantes ont moins besoin d'eau.

Généralement 1 hectare exige de 8 000 à 10 000 mètres cubes d'eau, suivant la nature du terrain.

Selon la perméabilité du sol, on arrose tous les 10, 12, 15 ou 20 jours, pendant les six mois que dure la saison des arrosages.

Modes d'irrigation. — 74. On connaît quatre modes d'irrigation : l'irrigation par reprises d'eau, ou celle dite irrigation proprement dite, l'irrigation par infiltration, par immersion et l'irrigation sur ados.

Les *irrigations ordinaires* ou par *ruissellement* consistent à diriger l'eau de manière qu'elle soit courante et arrose successivement plusieurs parties situées les unes au-dessous des autres.

Ainsi, on creuse le *canal d'amenée* ou *de dérivation* dans la partie supérieure du terrain qu'on veut arroser, on ouvre ensuite de petits *canaux distributeurs* ou *alimentaires* qui conduisent l'eau dans les rigoles de *déversement* ou *d'arrosement*.

Le canal de dérivation est presque de niveau. Quant aux canaux distributeurs et aux rigoles de déversement, on les exécute de deux manières, soit parallèlement, soit un peu obliquement à la pente du sol. On fait déverser l'eau sur le gazon en plaçant çà et la, dans les rigoles d'arrosement, de petits barrages.

L'eau ne doit pas être très ruisselante. Quand sa vitesse est grande, elle ravine très souvent la prairie. On la laisse couler sur les mêmes endroits, pendant douze, vingt-quatre à quarante-huit heures, pour la diriger ensuite sur d'autres points de la prairie

Lorsque les terrains sont très en pente et à surface irrégulière, on creuse les rigoles de déversement de manière à ce qu'elles soient de niveau.

Dans les irrigations ordinaires, *l'eau doit courir partout et ne séjourner nulle part.*

Les *irrigations par infiltration* sont plus faciles à établir. Elles consistent à faire arriver l'eau dans les rigoles sans qu'elle se déverse sur le sol. L'eau séjourne dans les rigoles jusqu'à ce que la couche arable soit entièrement imbibée.

Ces irrigations sont en usage dans la région du Midi, pour la culture des céréales, de l'oranger, de la garance et des plantes odoriférantes.

Les *irrigations par submersion* et *immersion* ne sont possibles que lorsqu'on peut disposer, à un moment donné, d'une grande quantité d'eau et quand les terres qu'on veut arroser sont presque planes et entourées de petites levées destinées à retenir l'eau sur la partie inondée.

Ces irrigations sont analogues à l'opération dite *colmatage* quand elles sont faites avec des eaux très limoneuses.

Soit qu'on utilise une eau limpide, soit qu'on inonde un terrain avec des eaux troubles, on doit faire écouler les eaux quand le sol est entièrement imbibé ou lorsque les eaux sont devenues limpides.

Les *irrigations sur ados* ou *irrigations vosgiennes* sont spécialement utiles sur les terrains horizontaux. Elles sont pratiquées très en grand dans la région de l'Est et dans la Lombardie, sur des planches bombées de 8, 10, 12 et 15 mètres de largeur, selon la perméabilité du terrain.

Les deux versants de ces planches présentent des surfaces bien nivelées. Le milieu de chaque ados (fig. 25) offre une rigole de déversement b, b, et toutes les plan-

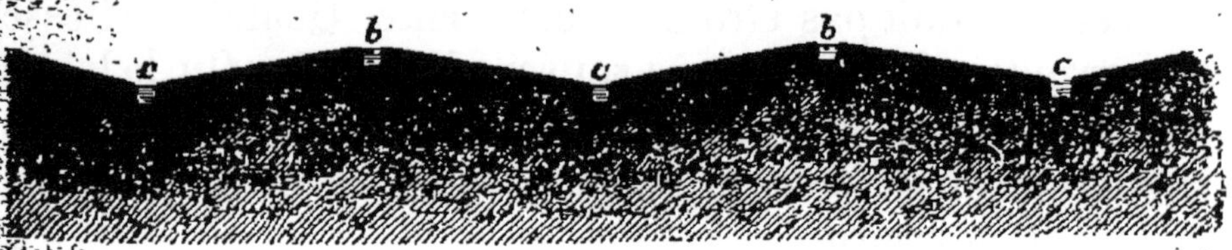

Fig. 25. — Irrigation sur ados.

ches sont séparées par un petit canal c, c, c, destiné à recevoir les eaux qui les ont arrosées.

Lorsqu'on veut irriguer, on fait arriver l'eau dans les rigoles de déversement, et on arrête son courant à l'aide d'un petit barrage qu'on déplace une ou deux fois par jour. Lorsque cette rigole est de niveau et qu'on a suffisamment d'eau, on arrose à la fois les deux *ailes* ou les deux versants de la planche.

Chaque année, comme pour les irrigations par reprise d'eau, on nettoie les rigoles d'arrosement, la *tête d'eau* ou canal de dérivation et les *fossés d'écoulement*, afin que les eaux y circulent librement. On doit éviter d'augmenter leur largeur et leur profondeur.

Arrosages. — 75. La culture des légumes exige beaucoup d'eau, et conséquemment de nombreux arrosages.

Dans les localités où les terrains destinés à la culture des légumes sont traversés par des ruisseaux, on creuse de petits canaux dans des directions diverses, et chaque canal est muni d'une ou plusieurs planchettes ou petites vannes, afin de pouvoir y arrêter l'eau à volonté.

Lorsqu'on veut arroser une planche, on débouche la rigole qui la limite, pour que l'eau y circule, et, au moyen d'une longue écope ou d'une pelle, on répand l'eau sous forme de pluie sur toute la partie qui doit être arrosée.

Dans les jardins ordinaires on arrose avec un *arrosoir*. Lorsqu'on veut *mouiller* un semis, on se sert d'un arrosoir muni d'une *pomme* percée de petits trous; quand on veut donner beaucoup d'eau à une plante, on enlève la pomme et on arrose avec le bec de l'arrosoir.

On doit arroser, autant que possible, le soir, à moins que les nuits soient longues et fraîches. Quand on opère le soir pendant les grandes chaleurs, l'eau a le temps, pendant la nuit, de pénétrer la couche arable et de rafraîchir les plantes. Si on arrosait le matin, l'eau s'évaporerait sous l'action du soleil et profiterait peu aux végétaux. Quand il survient des sécheresses, on arrose souvent soir et matin.

QUESTIONNAIRE.

70. Qu'appelle-t-on irrigation?

71. Quelles sont les eaux qu'on utilise dans les irrigations?

72. Quelles sont les eaux qu'on regarde comme nuisibles? — Comment peut-on corriger les défauts des eaux acides?

73. Quelle est la quantité d'eau nécessaire pour arroser un hectare?

74. Parlez des divers modes d'irrigation. — Des irrigations proprement dites; — des irrigations par infiltration; — des irrigations par submersion; — des irrigations sur ados.

75. Comment pratique-t-on les arrosages dans les jardins?

DOUZIÈME LECTURE

SEMAILLES. — CHAULAGE DES SEMENCES. — PRATIQUE DES SEMAILLES. — ENFOUISSEMENT DES SEMENCES. — TRANSPLANTATION DES VÉGÉTAUX HERBACÉS.

Semailles. — 76. La *semaille* est l'opération qui consiste à répandre des graines sur une terre bien préparée et à les enterrer dans la couche arable à une profondeur qui varie suivant leur volume.

77. Pour obtenir de beaux produits, soit dans la culture du blé, soit dans toute autre, il est utile de ne confier à la terre que des semences de belle- qualité. On doit prendre le grain destiné à la semence dans un champ que l'on a cultivé avec un soin tout particulier, ou mieux encore on achète des grains récoltés dans une autre localité sur des terres de même fertilité. Les froments qui végètent dans les contrées calcaires réussissent difficilement sur les terrains qui manquent de carbonate de chaux.

Le blé dont on veut se servir pour ensemencer ne doit pas être mêlé à d'autres graines ; un bon crible, ou ce qui vaut mieux un *cylindre trieur*, le nettoie facilement et sépare les belles semences des petits grains.

Chaulage des semences. — **78.** On chaule ordinairement les semences du froment.

Chauler les grains de semence, c'est les tremper dans un lait de chaux ou une dissolution de *sulfate de soude*, ou de *sulfate de fer*, ou de *sulfate de cuivre*, et les saupoudrer ensuite de poussière de chaux vive, afin de détruire les germes du *noir* ou de la carie et du charbon, et d'en préserver la récolte qui proviendra de cette semence.

On peut opérer le chaulage de plusieurs manières. Voici le procédé le plus ancien (fig. 26) : on délaye de la chaux vive ; quand le lait de chaux est préparé, on prend un panier ordinaire, on le remplit aux trois quarts de blé et on le plonge dans le liquide pendant quelques minutes ; le grain qu'on a ainsi chaulé est déposé sur un sol uni ; avant de le remuer avec une pelle, on le couvre très légèrement de sel de cuisine, afin que la chaux se détache moins facilement du grain quand celui-ci sera sec, et qu'elle n'incommode pas le semeur. 8 kilogrammes de chaux délayée dans 2 hectolitres d'eau suffisent pour chauler 15 hectolitres de froment.

Lorsqu'on prépare les grains au sulfate, on fait dissoudre dans 100 litres d'eau 7 à 8 kilogrammes de *sel de Glauber* (sulfate de soude), ou de *couperose verte* (sulfate de fer), ou de *couperose bleue* (sulfate de cuivre), on y trempe les grains, on verse ceux-ci sur l'aire du bâtiment et les saupoudre de chaux vive en les remuant avec une pelle en bois. De nos jours, le sulfatage est préféré au chaulage.

On peut, au lieu de chaux, employer du vitriol bleu ou

Fig. 26. — Ouvrier chaulant les semences.

couperose bleue, ou du vitriol vert ou *couperose verte*, dissous dans l'eau.

Pratique des semailles. — 79. Les semailles se font à la volée ou en lignes.

On sème ordinairement à la volée les céréales, les plantes fourragères, le lin, le chanvre, la cameline, etc.

On sème presque toujours en lignes le maïs, le pavot-œillette, la betterave, la carotte, la cardère, le sorgho à balais, etc.

Semer à la volée, c'est lancer le grain avec la main. *Semer en lignes*, c'est le distribuer avec la main dans des rayons, ou le répandre avec un appareil appelé *semoir mécanique*.

Le semoir (fig. 27) économise la semence et la distribue régulièrement en lignes éloignées les unes des autres de 16, 20 ou 22 centimètres.

Il ne faut point semer trop dru ; les plantes se gêneraient

et s'affameraient les unes les autres ; mais il ne faut pas, non plus, semer trop clair : car, comme dit le proverbe, *qui épargne la semence épargne le lien*. Au reste, la quantité varie selon les circonstances. Dans les bons terrains, où chaque plante talle beaucoup, il faut moins de semence que dans un terrain médiocre ; il en faut moins pour un semis d'automne que pour un semis de prin-

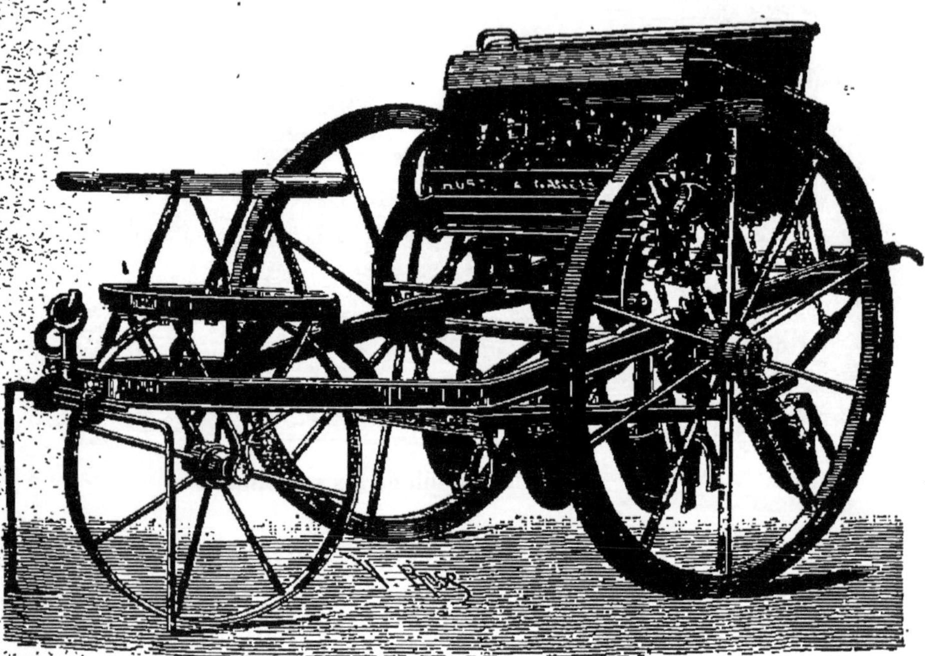

Fig. 27. — Semoir pour la moyenne culture.

temps ; moins dans un climat où les pluies printanières favorisent le développement des plantes que dans celui où les sécheresses arrêtent de bonne heure le tallement des céréales.

Quand on sème à la volée et qu'il fait un peu de vent, on doit toujours lancer les graines *avec le vent*. La semaille est toujours irrégulière lorsqu'on sème *contre le vent*.

Dans un grand nombre d'exploitations appartenant à la région septentrionale, les blés et les avoines sont aujourd'hui semés en lignes à l'aide du semoir mécanique, qui varie en grandeur suivant l'importance de l'exploitation.

Les céréales ainsi semées reçoivent en mars, avril ou mai, un binage opéré à l'aide d'une herse à cheval spéciale. Elles sont moins exposées à verser que les céréales semées à la volée. Les plantes indigènes y sont aussi bien moins nombreuses.

Enfouissement des semences. — 80. On enterre les graines qu'on a semées à la volée, soit avec la herse, soit à l'aide de la charrue. Dans le premier cas la semaille est dite *semaille sous herse*; dans le second, on la nomme *semaille sous raies*.

On enterre les grosses graines, le blé, l'avoine, le maïs, les vesces, le sainfoin, avec *deux hersages*, afin qu'elles soient à 0 m. 05 au moins au-dessous de la surface du sol. Les graines fines ne sont enterrées que par un *seul hersage*.

Quand on sème sous raies, on doit proportionner la profondeur du labour à la grosseur de la semence. Les céréales peuvent être semées sous raies plus profondément dans un sol perméable que dans une terre argileuse ou à sous-sol imperméable.

Transplantation des végétaux herbacés. — 81. Le colza, les choux, le rutabaga, le tabac, sont presque toujours semés en pépinière, pour être transplantés à des époques déterminées.

Cette mise en place ne peut avoir lieu que sur des terres qu'on a préalablement labourées et fumées. Quand le sol de la pépinière est sec ou un peu compact, il faut, la veille du jour où les plantes doivent être arrachées, le mouiller à diverses reprises afin que l'arrachage des plants y soit facile.

Avant de mettre en place des plants de choux, rutabaga, colza, cardère, on procède à leur *habillage*, c'est-à-dire on coupe avec un couteau l'extrémité des racines, afin qu'on puisse facilement introduire le plant dans le trou fait par le plantoir. On consolide le plant en implantant de nouveau le plantoir à une faible distance du plant. Cette opération est dite *borner le plant*.

Quand on opère par un temps sec et chaud, on doit garantir les plants de l'action du soleil dès qu'ils ont été arrachés.

La reprise du tabac n'est assurée que lorsqu'on a *levé les plants en mottes*.

On peut faciliter la reprise des choux, des rutabagas et des betteraves, en trempant, avant la plantation, leurs racines dans une bouillie un peu épaisse faite avec des bouses de vache, du noir animal ou du superphosphate de chaux et de l'eau.

QUESTIONNAIRE.

76. Quelle est l'opération que l'on nomme semaille?
77. Parlez du choix des semences.
78. Pourquoi faut-il chauler les semences des céréales?
79. Qu'appelle-t-on semailles à la volée? — semailles en lignes?
80. Comment enterre-t-on les graines semées à la volée? — Qu'appelle-t-on semailles sous raies?
81. Comment transplante-t-on les végétaux herbacés?

TREIZIÈME LECTURE

MOISSON. — PRATIQUE DE LA MOISSON.
BATTAGE DES CÉRÉALES. — NETTOYAGE DES SEMENCES.
CONSERVATION DES PRODUITS.

Moisson. — 82. La *moisson* ou récolte des céréales est une des principales opérations de l'agriculture.

On l'exécute en juin et juillet dans les contrées méridionales, et en août et septembre dans les localités septentrionales.

Le seigle, l'escourgeon d'automne, l'avoine d'hiver se récoltent les premiers et à la même époque; le froment, l'orge de printemps et l'avoine de mars se récoltent vingt à trente jours plus tard.

On doit récolter les grains des céréales quand ils sont mûrs, ce qu'on reconnaît lorsqu'ils sont assez fermes pour qu'on puisse les séparer avec l'ongle.

Pour moissonner on se sert de la faucille, ce qui s'appelle *fauciller*; ou de la faux, ce qui s'appelle *faucher*; ou de la *sape*, ce qui s'appelle *saper*.

La faucille est un instrument composé de deux parties, le *manche* et le *fer*, qui est une lame en forme de croissant, avec ou sans dents.

Dans le Vivarais, la basse Bretagne, on se sert pour moissonner d'une très grande faucille appelée *volant* et qu'on utilise comme si on agissait avec une sape.

Pratique de la moisson. — **83.** Le moissonneur qui se sert de la faucille s'avance, la tête tournée vis-à-vis des tiges qu'il veut abattre; il engage le croissant de la faucille dans la moisson; alors il saisit les tiges de la main gauche, en ayant soin que ses doigts soient situés un peu au-dessus et en dehors de la lame, et il tire rapidement vers lui le manche de l'instrument; les tiges qui se trouvent coupées sont disposées ensuite en *javelle* sur le sol.

Quand on fauche les céréales, la faux est munie d'un *crochet* ou du *playon*, appareil composé de baguettes qui poussent les tiges coupées contre celles qui tiennent encore au sol par leurs racines.

Dans un jour, avec la faucille, un bon travailleur peut moissonner de 18 à 20 ares; avec la sape, 30 à 40 ares; avec la faux, 40 à 60 ares. Dans ce dernier cas, il a besoin d'un aide pour ramasser et ranger les tiges derrière lui.

On a inventé depuis peu des *machines à moissonner*, traînées par des chevaux, et qui abrègent beaucoup la besogne. Les unes coupent les tiges et les déposent, sur la piste qu'elles viennent de suivre, sous forme de *javelles*; les autres, dites *moissonneuses-lieuses*, mettent en petites gerbes les céréales qu'elles moissonnent et les déposent sur le sol sans les égrener.

On ne rentre la récolte que quand elle est sèche. Si elle est mûre et que cependant elle se trouve mélangée de plantes étrangères dont le feuillage est encore vert, il est prudent de la laisser exposée quelque temps à l'air, afin de faire sécher ces plantes, dont la fermentation pourrait nuire au grain et à la paille récoltés.

Souvent *on coupe la récolte un peu avant qu'elle soit parfaitement mûre*, afin d'éviter l'*égrenage* et de récolter des grains de meilleure qualité. Dans ce cas, on la laisse étendue sur le terrain pendant quelque temps pour qu'elle achève de mûrir ; c'est ce qu'on appelle *javeler*. Mais le mieux est de la *mettre tout de suite* en gerbes et de disposer celles-ci en *dizeaux circulaires*, ainsi que l'indique la figure 28.

Fig. 28. — Dizeau ou moyette circulaire.

Les dizeaux ou *moyettes* précités, qui ont été bien faits, préservent les céréales de l'action toujours très nuisible des pluies prolongées et contribuent à accroître la qualité du grain.

La *gerbe* est un faisceau de tiges liées ensemble avec un *lien* de paille, d'écorce de tilleul, de fibres de palmier ou de genêt.

On rentre les gerbes dans les granges ou sous les haugars, ou bien l'on en fait, auprès de la ferme, de grands tas que l'on appelle *gerbiers* ou *meules*, et que l'on recouvre d'une toiture en paille, pour que l'eau de la pluie ne pénètre pas dans l'intérieur.

Battage des céréales. — 84. On sépare le grain de la paille avec le fléau, un rouleau en pierre ou en bois, une machine à battre ou à l'aide des pieds des chevaux.

On bat les céréales dans la grange à l'aide d'un fléau ; le *fléau* se compose de deux bâtons attachés l'un au bout de l'autre par des courroies : le plus long des deux sert de manche.

Le battage exige beaucoup de force ; ce travail convient peu aux personnes faibles et délicates. En effet, le fléau est un instrument assez lourd ; celui qui s'en sert le lève au moins 30 fois par minute et le laisse retomber avec force autant de fois ; s'il travaille six heures par jour, il frappe donc 10 800 coups. Un bon ouvrier peut battre par jour, dans une grange, de 40 à 50 gerbes de froment pesant chacune en moyenne 8 à 10 kilogrammes, selon que les gerbes sont plus ou moins sèches.

Dans les contrées du Sud-Ouest, de l'Ouest et du Midi, on bat les céréales en plein air aussitôt après la moisson.

Dans la Bretagne, la Vendée, etc., le battage se fait ordinairement à l'aide du fléau ou de *machines à battre mobiles*, mises en mouvement par un manège ou par la vapeur.

Dans le Languedoc, le Comtat d'Avignon, la Provence, le Quercy, etc., on opère le battage de trois manières : 1° avec des *rouleaux en granit* d'un très grand poids ; 2° à l'aide du *dépiquage* ; 3° au moyen de la *gaule* ou du *fléau*.

Sous le nom de *dépiquage*, on désigne l'opération qui consiste à faire fouler les gerbes par les pieds des mulets ou des chevaux. Le dépiquage est plus expéditif que le battage, mais il est plus dispendieux.

Dans le Nord de la France, on bat les céréales : 1° à l'aide de machines fixes, mises en mouvement par de animaux ou à l'aide de la vapeur ou d'un cours d'eau; 2° dans l'Ouest et le Centre au moyen de machines à battre mobiles (fig. 29). Les petites exploitations, dans le Nord et

Fig. 29. — Battage des céréales en plein air et à l'aide de la vapeur.

l'Est, opèrent l'égrenage des céréales dans les granges à l'aide du fléau.

Nettoyage des semences. — 85. Après avoir battu les grains, on les *vanne*, c'est-à-dire qu'on les sépare des *balles* ou menues pailles et des mauvaises graines, en les secouant dans un instrument d'osier appelé *van*.

On se sert maintenant plus volontiers de l'appareil qu'on appelle *grand van* ou *tarare* (fig. 30) : c'est une machine simple et ingénieuse, qui économise le temps et qui nettoie très bien les semences.

Conservation des produits. — 86. On conserve les *grains* dans des locaux propres, aérés, et garantis de l'humidité, des oiseaux et des souris.

On doit les remuer de temps à autre avec la pelle afin de prévenir toute fermentation. Il faut aussi les examiner une ou deux fois par mois pour s'assurer qu'ils ne sont pas attaqués par le charançon, la teigne ou l'alucite.

Les graines de colza, pavot-œillette, etc., les racines de garance, les têtes de la cardère, les tiges de chanvre et de lin exigent les mêmes soins de conservation. En général, tous les produits agricoles déposés dans les locaux

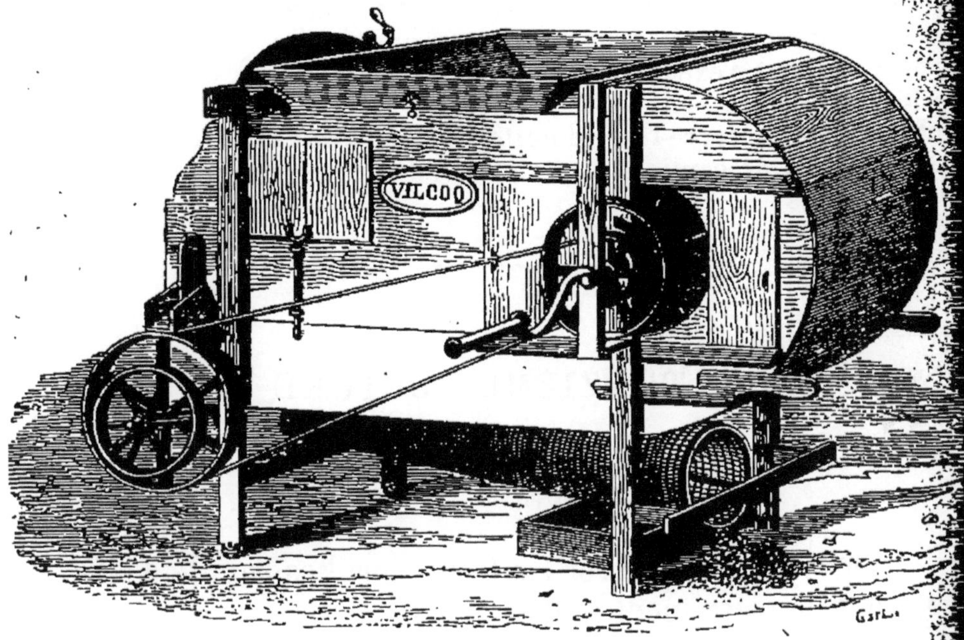

Fig. 30. — Tarare ou ventilateur.

humides perdent de leur qualité. Les meilleurs greniers sont ceux qui ont des ouvertures situées au midi et au nord, et munies extérieurement d'une toile métallique et intérieurement d'un vitrage ou d'un volet.

On conserve les *foins*, bottelés ou non, dans des granges ou des greniers ou en meules coniques ou oblongues garanties de la pluie par une bonne couverture en paille.

On emmagasine les racines de betterave ou les tubercules de la pomme de terre dans des caves, des celliers et des silos en maçonnerie, ou dans des silos en terre n'ayant qu'une durée temporaire. Les locaux non humides, où la température n'est pas élevée, sont ceux qui sont les meilleurs. Les navets et les rutabagas se conservent aussi très bien dans une grange ou un cellier non humide.

QUESTIONNAIRE.

82. Qu'appelle-t-on moisson? — A quelle époque récolte-t-on les céréales? — Qu'est-ce que fauciller, — faucher, — saper?

83. Comment opère-t-on le faucillage? — Avec quelle faux coupe-t-on les blés et les avoines? — Qu'appelle-t-on javeler? — Qu'est-ce qu'une gerbe?

84. Comment s'exécute le battage des céréales? — Qu'appelle-t-on dépiquage?

85. Comment opère-t-on le nettoyage des grains?

86. Quelles précautions doit-on prendre dans la conservation des produits?

QUATORZIÈME LECTURE

MOYEN D'AMÉLIORER LES TERRES INCULTES. — DÉFRICHEMENT.
— ÉPIERREMENT. — ÉCOBUAGE.

Les moyens d'améliorer les terres incultes sont le défrichement, l'épierrement et l'écobuage.

Défrichement. — 87. *Défricher*, c'est mettre en état de culture un terrain abandonné et jusqu'alors improductif.

On défriche les terrains abandonnés et incultes en donnant au sol plusieurs labours successifs.

Avant de labourer une terre couverte de bruyères ou d'ajoncs, on doit faucher ces arbrisseaux, puis extirper les roches, les pierres ou les souches d'arbres. C'est pendant l'automne et l'hiver, alors que la lande a été détrempée par les pluies, qu'on exécute le premier labour de défrichement. La charrue, qui doit être très solide, agit très difficilement quand cette opération est faite pendant l'été.

Le second labour doit être fait transversalement. Après cette opération, on herse vigoureusement, et plus tard on donne le troisième et dernier labour.

On ne fertilise pas les terres de landes nouvellement défrichées avec des fumiers; on se contente d'y appliquer de la chaux, de la marne, du phosphate de chaux, des scories de déphosphoration ou du noir animal. Ces divers engrais agissent très heureusement sur l'humus acide du sol et le rendent plus assimilable pour les plantes.

Le sarrasin ou blé noir, le froment, le seigle ou l'avoine et quelquefois le colza, sont les seules plantes qui puissent suivre les travaux de défrichement.

Lorsque la terre a produit deux céréales, on doit la fumer et y cultiver des plantes sarclées. Les binages exigés par ces plantes détruisent les mauvaises herbes qui commencent à envahir la couche arable.

Le trèfle, les vesces ne réussissent bien sur une terre de lande défrichée que lorsqu'elle a été marnée, ou phosphatée, ou chaulée et fumée.

On peut opérer des *labours de défoncement* sans mêler

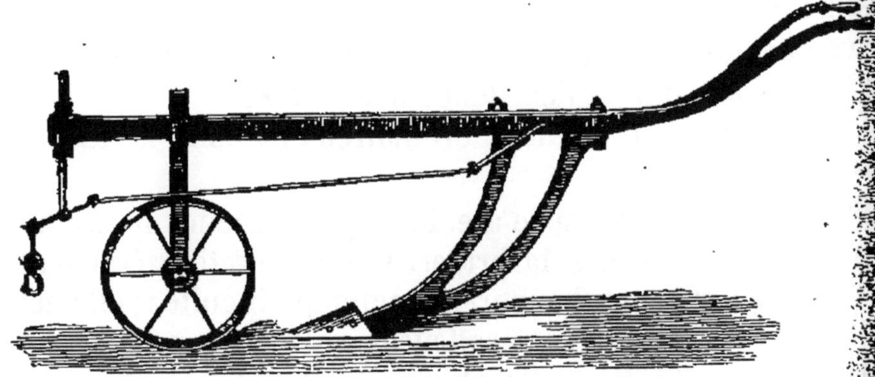

Fig. 31. — Charrue sous-soleuse.

une partie du sous-sol à la couche arable, en faisant suivre une charrue ordinaire par une *charrue fouilleuse* ou *charrue sous-soleuse* (fig. 31), d'une grande solidité.

88. S'il est utile de défricher les landes et les terres incultes, il n'est pas toujours avantageux de défricher un terrain boisé pour le convertir en terre arable, si le sol refuse à donner d'autres produits que du bois. La grande quantité de racines qui embarrassent le sol rend les labours de défrichement souvent très difficiles.

Il est surtout imprudent de défricher les bois sur les terrains en pente : il arrive alors que la terre végétale n'étant plus retenue par les racines des arbres, est entraînée dans les vallées par les eaux des pluies et le coteau devient tout à fait stérile.

Les défrichements de bois sont ordinairement suivis par une culture d'avoine ou de seigle. Le froment ne réussit sur de tels terrains que lorsque la terre est calcaire ou qu'elle a été marnée, chaulée et fumée.

89. *Épierrer* le sol, c'est le débarrasser des pierres dont il est encombré, soit en les enlevant à la main, soit en les brisant à l'aide du pic et de la pioche. Quand les rochers sont très gros, on les fait sauter en éclats au moyen de la poudre à mine.

On ne doit enlever sur les terres de qualité ordinaire que les pierres qui gênent la marche des instruments aratoires ou celle de la faux. Les pierres de petit volume plombent les terres légères et elles s'opposent pendant les fortes chaleurs à l'évaporation de l'humidité si nécessaire, sur de tels terrains, à l'existence des plantes.

Les épierrements se font ordinairement dans la saison hivernale.

90. L'*écobuage* consiste à enlever par tranches la croûte supérieure du sol et à la brûler. Cette opération convient aux terrains qui sont demeurés longtemps incultes; elle est plus profitable aux terres argileuses qu'aux terres légères.

On exécute toujours l'écobuage au printemps ou pendant l'été. Lorsque les plaques de terre qu'on a enlevées au moyen de la charrue ou de la houe dite *écobue* sont à demi desséchées, on les réunit en petits tas arrangés en forme de fourneaux, en ménageant au centre un vide dans lequel on place quelques broussailles ou herbes sèches auxquelles on met le feu. L'incinération dure quelques jours; quand le feu est tout à fait éteint et lorsque les cendres sont froides, on répand celles-ci également sur le sol et on laboure la couche arable.

L'écobuage, pratiqué sans discernement, serait dangereux; il épuiserait le sol même le plus riche. Les terrains tourbeux sont les seuls sur lesquels on peut sans inconvénient le mettre en pratique.

87. Qu'appelle-t-on défricher? — Comment défriche-t-on des terres de landes? — Quelles sont les plantes qui doivent suivre un défrichement? — Quelle action les engrais calcaires exercent-ils sur l'humus acide du sol?

88. Les défrichements de bois sont-ils toujours avantageux? — Quelles difficultés présentent-ils? — Quelles plantes y peut-on cultiver?

89. Qu'appelle-t-on épierrer?

90. Qu'est-ce que l'écobuage? — Comment opère-t-on? — L'écobuage peut-il avoir des inconvénients?

QUINZIÈME LECTURE

CLOTURES. — CHEMINS VICINAUX. — VOITURES.

Clôtures. — 91. Une *clôture* est la haie, le mur ou le fossé qui entoure un champ, une prairie ou un jardin.

Les clôtures bien faites et en bon état garantissent les récoltes sur pied de la dent du bétail et du maraudage des hommes. Elles permettent aussi d'abandonner à eux-mêmes dans un pâturage ou une prairie des animaux d'élevage ou d'engraissement.

On connaît quatre sortes de clôtures : 1° les fossés; 2° les haies sèches et les palissades; 3° les haies vives; 4° les murs.

92. Les fossés n'étant pas surmontés par une haie vive sont des clôtures imparfaites. S'ils ont l'avantage de délimiter des champs et de contribuer à l'assainissement de la couche arable, ils n'empêchent pas les animaux de pénétrer à l'intérieur des terrains qu'ils entourent.

Les *haies sèches* et les *palissades* sont plus utiles que les fossés dans les localités où les terres sont perméables et de bonne qualité, parce qu'elles occupent une très faible surface. On doit regretter qu'elles soient peu durables, moins qu'elles ne soient faites avec des pierres plates schisteuses ou calcaires. Ces clôtures particulières sont communes dans la région de l'Ouest, on les nomme *palis*.

93. Les *haies vives* sont très utiles dans les localités où la terre n'a pas une très grande valeur et dans les contrées où l'on se livre à l'élevage et l'engraissement du bétail. Ces clôtures sont très répandues dans le centre et l'ouest de la France. Les haies les mieux conduites existent dans la Normandie.

Les arbustes qui peuvent servir à former les haies sont très nombreux. Les plus utiles sont les suivants : l'*épine blanche*, qui demande un bon terrain ; le *prunellier*, qui croît avec facilité sur les mauvais sols ; l'*épine-vinette*, qui réussit très bien sur les sols calcaires ; le *houx*, qui végète facilement sur les terres argileuses un peu fraîches ; le *troene*, qui pousse rapidement. L'*épicéa*, le *genévrier*, qui végètent bien dans des terrains sablonneux et qu'on taille aisément.

A côté de ces arbustes se placent naturellement le *chêne*, l'*érable*, le *châtaignier*, le *noisetier*, l'*aune*, qui repoussent aisément quand ils ont été rabattus.

On plante les plants qu'on a choisis à 0 m. 16 les uns des autres sur la berge du fossé, ou dans une rigole défoncée jusqu'à 0 m. 40 ; autrefois, on les disposait sur deux rangs ; de nos jours, on ne les plante que sur une seule ligne.

On bine une ou deux fois chaque année pendant trois ou quatre ans et on rabat tous les ans les plants sur eux-mêmes, afin que la haie soit un jour bien garnie du pied.

On tond la haie annuellement des deux côtés, pour qu'elle n'occupe pas trop de place et on ne la laisse s'élever chaque année que progressivement. Quand elle est arrivée à la hauteur qu'on veut lui donner, et qui est ordinairement de 1 m. 50, on l'arrête en la taillant par-dessus.

On peut entremêler dans les aubépines quelques plants

de troène du Japon, arbrisseau qui conserve ses feuill[es]
vertes pendant l'hiver.

On fait aussi d'excellentes haies de défense avec l'acacia
le seul défaut des haies d'acacia est de se dégarnir tro[p]
facilement par le pied.

Pour tondre et tailler les haies, on se sert du croissan[t]
ou des ciseaux à tondre dits *cisailles*.

On ferme les ouvertures des clôtures à l'aide de bar[-]
rières en bois, puis on établit à une faible distance un
petit passage spécial pour les hommes et qu'on nomm[e]
échalier.

Les *murs de clôture* d'un jardin doivent avoir de 2 m. 5[0]
à 3 mètres de hauteur. Il est utile de les couronner pa[r]
un chaperon formant une large saillie sur le côté où l'o[n]
doit palisser des arbres fruitiers. Enfin, les murs no[n]
crépis offrent souvent des ouvertures dans lesquelle[s]
viennent se réfugier les loirs, etc., qui s'attaquent au[x]
fruits; c'est pourquoi il est avantageux de les enduire d'u[n]
bon mortier de chaux et de sable ou de plâtre avant d[e]
fixer un treillage.

Chemins vicinaux. — 94. Les chemins les plus utiles a[u]
commerce sont les *chemins de fer*, les *routes nationale[s]*
et les *routes départementales*; ces routes unissent les vill[es]
les unes aux autres.

Les routes les plus utiles à l'agriculture sont les *ché[-]
mins de grande communication*, qui unissent entre elle[s]
les diverses communes, et les *chemins vicinaux*, qui con[-]
duisent aux diverses parties du territoire communal.

Il est de la plus haute importance de tenir en bon éta[t]
ces diverses voies de communication; on ne peut pas, ave[c]
de très mauvais chemins, vendre avantageusement se[s]
produits, ou bien le transport en devient très dispendieu[x]
et renchérit le prix des objets.

Mais quand les voies de communication sont bien entre[-]
tenues, chacun peut conduire ses denrées au marché faci[-]
lement et sans grande dépense, à l'époque qui lui convien[t]
le mieux, et rapporter chez lui ce dont il a besoin. L'hab[i-]

...al d'un pays vignoble amène du vin dans les communes qui en manquent, et va chercher du blé au marché de la ville voisine ; le bois, les fourrages, la paille et les autres produits du sol sont dirigés sans peine et sans dépense sur les points où ils ont le plus de valeur.

Depuis que les chemins de fer transportent les produits agricoles rapidement et presque sans secousses, des communes très éloignées de Paris envoient dans cette capitale du beurre, du lait, des fruits, des légumes, qui y arrivent dans toute leur fraîcheur ; c'est pour Paris un grand avantage, et c'est en même temps une source de richesse pour les habitants des campagnes, qui, auparavant, étaient obligés de donner ces objets à vil prix ou même de les laisser perdre.

Voitures. — 95. L'agriculture emploie comme *véhicules* ou *voitures* des charrettes et des chariots.

Les *charrettes*, plus ou moins grandes selon les contrées, sont très répandues dans les pays peu accidentés ; elles sont traînées par des chevaux, des mulets ou des bœufs.

Dans la région du Nord, les *transports des betteraves aux sucreries* se font à l'aide de grands tombereaux à deux ou quatre roues auxquels on attelle quatre bœufs au joug.

Les *chariots* sont très utiles dans les pays montueux, en ce que la charge porte sur les deux essieux. Ces voitures détériorent moins les routes que les charrettes et elles circulent plus aisément qu'elles sur des chemins dont la viabilité laisse beaucoup à désirer. On les emploie aussi dans les départements du Nord et dans les plaines de l'Alsace, de la Lorraine parce que les chevaux qui les traînent fatiguent moins et sont aussi moins exposés à être blessés.

Enfin, l'expérience permet de dire que trois chariots traînés chacun par un cheval transportent un poids plus considérable qu'une charrette à trois chevaux.

QUESTIONNAIRE.

91. Qu'appelle-t-on clôture ? — Connaît-on plusieurs sortes de clôtures ?

92. Parlez des fossés et des haies sèches ou palissades.

93. Quels sont les avantages des haies vives? — Quels sont les principaux arbustes qui servent à les établir? — Comment les plante-t-on?

94. Parlez des murs de clôture?

95. Quels sont les avantages que présentent les bonnes voies de communication?

96. Comparez les charrettes aux chariots.

SEIZIÈME LECTURE

CONSTRUCTIONS AGRICOLES. — VACHERIE. — ÉCURIE
ET BOUVERIE. — BERGERIE. — POULAILLER. — COLOMBIER.

Constructions agricoles. — 96. Les *constructions agricoles* doivent être toujours simples, solides, salubres, bien orientées et leur distribution intérieure doit répondre aux animaux qu'on veut y loger et aux produits qu'on doit emmagasiner.

Il importe, en outre, que tous les bâtiments soient en rapport avec l'étendue du domaine, le système de culture adopté et la fertilité ou le revenu net des terres cultivées.

Les grandes constructions sont souvent satisfaisantes, mais trop souvent les petites fermes sont mal construites, mal entretenues et malsaines pour les hommes et les animaux.

De là ces fièvres qui abrègent l'existence des agriculteurs, ces épizooties qui attaquent les animaux, ces fermentations qui altèrent et diminuent la valeur commerciale des produits.

Ainsi, dans beaucoup de localités, les étables et les écuries sont souvent basses, étroites, humides; l'air n'y est pas renouvelé et est encore vicié par le voisinage de fumiers élevés en monceaux presque à l'entrée, ou étendu dans une cour trop peu large, ou par des eaux qui croupissent le long des murs. On y laisse aussi souvent la litière sous les pieds des chevaux, des bêtes à cornes, des porcs qui en souffrent beaucoup.

Le local destiné aux chevaux s'appelle *écurie*; celui qui est destiné aux bêtes à cornes, *étable*, *bouverie* ou *vacherie*; celui où l'on place les bêtes ovines, *bergerie*; celui dans lequel on loge les cochons, *porcherie* ou *toit à porcs*; le bâtiment dans lequel se réfugient les poules se nomme *poulailler*; celui qui est occupé par les pigeons, *colombier*.

En général, tous les bâtiments doivent être assez spacieux pour que chaque animal puisse se mouvoir, se lever, se coucher sans inquiéter son voisin ou sans en être incommodé. En outre, le sol doit être plus élevé que celui de la cour, et tenu en pente douce pour faciliter l'écoulement des urines.

Quelques personnes se figurent qu'un bouc, placé dans l'écurie ou dans l'étable, attire à lui tout le mauvais air. C'est une erreur : il ne fait que le vicier davantage.

La *cour* d'une ferme doit être vaste, bien aérée et avoir la pente nécessaire pour que les eaux pluviales n'y restent pas stagnantes.

Vacherie. — 97. La *vacherie* sera autant que possible exposée à l'est avec des ouvertures à l'ouest, afin qu'on puisse facilement l'aérer. Elle aura 3 m. 50 environ de hauteur, 4 mètres de largeur, si elle est simple, et 8 à 9 mètres si elle comprend deux rangées d'animaux.

Chaque vache doit pouvoir occuper une largeur de 1 m. 40.

On donne à l'auge 0 m. 40 de profondeur, 0 m. 60 d'ouverture supérieure. Son bord supérieur doit être à 0 m. 70 au-dessus du sol.

Le sol doit être solide ou revêtu d'un cailloutis, d'un pavage fait en grès ou en briques posées sur champ. La rigole destinée à faciliter la sortie des urines doit avoir une pente de 0 m. 02 par mètre.

Écurie et bouverie. — 98. L'*écurie* doit être exposée au midi. On lui donne 4 m. 50 de largeur lorsqu'elle est simple et 9 mètres au moins quand elle est double. Chaque animal doit pouvoir occuper 1 m. 50 de largeur.

On donne à l'auge, dont le bord supérieur doit être à 1 m. 20 du sol, 0 m. 25 de profondeur et 0 m. 40 de largeur. Le râtelier est fixé à 1 m. 50 du sol ; il a 0 m. 80 de hauteur et les barreaux sont espacés entre eux de 0 m. 08 à 0 m. 10.

Le sol doit être pavé ou revêtu d'une rangée de briques bien sonores.

La bouverie doit être disposée comme la vacherie.

Bergerie. — 99. La bergerie doit être exposée au midi et au nord, afin qu'on puisse toujours y maintenir une température à peu près uniforme.

On accorde à une brebis une superficie de 2 mètres, à un mouton 1 m. 50, à un agneau 1 mètre. La longueur des râteliers est déterminée par les chiffres suivants : brebis 0 m. 60, mouton 0 m. 50, agneau 0 m. 40. Les auges doivent avoir 0 m. 25 d'ouverture, 0 m. 12 de profondeur ; les barreaux des râteliers doivent être espacés entre eux de 0 m. 05 à 0 m. 07.

Porcherie. — 100. La *porcherie* doit être saine, chaude en hiver et fraîche en été.

Une truie-portière exige une superficie de 4 à 5 mètres, un cochon 2 à 3 mètres, un verrat 3 à 4 mètres et un porc à l'engrais 2 m. 50 à 3 mètres.

L'auge doit avoir 0 m. 30 de profondeur, 0 m. 40 de largeur et 0 m. 80 de longueur, elle doit être disposée de manière que l'animal ne puisse y entrer et que les aliments se trouvent à sa portée.

Poulailler et laiterie. — 101. Le *poulailler* doit occuper un endroit sec et exposé au midi et être très éclairé.

Chaque poule occupe sur le perchoir une longueur de 0 m. 30 et une hauteur de 0 m. 50.

Les *pondoirs* doivent avoir 0 m. 30 au carré et 0 m. 15 de profondeur.

Il doit y avoir une auge peu profonde et contenant de l'eau claire près de la porte de ce petit bâtiment.

Le local dans lequel on met les poules à couver est dit *chambre à incubation*.

La *laiterie* doit être exposée du nord au sud et très éclairée. Elle doit être rapprochée le plus possible de l'habitation. Il est utile qu'il y existe un robinet pouvant fournir de l'eau. Enfin, il est indispensable que les ouvertures soient garnies d'une toile métallique pour empêcher les mouches d'y pénétrer et que l'aire soit carrelée afin qu'on puisse la laver souvent.

La *fromagerie* doit être installée dans un bâtiment bien aéré et ayant une aire carrelée bien jointoyée. Elle comprend ordinairement plusieurs pièces. L'une sert à faire chauffer le lait; l'autre, à l'égouttage des *fromages à pâte molle* et la troisième, à la conservation des *fromages à pâte ferme*.

Colombier et rucher. — Le *colombier* doit avoir son ouverture au sud et être garni d'une planchette sur laquelle se reposent les pigeons. L'intérieur comprend des cases ou nids en briques ou en carreaux de plâtre ayant 0 m. 25 de hauteur, 0 m. 30 de largeur et 0 m. 33 de profondeur. Il doit être tenu proprement.

Les *ruches* ne sont pas toujours situées en plein air. Divers agriculteurs les disposent en lignes sous de petits hangars ou appentis, afin qu'elles soient abritées de la pluie, de la neige et des vents froids et violents. Ces cabanes doivent avoir leur façade exposée au sud-est.

On peut établir un rucher le long d'un mur exposé au midi en lui adaptant un large auvent.

Il est très important qu'on puisse aisément circuler autour des ruches.

<hr>

QUESTIONNAIRE.

96. Comment doivent être construits et disposés les bâtiments agricoles? — Qu'appelle-t-on écurie, étable, bergerie?

97. Comment la vacherie doit-elle être construite?

98. Comment dispose-t-on l'écurie et la bouverie?

99. Comment la bergerie doit-elle être disposée?

100. Comment se construit la porcherie?

101. Parlez du poulailler et de la laiterie.

QUATRIÈME PARTIE

VÉGÉTAUX AGRICOLES

DIX-SEPTIÈME LECTURE

CÉRÉALES : FROMENT. — SEIGLE. — MÉTEIL. — ORGE.
AVOINE.

Céréales. — 102. Les plantes dont la culture a le plus d'importance sont les céréales.

On appelle *céréales* les plantes dont on récolte les grains pour servir d'aliment, et dont on fait ou dont on peut faire du pain.

Les céréales les plus utiles sont le blé ou froment, le seigle, l'orge, l'avoine, le maïs, le sarrasin ou blé noir ; on peut y joindre le millet et le sorgho.

Froment. — 103. Le *blé* ou *froment*, converti en farine, donne le pain le plus beau, le plus sain et le plus nourrissant dont l'homme puisse faire usage ; le son, qu'on a soin de séparer de la farine, sert d'aliment à plusieurs animaux domestiques et aux oiseaux de basse-cour ; la paille sert aux animaux d'aliment et de litière. Le blé est le produit du sol le plus important.

On connaît plusieurs espèces de blé : le *blé ordinaire*, le *blé poulard* ou gros blé et à paille pleine ; le *blé dur*, qu'on ne cultive que dans le midi de l'Europe ; le *blé épeautre*, l'*engrain* ou petit épeautre. Les balles de ces deux dernières espèces sont adhérentes aux grains après le battage.

Il existe des *froments sans barbes* (fig. 32), et des *froments barbus* (fig. 33).

Les variétés *sans barbes* les plus estimées sont les suivantes : *Blanc de Flandres, Bordeaux, Hybride Bordier, Dattel, bleu* ou *de Noé, Roseau, Saumur d'automne, Lamed, rouge d'Écosse* et *Altkirch*.

Les variétés *barbues* sont celles ci-après : *Rouge barbu d'automne, Riéti, barbu à gros grains, Hérisson, de Hongrie*.

Au nombre des blés *poulards*, on peut signaler le *blé d'Australie, Pétanielle blanche, Nonette de Lausanne*.

Les *blés de printemps* à recommander sont : le *Chiddam de mars, Richelle blanche de Naples, rouge de Saint-Laud, Odessa sans barbe* et le *rouge barbu*.

Les blés d'hiver se sèment en automne et passent l'hiver en terre ; les blés de mars se sèment au printemps et ne passent guère en terre que cinq à six mois. En général, la récolte des blés d'hiver est beaucoup plus abondante et plus assurée.

On sème le froment d'hiver depuis la fin de septembre jusqu'au 15 décembre ; la meilleure époque est le mois d'octobre. Il peut arriver que des semailles tardives, faites en novembre, donnent d'aussi bons produits que des semailles précoces, mais cela est rare, et il est généralement utile de semer de bonne heure. Quant aux semailles du printemps, les plus précoces sont ordinairement les plus avantageuses.

On sème à la volée de 220 à 250 litres par hectare et en lignes avec un bon semoir mécanique de 140 à 180 litres.

Le froment réclame des soins d'entretien. A la fin de l'hiver et à des époques suivant les régions, on le herse et on le roule dans le but de le faire taller le plus possible. En avril ou mai on le sarcle si cela est nécessaire.

Quand on le sème en lignes, on le bine à bras ou à l'aide de la houe à cheval.

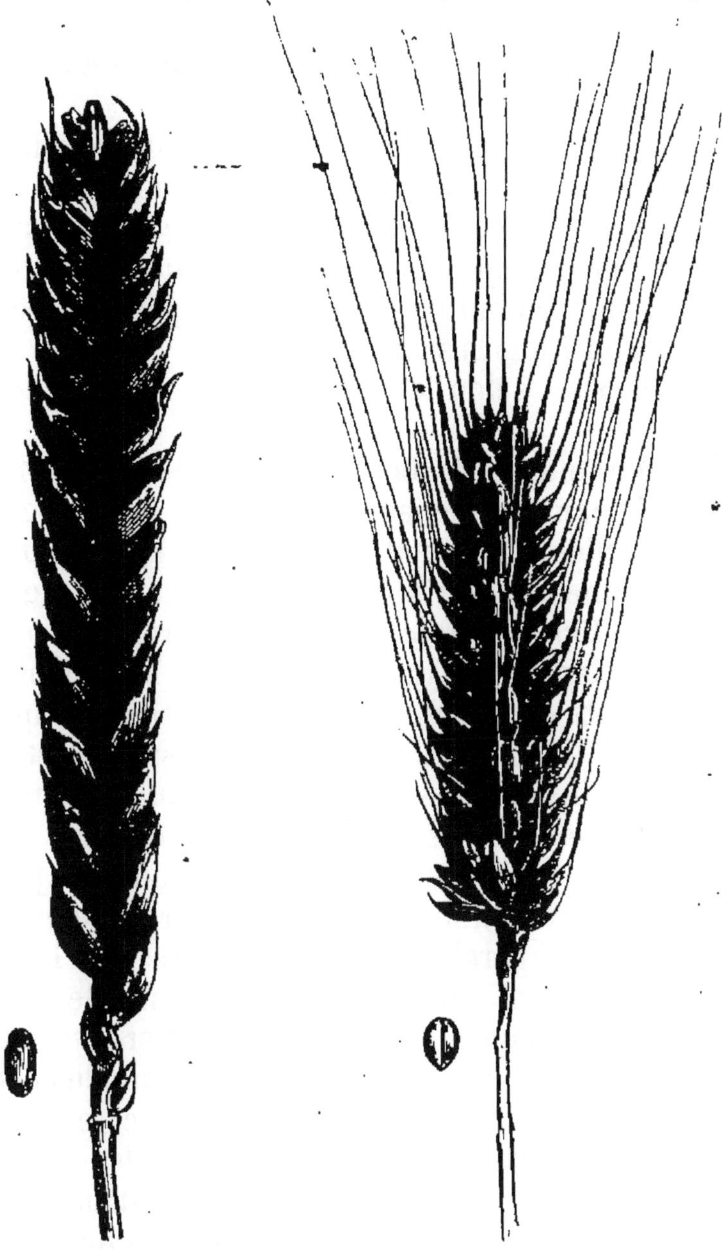

Fig. 32. — Blé sans barbes.   Fig. 33. — Blé barbu.

Lorsque sa vigueur n'est pas très prononcée on y répand en février ou mars du nitrate de soude.

104. Le produit moyen en froment d'un hectare de bonne terre peut être évalué de 20 à 25 hectolitres : mais dans les cultures intensives le produit moyen varie de 30 à 35 hectolitres.

L'hectolitre de blé de bonne qualité pèse en moyenne 78 kilogrammes.

Un terrain qui rapporte moins de 9 à 10 hectolitres par hectare ne devrait pas être cultivé en froment.

Il y a des terres qui rapportent davantage et d'autres qui rapportent beaucoup moins. La moyenne pour toute la France est aujourd'hui de 16 hectolitres, par hectare, c'est-à-dire environ 7 fois la semence.

La paille pèse, selon les années, de 2 à 3 fois le poids du grain.

100 kilogrammes de farine de blé donnent 140 kilogrammes de pain de ménage ; le pain de boulanger, étant plus cuit, retient moins d'eau, et 100 kilogrammes de farine ne donnent à Paris que 133 kilogrammes de pain.

Seigle. — 105. Le *seigle* offre de très grands avantages ; le plus important, c'est qu'il réussit très bien dans beaucoup d'endroits où la culture du froment serait improductive et même impossible. La farine de seigle est moins blanche et moins nourrisante que celle du froment ; mais on en fait du pain d'assez bonne qualité, qui est agréable au goût et qui se conserve longtemps frais. La paille de seigle est tellement utile qu'on en préfère quelquefois la récolte à celle du grain : elle sert à faire des liens, des paillassons, à remplir des paillasses, à garnir des chaises, à fabriquer des chapeaux, et même à former des toitures.

Tous les terrains qui ne sont pas trop humides conviennent au seigle ; il peut réussir dans un sol sec et aride, sur les montagnes et dans les pays les plus froids.

La variété dite *seigle des Alpes* produit, dans les localités accidentées ou montagneuses, un grain de belle qualité.

On cultive le seigle comme le blé ; on sème toujours à la volée, et en le recouvrant à l'aide de la herse ou de la charrue, on a soin de ne pas l'enterrer trop profondément, car il pourrit assez facilement en terre.

Il faut semer le seigle de très bonne heure, soit dans la montagne, soit dans la plaine, parce qu'il doit taller en automne. Il est bon que les tiges naissantes et la racine aient le temps de se fortifier avant le froid. Si ensuite la neige couvre la terre avant que la gelée l'ait pénétrée, la végétation du seigle n'est pas suspendue ; au contraire, la neige la favorise.

Dans quelques pays montagneux, on cultive une variété de seigle qu'on sème à la fin de l'hiver et qu'on appelle *seigle de mars* : cette variété est moins productive que le seigle d'automne, mais elle est souvent très utile.

On sème de 230 à 250 litres par hectare.

Le seigle germe au bout de huit jours ; son cotylédon est rougeâtre.

106. Il y a beaucoup de différence dans le rendement du seigle, selon la nature du terrain. Dans le département du Nord il dépasse quelquefois 28 hectolitres par hectare, et dans quelques cantons du département de la Creuse il s'élève à peine à 9. La moyenne pour toute la France est de 15 à 18 hectolitres.

L'hectolitre de seigle pèse environ 72 à 75 kilogrammes.

Méteil. — 107. On appelle *méteil* un mélange de blé et de seigle qu'on sème et qu'on récolte ensemble. Il vaudrait peut-être mieux cultiver les deux plantes séparément, et mêler ensuite les grains, parce que le seigle est mûr un peu plus tôt que le blé ; cependant il y a des pays où le méteil réussit parfaitement. Le pain de méteil est bon et nourrissant.

Orge. — 108. La farine d'*orge* ne donne qu'un pain rude et grossier ; mais elle se mêle très bien avec celle de seigle ou de froment, et le pain fait de mélange est bon. Cette farine permet de faire de bonnes *buvées blanches* pour les animaux. L'orge en grain est une nourriture excellente pour les bestiaux ; elle remplace très avantageusement l'avoine dans les pays chauds. On s'en sert aussi pour la fabrication de la bière. Quant à la paille d'orge, on l'utilise ordinairement comme litière.

Dans diverses contrées, on cultive de préférence la variété dite *orge d'hiver*, ou *orge carrée*, ou *escourgeon d'automne*, qu'on sème en septembre. Les variétés ordinaires d'orge, soit l'*escourgeon de mars*, soit l'*orge à deux rangs* ou *baillorge*, semées depuis la mi-mars jusqu'à la fin d'avril, mûrissent leur grain en quatre à cinq mois. La variété appelée *orge Chevalier* est celle qui est la plus appréciée comme orge à deux rangs de printemps.

En général, il faut, autant que possible, que la terre soit calcaire ou qu'elle ait été chaulée ou marnée, et qu'elle soit bien ameublie. Un proverbe dit que l'orge ne réussit jamais mieux que lorsqu'elle est semée dans la poussière.

On sème de 250 à 300 litres d'orge par hectare.

On herse et on roule, quand les orges, cultivées sur des terres labourées à plat, ont trois ou quatre feuilles. Ces opérations doivent être faites par un beau temps.

109. Dans les terres bien cultivées, on obtient en général 30 à 40 hectolitres par hectare.

La variété d'hiver est de beaucoup la plus productive.

L'hectolitre d'orge pèse de 63 à 65 kilogrammes.

Avoine. — 110. L'*avoine* ne peut guère servir à la nourriture des hommes ; cependant, dans les pays pauvres, on fait avec le gruau qu'on en extrait des bouillies très agréables.

Ordinairement on emploie l'avoine pour la nourriture des chevaux. Les moutons qu'on engraisse, les agneaux qu'on veut élever et les brebis se trouvent très bien de cette nourriture, ainsi que les porcs et les oiseaux de basse-cour.

L'avoine réussit presque partout ; tous les terrains lui conviennent ; elle aime la fraîcheur, et ne craint l'humidité que lorsqu'elle est excessive. Si l'année est pluvieuse, les terrains maigres donnent de belles avoines ; si elle est sèche, la récolte est abondante dans les terres fortes, mais très chétive dans les terres légères.

Les avoines de printemps les plus estimées sont l'*avoine de Brie*, l'*avoine de Houdan*, qui ont des grains noirs, l'*avoine géante à grappes*, l'*avoine des Salines* et l'*avoine de Pologne*, qui ont des grains jaunâtres, et l'*avoine rousse* qui résiste bien à la sécheresse.

Cette plante est robuste et exige moins de soins que les autres céréales. Toute sa culture se réduit souvent à un seul labour et à un bon sarclage.

Ordinairement on sème l'avoine en février ou en mars, ou même en avril. Il est bon de semer l'avoine le plus tôt possible, dès qu'on n'a plus à craindre les fortes gelées ou l'extrême humidité du sol.

Dans les régions du Sud, du Sud-Ouest et de l'Ouest, on cultive de préférence la variété dite *avoine d'hiver*. Cette avoine se sème en septembre et demande des terres saines ; elle mûrit plutôt que l'avoine de mars.

La quantité de semence varie de 250 à 300 litres par hectare.

On sème l'avoine à la volée, et de deux manières différentes : tantôt on laboure le sol avant la semaille, on sème et l'on recouvre à la herse ; tantôt on répand la graine sur un labour déjà ancien et l'on enterre par un second labour superficiel.

111. — Rien n'est plus variable que le produit qu'on obtient de 1 hectare semé en avoine. Dans l'assolement triennal avec jachère, ce produit ne dépasse guère 20 à 30 hectolitres ; il peut s'élever jusqu'à 60, lorsque l'avoine est cultivée après une plante sarclée ou une luzernière.

Le poids moyen de 1 hectolitre de bonne avoine est d'environ 48 à 50 kilogrammes : il peut s'élever exceptionnellement jusqu'à 55 kilogrammes dans les excellentes terres, et descendre jusqu'à 35 dans les sols maigres, crayeux ou sablonneux.

102. Qu'appelle-t-on céréales? — Quelles sont les céréales les plus importantes?

103. A quelle époque sème-t-on le blé? — Quelle quantité de semence répand-on par hectare?

104. Combien le blé rend-il par hectare? — Quel est le poids d'un hectolitre de froment?

105. Quels sont les avantages de la culture du seigle? — Quels sont les terrains convenables au seigle? — Comment cultive-t-on le seigle? — Y a-t-il du seigle de printemps?

106. Combien le seigle rend-il par hectare?

107. Qu'appelle-t-on méteil?

108. Quels sont les usages de l'orge? — Comment cultive-t-on l'orge?

109. Quel est le rendement de l'orge?

110. A quels usages sert l'avoine? — Quels sont les terrains les plus convenables à l'avoine? — Quelle est la culture de l'avoine?

111. Combien l'avoine rend-elle par hectare?

DIX-HUITIÈME LECTURE

CÉRÉALES (SUITE) : MAÏS. — SARRASIN. — MILLET ET SORGHO. — LÉGUMES SECS ET VERTS : POIS. — HARICOTS. — LENTILLES. — FÈVES.

Maïs. — 112. Le *maïs*, qu'on appelle mal à propos dans quelques localités *blé de Turquie*, ou *blé d'Espagne*, ou *gros millet des Indes*, est une plante très utile. On en mange les grains, tantôt simplement grillés ou bouillis, quelque temps avant leur maturité; tantôt réduits en farine et sous forme de bouillie. On fait aussi avec la farine de maïs du pain et des gâteaux. Ces mêmes grains sont pour les animaux une excellente nourriture.

Il n'est pas de plante plus féconde que le maïs; il faut beaucoup moins de semences que de toute autre céréale

pour le même espace de terre. Chaque pied donne ordinairement deux et trois épis : chaque épi contient douze
ou treize rangées, et chaque rangée, trente-six ou quarante grains. Mais la culture du maïs n'est réellement
productive que dans les régions du midi et du sud-ouest
de la France et dans quelques départements des régions
du Sud-Est et du Nord-Est.

Les variétés les plus cultivées en France sont le *maïs
jaune gros*, le *maïs blanc des Landes* et le *maïs hâtif
d'Auxonne*. Le *maïs quarantain* est très hâtif et à petit
grain.

On sème le maïs quand le retour des gelées n'est plus à
craindre, c'est-à-dire depuis la fin d'avril jusqu'à la fin de
mai.

Il y a deux manières de semer le maïs. Dans certains
cantons, on sème ce grain à la main et en lignes, et on
l'enterre à la charrue; dans d'autres, on le plante : cette
dernière méthode est bien préférable lorsqu'on opère sur
une surface peu étendue. Il faut espacer les lignes au
minimum de 50 à 60 centimètres. On peut, si l'on veut
utiliser l'intervalle qui sépare les lignes, en y mettant des
légumes. On dépose un ou deux grains dans chacun des
trous faits par le plantoir. Les grains ne doivent pas être
enterrés trop profondément : environ 4 à 6 centimètres
dans les terres fortes, et 6 à 8 centimètres dans les terres
légères, sont les profondeurs convenables. En grande culture on répand les semences à l'aide d'un semoir (fig. 27).

Quand les jeunes pieds de maïs ont atteint 20 centimètres de hauteur, et qu'ils montrent leur troisième ou
quatrième feuille, on leur donne un premier binage. Plus
tard, on bine de nouveau, on éclaircit, c'est-à-dire qu'on
arrache les pieds trop rapprochés les uns des autres, on
supprime les rejets qui poussent à la base des pieds, et qui
affameraient la tige principale, et l'on butte. Lorsque la
floraison approche, on donne souvent un troisième binage
et un second buttage (fig. 34).

Après la floraison, on écime la tige (fig. 35), c'est-à-di-

la coupe à 20 centimètres au-dessus de l'épi le plus
haut du sol. La partie retranchée, la fleur mâle, est
donnée comme fourrage vert au bétail.

Fig. 34. — Maïs non écimé.

Fig. 35. — Maïs écimé

Au mois de septembre ou octobre, quand les grains sont
mûrs, on détache les épis, on les dépouille des feuilles qui
les enveloppent et, à l'aide de ces mêmes feuilles, on les

réunit en paquets qu'on expose à l'action du soleil ou de l'air sous des hangars, le long des habitations ou dans des greniers. Lorsque le centre (*rafle*) des épis est sec et cassant, on procède à leur égrenage à l'aide d'un appareil appelé *égrenoir à maïs*.

113. Le produit du *maïs* offre de très grandes variations; en France, il est généralement supérieur à celui du froment. Dans les terrains d'une fertilité ordinaire, on obtient facilement de 20 à 30 hectolitres de maïs par hectare.

Le poids d'un hectolitre de maïs est en moyenne de 75 kilogrammes.

Sarrasin. — **114.** On fait avec la farine de *sarrasin* ou *blé noir*, de la bouillie, de la galette et des gâteaux assez nourrissants. Le grain de sarrasin est une bonne nourriture pour la volaille et les bestiaux; les fleurs fournissent une abondante pâture aux abeilles pendant un espace de temps assez considérable, dans une saison où les autres fleurs commencent à manquer.

L'espèce appelée *sarrasin de Tartarie* est plus rustique que le *sarrasin ordinaire*, mais son grain est bien moins alimentaire.

La culture du sarrasin exige peu de travail. Toute terre un peu légère lui convient. Il ne redoute pas une température sèche, mais la moindre gelée le détruit, les orages nuisent à sa floraison, ainsi que la grande ardeur du soleil et les vents violents de l'est; sa croissance est rapide. On peut le semer en mai, juin et juillet, en prenant garde qu'il ne soit exposé aux gelées du printemps ni à celles de l'automne. Il ne faut que 50 à 60 litres de semence par hectare. La graine ne doit pas être enterrée profondément.

On le récolte quand ses tiges sont rougeâtres et lorsque la plupart de ses grains bruns se laissent diviser par l'ongle; on coupe avec la faucille et on met les tiges en faisceaux dressés sur le sol. Quand elles sont sèches, on les bat en plein air avec le fléau. Le grain doit être remué souvent dans les greniers parce qu'il s'échauffe aisément quand il n'est pas sec.

L'hectare de sarrasin produit de 12 à 30 hectolitres ; l'hectolitre pèse environ 66 kilogrammes.

Millet, sorgho. — 115. Le grain que fournit le *millet* ou *panis* est utilisé dans la nourriture de l'homme. On le cultive assez en grand dans les anciennes provinces du Sud-Ouest et de l'Ouest. Il demande une terre légère de bonne qualité.

Le *sorgho à balais* est très cultivé dans la vallée de la Garonne et du Rhône. Ses panicules servent à fabriquer les *balais blancs* et sa semence est utilisée dans l'éducation et l'engraissement des volailles.

On le cultive à peu près comme le maïs.

Légumes verts et secs. — 116. La petite culture, et quelquefois aussi la grande culture, cultivent le haricot, les lentilles et les pois pour vendre leurs gousses à l'état vert, ou leurs graines quand elles sont arrivées à parfaite maturité.

La culture de ces légumes est aussi simple que facile. Ces plantes n'exigent pas d'arrosement ; mais quelques-unes ont besoin de rames pour qu'elles puissent s'accrocher et s'élever.

On les sème en place depuis la fin de l'hiver jusqu'au commencement de l'été, presque toujours en rayons ou en poquets, puis on les bine une ou deux fois.

Quand on les cultive en plein champ, on doit choisir des *variétés naines*, c'est-à-dire celles qui n'exigent pas de rames.

Pois. — 117. Les *pois* ne doivent pas être cultivés sur un sol fortement fumé.

On les sème depuis la mi-février jusqu'à la fin de mai en lignes espacées de 0 m. 33. Les graines ne doivent être enterrées que de 0 m. 08.

Il y a des variétés de pois dont on ne mange que les graines et bien rarement les cosses : on les nomme *pois à parchemin* ; tels sont le *pois Michaux*, celui de *Clamart*, le *nain de Bretagne*, le *pois ridé*. Il y a d'autres variétés qu'on appelle *pois sans parchemin*, ou *gourmand*, ou

mange-tout ; quand ceux-là commencent à mûrir, la cos
est aussi succulente que la graine, et l'on mange le to
ensemble ; plus tard, le pois devient plus succulent et
cosse plus dure, et on les écosse comme les autres ava
de les faire cuire.

Le *pois à purée*, ou *pois vert normand*, ou pois
Noyon, est une variété particulière. On récolte les pois
purée en sec ; quand ils ont été divisés ou concassés, o
les appelle *pois verts cassés*.

Haricots. — 118. Les *haricots*, étant très sensibles au
moindres gelées, ne doivent être semés qu'à l'époque o

Fig. 36. — Haricot nain.

elles ne sont plus à craindre. Ces semis peuvent se renou
veler pendant le reste du printemps et la moitié de l'été.

Le haricot aime une terre légère, assez bien fumée.

On le récolte pour le manger, ou en vert avec se
gousses, ou encore tendre dans ses gousses, ou enfin se

Parmi les principales variétés de haricots, on cultive
préférence : pour être mangés en vert, le *gris hâtif*
Bagnolet, celui de *Laon*, dit *flageolet*, le haricot *Chevri*

...ont le grain est verdâtre même lorsqu'il est sec, et les *haricots sans parchemin* ; pour être mangés en grains tendres ou
en sec, celui de *Soissons* à rames et le Soissons nain ; pour

Fig. 37. — Haricot à rames.

être mangés en sec seulement, ceux de *Prague*, de *Char-
tres*, de *Chine* et celui qu'on a surnommé *ventre de biche.*
Les uns sont nains (fig. 36) et les autres sont à rames
(fig. 37).

7

Lentilles. — 119. Dans le Midi on peut semer les *lentilles* en automne; mais, dans le reste de la France, on les sème en avril quand on ne redoute plus de gelées. On sème soit en poquets, soit en rayons; dans les deux cas, on sarcle. Comme les lentilles n'exigent pas de soins et qu'on ne les mange que sèches, on les cultive de préférence dans les champs.

La *lentille blonde de Gallardon* est la plus belle; la plus petite est la *lentille à la reine*. La lentille cultivée en Auvergne, dans le Velay et dans le Midi, est petite et verdâtre; on l'appelle *lentille du Puy*.

Fèves. — 120. Les *fèves* se plaisent dans un sol substantiel et un peu frais : on les sème en rayons, à la profondeur de 8 à 12 centimètres. On doit les semer à la fin de l'hiver ou au commencement du printemps; il est utile de les pincer ou de les étêter. Elles n'ont pas besoin de rames.

La variété la plus estimée est la *fève de marais*; la variété hâtive est la *fève naine* ou *julienne*.

La *féverole* ou *petite fève* est très cultivée dans la région du Nord et dans les marais du bas Poitou.

Pois chiches. — Le *pois chiche*, ou *pois cornu*, ou *garvance*, est principalement cultivé dans la région méridionale. Ses graines servent à faire d'excellentes purées. On le sème en lignes ou en poquets.

QUESTIONNAIRE.

112. Quels sont les principaux usages du maïs? — A quelle époque faut-il semer le maïs? — Quelles sont les cultures d'entretien nécessaires au maïs? — Comment le récolte-t-on ?

113. Quel est le produit qu'il donne?

114. Comment cultive-t-on le sarrasin ou blé noir? — Quels sont les usages de son grain?

115. Parlez du millet et du sorgho à balais.

116. Quels sont les légumes secs et verts cultivés? — Comment les sème-t-on?

117. Parlez des pois.

118. Quelles sont les variétés de haricots qu'il faut cultiver?

119. Parlez de la lentille.

120. Dites comment on cultive les fèves et le pois chiche.

DIX-NEUVIÈME LECTURE

PLANTES OLÉAGINEUSES : COLZA. — NAVETTE. — PAVOT. — CAMELINE. — PLANTES TEXTILES : CHANVRE. — LIN.

Plantes oléagineuses. — 121. Une plante *oléagineuse* est celle dont les graines broyées donnent de l'huile.

Les principales plantes oléagineuses sont le colza et la navette, auxquelles on peut joindre le pavot et la cameline.

L'extraction de l'huile exige des précautions; il ne faut pas se presser d'extraire l'huile des semences oléagineuses; on doit les laisser sécher pendant quelques mois, rassemblées en petits tas que l'on remue souvent. Plus elles sont sèches, plus l'huile est belle et a de la valeur.

Colza. — 122. Le *colza* est une espèce de chou non pommé, à fleur jaune, que l'on cultive en grand pour extraire de ses graines une huile qui sert à l'éclairage. Il y a deux variétés : celui d'hiver et celui d'été ou de mars.

Le *colza d'hiver* fleurit au mois d'avril et se récolte à la fin de juin ou au commencement de juillet : le *colza d'été* se sème en mars ou avril, et se récolte vers la fin de juillet.

La paille de colza sert à allumer le four ou bien à faire de la litière. Le marc qui reste après qu'on a exprimé l'huile contenue dans les graines est une bonne nourriture pour les bestiaux; c'est aussi un bon engrais; on lui donne le nom de *tourteau*.

Le colza d'hiver ne réussit que dans une terre profonde et qui ne conserve pas l'eau durant l'hiver. Il résiste aux fortes gelées. On le sème en place à la volée, ou en rayons, ce qui rend les binages plus faciles. On peut aussi le semer en pépinière en juillet et le repiquer en septembre.

On éclaircit les semis en place au mois de septembre ou octobre, et l'on bine avant l'hiver. On bine en mars ou en avril les colzas repiqués en septembre ou octobre.

Quant au colza d'été, on ne lui donne aucun soin jusqu'à la récolte; on le sème à la volée.

La récolte du colza se fait dès qu'il est mûr, ce que l'on reconnaît à la couleur jaune de la plante et à la teinte brune des graines; on ne perd pas de temps, parce que les siliques s'ouvrent et laissent échapper les graines. On coupe les tiges à la faucille; si le temps est sec, on ne fait cet ouvrage que le matin, de trois à dix heures, et le soir depuis trois à quatre heures jusqu'à la nuit; si l'on coupait par un soleil ardent, les graines s'échapperaient très facilement des siliques. Dès que les tiges sont suffisamment sèches, ce qui arrive ordinairement après deux ou trois jours, on les ramasse, soit pour les mettre en meules, soit pour les battre : le battage se fait en plein air sur une grande toile, au milieu des champs.

Le produit du *colza d'hiver* est au moins égal à celui du blé : on peut l'évaluer de 20 à 25 hectolitres, dont chacun pèse 92 kilogrammes, et donne environ un quart de son poids en huile.

Le *colza d'été* est moins productif.

Navette. — 123. La *navette* est une sorte de navet dont les semences donnent une huile qui sert aux mêmes emplois que celle de colza. On en distingue deux variétés : la navette d'hiver et la navette d'été ou de printemps.

La *navette d'hiver* se sème toujours à la volée, à raison de 5 à 6 litres par hectare, dans la première quinzaine de septembre. Elle n'exige pas des terres de très bonne qualité. A l'automne, on éclaircit, pour espacer les pieds de 10 à 16 centimètres, et l'on bine.

La *navette d'été* se sème depuis mars jusqu'en mai, et ne reçoit aucun soin jusqu'à la récolte; elle est peu productive et peu cultivée.

La *navette d'hiver* donne des produits moins abondants que le colza d'hiver; la *navette d'été* produit moins que le colza de mars.

Pavot. — 124. Le *pavot* ou *œillette* donne une huile bonne à manger, connue sous le nom d'*huile blanche*. On le sème en lignes au mois de mars ou avril sur un sol de bonne qualité et bien préparé. On éclaircit les plantes quand elles ont 15 centimètres de hauteur. On récolte en août, en ayant soin de prendre toutes les précautions pour éviter de perdre des graines. On dresse les tiges en faisceaux sur le champ pour égrener les capsules dans des cuves ou de larges baquets, lorsqu'elles sont bien sèches.

Le *pavot-œillette* rend dans les bonnes terres de 16 à 20 hectolitres de graines par hectare.

Cameline. — La *cameline*, que l'on appelle à tort camomille de Picardie, fournit une huile qui est bonne pour la peinture ; on la sème à la volée en avril et mai et on la récolte comme la navette d'hiver.

Elle ne produit pas au delà de 12 à 18 hectolitres de graines par hectare.

Plantes textiles. — 125. Une plante *textile* est celle dont la tige fournit de la filasse, dont on fait du fil et ensuite de la toile.

Les plantes textiles, dont les graines sont aussi oléagineuses, sont le chanvre et le lin.

Chanvre. — 126. On cultive le chanvre pour sa filasse, dont on fabrique des cordes, des cordages et des toiles ; on le cultive aussi pour ses graines dites *chènevis*, dont on extrait une huile qui sert pour l'éclairage et pour la confection des savons communs et des vernis.

Le chanvre demande une terre fraîche, de consistance moyenne, ameublie par de profonds et fréquents labours, et très bien fumée.

L'époque des semailles du chanvre varie du 15 avril au 1er juin : en général, on peut semer immédiatement après les dernières gelées, que le chanvre redoute beaucoup. On recouvre très légèrement la graine avec des râteaux. Il est bon de répandre sur les semis des débris de chènevotte, de fougère, de la vieille paille, qui tiennent la surface de la terre fraîche et protègent le jeune plant. Quelque bien couverte qu'ait été la graine, il ne faut pas la perdre de vue jusqu'à ce qu'elle soit entièrement levée, car les oiseaux, et surtout les pigeons, en sont très avides.

Ordinairement, il faut 3 à 4 hectolitres de semence par

hectare. Si l'on veut récolter de la graine de qualité supérieure, on sème plus clair, environ 250 à 300 litres, et l'on arrache ensuite les plants les plus faibles, de manière que ceux qui restent soient espacés entre eux d'environ 25 centimètres. On sème beaucoup plus épais, environ 4 à 5 hectolitres, lorsqu'on veut obtenir une filasse blonde, bien douce, facile à teiller et à filer, avec laquelle on fabrique de belle et bonne toile de ménage.

Il faut sarcler le chanvre et arroser même, si cela est possible, quand la sécheresse est très prolongée. Quand on a semé très dru, le sarclage est inutile, parce que la plante croissant rapidement, ses feuilles ont bientôt recouvert la surface du sol et étouffé les mauvaises herbes.

On ne récolte pas tout le chanvre à la même époque. Il y a deux sortes de tiges : celles qui ne portent pas de graine, on les appelle *chanvre mâle* (fig. 38-2), et celles qui portent de la graine, *chanvre femelle* (fig. 38-1). On reconnaît que le chanvre mâle est mûr quand ses tiges jaunissent; alors on l'arrache. Le chanvre *porte-graine* ou *chanvre femelle* n'est mûr qu'environ trois à quatre semaines après. On l'arrache en septembre, lorsque ses feuilles jaunissent et tombent, que ses sommités se fanent et s'inclinent, et que la graine commence à brunir. A mesure qu'on arrache le chanvre, on le lie en petites bottes, que l'on dresse en faisceaux : le mâle reste trois ou quatre jours exposé au soleil; le porte-graine y demeure plus longtemps, parce que les graines achèvent de mûrir. Il faut veiller à ce que les semences ne soient pas dévorées par les oiseaux. S'il pleut, on doit déplacer les faisceaux et les retourner pour les faire sécher.

Pour séparer la graine de chanvre, on frappe avec des bâtons sur les têtes des bottes, ou bien, ce qui vaut mieux, on les passe sur un gros peigne en fer qui arrache les sommités; puis on expose les graines avec leurs feuilles au soleil, et l'on vanne ou l'on crible. On les porte ensuite au grenier, où on les étend par couches très minces, que l'on remue régulièrement, de peur qu'elles ne s'échauffent

Fig. 38. — Chanvre femelle, 1.   Chanvre mâle, 2.

Quand elles sont bien sèches, après un mois, on peut les mettre dans des sacs ou des tonneaux défoncés par un bout.

Rouir le chanvre, c'est le laisser tremper dans l'eau stagnante ou courante jusqu'à ce que la filasse se détache aisément : on laisse le chanvre mâle submergé pendant environ huit à dix jours, et le chanvre porte-graine pendant douze à quinze, selon la température de l'eau. Au sortir du *routoir* (on appelle ainsi la fosse où l'on a plongé le chanvre), on délie les bottes et on les met sécher sur un pré ; ce qui ne demande que trois ou quatre jours, si le temps est favorable.

Le rouissage se fait à *eau courante* ou à *eau dormante*. On l'exécute aussi en étendant les tiges de chanvre sur une terre gazonnée. Ce dernier procédé est appelé *rosage* ou *rouissage à sec*.

On ne teille que les gros chanvres. *Teiller*, c'est après avoir brisé l'extrémité de chaque tige, enlever à la main, d'un bout à l'autre, l'écorce qui recouvre la chènevotte ou tige ; *broyer*, c'est briser parfaitement la chènevotte et dégager la filasse à l'aide d'un appareil appelé *braye* ; *peigner*, c'est diviser la filasse et la débarrasser des brins très courts qui constituent la *bourre*.

Le *chanvre* donne de 1 000 à 1 200 kilogrammes de filasse peignée par hectare quand il a végété sur des terres de bonne qualité.

Lin. — 127. Le *lin* (fig. 39) produit une filasse qui sert à faire des toiles fines et du fil à coudre ; ses graines donnent une huile qui s'emploie dans la peinture commune et pour la confection des vernis gras.

Il y a deux variétés de lin : le *lin d'hiver*, qui se sème dans les régions du Sud-Ouest et de l'Ouest, dans les premiers jours de septembre et qui passe l'hiver en terre ; et le *lin de printemps* ou *lin d'été*, qui se sème depuis la fin de mars jusqu'au milieu de mai.

Le *lin à fleur blanche* n'est cultivé que dans la région du Nord.

Le lin, en général, est une plante délicate et ne réussit que sur un sol fertile, bien fumé et préparé par plusieurs labours. Cette plante est une de celles qui épuisent le plus le sol; les fortes gelées la détruisent; elle réussit mal quand le printemps est sec ou quand le mois de mai est trop chaud; elle donne de mauvais produits quand le printemps est froid et l'été sec.

On sème à la volée environ hectolitres par hectare; on herse et l'on passe le rouleau pour tasser la terre contre les graines et unir la surface du champ. On sarcle dès que le lin a 0 m. 06 de haut, et l'on répète plus tard l'opération si elle est nécessaire.

Quand les feuilles et la partie inférieure des tiges ont pris une teinte jaune et que les graines sont presque mû- res, on arrache la plante et on réunit les tiges en petites bottes qu'on dresse sur le sol pour les faire sécher; ce qui exige huit ou douze jours, selon que la saison est

Fig. 39. — Lin de printemps.

plus ou moins favorable. On bat ensuite pour récolter les graines; puis on rouit les tiges comme celles du chanvre.

La filasse fournie par le *lin* varie entre 500 et 600 kilo-grammes par hectare.

QUESTIONNAIRE.

421. Qu'est-ce qu'une plante oléagineuse? — Quelles précau-tions doit-on prendre pour l'extraction de l'huile?

122. Qu'est-ce que le colza? — Quels sont ses avantages? Comment cultive-t-on le colza d'hiver? — Le colza d'été? Parlez de la récolte du colza.

123. Qu'est-ce que la navette? — Comment cultive-t-on la navette d'hiver et la navette d'été?

124. Parlez du pavot ou œillette et de la cameline.

125. Qu'est-ce qu'une plante textile?

126. Quels sont les usages du chanvre? — Quel est le terrain convenable au chanvre? — Quand et comment sème-t-on le chanvre? — Quand et comment récolte-t-on le chanvre? Qu'est-ce que rouir le chanvre? — Qu'est-ce que teiller le chanvre, le broyer et le peigner?

127. Quels sont les usages du lin? — Quelles sont les variétés du lin? — Quel est le terrain convenable au lin? — Comment cultive-t-on le lin? — Parlez de la récolte du lin.

VINGTIÈME LECTURE

PLANTES TINCTORIALES : GARANCE. — PASTEL.
SAFRAN. — GAUDE. — PLANTES A PRODUITS DIVERS : TABAC.
HOUBLON. — CARDÈRE. — CHICORÉE A CAFÉ.

Plantes tinctoriales. — 128. Une *plante tinctoriale* est celle dont les racines, ou les tiges, ou les feuilles, ou les fleurs contiennent une matière colorante.

Les principales plantes tinctoriales sont la garance, le pastel, le safran et la gaude.

Garance. — 129. La *garance* est une plante vivace qui occupe la terre pendant deux ou trois ans et dont les racines fournissent une belle couleur rouge. Sa culture ne peut réussir que dans une terre franche d'une nature particulière et profonde, qui ne se trouve guère que dans le département de Vaucluse, et aussi dans ceux du Gard, des Bouches-du-Rhône, du Haut et du Bas-Rhin. On défonce le terrain à une profondeur d'au moins 60 centimètres. On enterre le fumier par un second labour, au printemps : on herse et on sème en lignes sur des planches de 1 mètre

1 m. 50 de large, séparées par des sentiers de 0 m. 30 de largeur où l'on ne sème rien.

Il faut de 60 à 120 kilogrammes de graines par hectare [1].

On sarcle, cette première année, trois ou quatre fois. Au commencement de l'hiver, on prend de la terre dans les sentiers, et on en jette sur la garance, sans la tasser, une épaisseur d'environ 3 à 5 centimètres.

La seconde année, on sarcle et on butte.

La troisième année on arrose par irrigation, si l'on peut, et l'on fauche les tiges lorsque les graines sont mûres. A la fin de l'automne on arrache les racines. Cette opération exige un grand nombre d'ouvriers, car il faut fouiller le sol jusqu'à 0 m. 50 et même 0 m. 75 de profondeur. On porte la garance dans un grenier, on en jonche le plancher, on la remue souvent à la fourche, en évitant de briser les racines, et on l'emballe quand sa dessiccation est complète. Un hectare produit en moyenne 3 000 kilogrammes de racines sèches.

Pastel. — 130. Le *pastel* est une plante dont les feuilles fournissent une belle couleur bleue. Cette culture, qui exige un sol riche et très bien fumé, n'a lieu que dans les départements du Lot-et-Garonne et du Tarn. On sème au printemps ou en automne, ordinairement en lignes, environ 20 kilogrammes par hectare. On donne au pastel les mêmes soins qu'aux autres plantes sarclées. Lorsque les feuilles ont acquis tout leur développement, qu'elles commencent à s'affaisser et offrent sur leurs bords une nuance violacée, on procède à la cueillette, qui a lieu soit à la main, soit avec la faucille. On porte les feuilles sous des hangars où on les laisse se ressuyer, puis on les broie dans des moulins à cylindres cannelés pour en obtenir une pâte qu'on arrose ensuite avec de l'urine; quand la masse a fermenté, on la moule en petits pains

---

1. On peut aussi semer en pépinière et transplanter les jeunes racines. Dans ce cas, la garance, au lieu d'occuper le même terrain pendant trente mois, n'y séjourne que pendant dix-huit mois.

qu'on livre au commerce dès qu'ils sont secs. Ces pains se nomment *coques*.

Safran. — 131. Le *safran* est une petite plante bulbeuse dont les fleurs [1] sont employées en médecine comme médicament, dans les cuisines comme assaisonnement recherché, et dans les arts comme fournissant une belle couleur jaune. On ne cultive guère le safran que dans quelques cantons des départements du Loiret et de Vaucluse.

Le safran exige une terre de consistance moyenne, calcaire, chaude et sèche. On le plante en lignes en juillet ou août, on bine et on sarcle avec soin ; on en cueille les fleurs en septembre et en octobre, et on procède de suite à l'épluchage des pistils. Une safranière dure environ trois années et donne de 5 à 9 kilogrammes de safran par hectare.

Gaude. — 132. La *gaude* est une plante bisannuelle ; on extrait de ses tiges, feuilles et graines, une belle couleur jaune. Elle exige un terrain sablonneux ou silico-calcaire bien cultivé. On la sème en août à raison de 5 kilogrammes par hectare, et on l'arrache au mois de juillet suivant.

La culture de la gaude n'est pas très répandue.

Plantes à produits divers. — 133. En outre des plantes oléagineuses, des plantes textiles et des plantes tinctoriales, on cultive des végétaux qui fournissent des produits spéciaux. Ces plantes sont le tabac, le houblon, la cardère et la chicorée à café.

Tabac. — 134. Le *tabac* (fig. 40) est une belle plante annuelle, dont les feuilles séchées et préparées de diverses manières s'appellent aussi *tabac*. En France, on ne peut cultiver cette plante que dans un petit nombre de départements, avec la permission de l'autorité.

Le tabac se sème en pépinière, sous châssis ou dans une terre franche préparée avec beaucoup de soin, à la fin de

1. Les trois stigmates ou filaments pistillaires.

l'hiver. On repique les jeunes plants en lignes, de 75 cen-

Fig. 10. — Tabac en fleur.

timètres à 1 mètre de distance les uns des autres dans une

terre bien ameublie et largement fertilisée, car le tabac est très exigeant et très épuisant. On sarcle et l'on butte quand les plants ont atteint 30 centimètres de hauteur; on ébourgeonne et on écime afin de ne laisser sur les pieds que le nombre nécessaire de feuilles fixé par les contributions indirectes. On récolte les feuilles avant qu'elles soient fanées, on les porte dans un lieu appelé *séchoir*, où on les laisse jusqu'à l'arrivée des premiers froids; puis on les met en paquets appelés *manoques*, qu'on fait légèrement fermenter en tas, on les livre aux agents de la régie, qui seuls ont le droit de les acheter et de les manipuler.

La culture du tabac est soumise à une surveillance incessante. L'agriculteur qui s'y livre est obligé de suivre toutes les instructions données par l'administration des tabacs.

Houblon. — 135. Le *houblon* est une plante grimpante à racines vivaces; il produit une espèce de fleur composée de feuilles écailleuses réunies en forme d'un très petit œuf un peu allongé; c'est ce qu'on appelle *cône* du houblon; les cônes du houblon sont employés dans la fabrication de la bière, parce qu'ils renferment une matière jaune, aromatique, appelée *lupuline*.

Généralement on plante le houblon au printemps et il ne produit que la deuxième année; dès la troisième il est en plein rapport; une houblonnière bien entretenue peut durer vingt ans et plus. La terre doit être d'excellente qualité, plutôt sableuse que forte, profonde au moins de 65 centimètres, garantie des vents de l'ouest et du nord, parfaitement défoncée, fertilisée avec du fumier de bêtes à cornes bien consommé ou des chiffons de laine.

Les plants sont espacés de 1 m. 30 à 1 m. 50. On soutient les tiges à l'aide de perches hautes de 4 à 6 mètres, les pousses s'enroulent toujours autour des perches de gauche à droite. On bine, on sarcle et l'on butte.

L'époque de la récolte et de la maturité des cônes du houblon est indiquée par un léger changement de couleur dans les écailles : les cônes, qui étaient d'un beau vert, prennent une teinte d'un vert jaune doré et répandent une odeur forte ; les écailles sont serrées et ont les pointes rosées. On cueille alors les cônes avec beaucoup de précaution après avoir abaissé les tiges et arraché les perches et on les fait sécher sur des claies dans des séchoirs. Cette récolte a lieu vers la fin d'août ou en septembre, et doit se faire par un temps sec.

On conserve le houblon dans des sacs de toile dans lesquels on le tasse très fortement.

Un hectare en plein rapport produit de 1 000 à 2 000 kilogrammes de cônes suivant les années.

Cardère. — 136. La *cardère* ou *chardon à foulon* est une plante bisannuelle dont les têtes hérissées de piquants (*bractées*) servent à carder les draps.

On la sème en mars en place ou en juillet en pépinière, pour la transplanter en septembre ou en octobre. Elle ne végète bien que sur les terres calcaires, sèches et de consistance moyenne.

Les pieds doivent être espacés les uns des autres de 0 m. 50.

On récolte les têtes en juillet ou août, lorsque les graines sont formées ; quand on coupe trop tôt, les crochets manquent de rigidité ; lorsqu'on récolte trop tard, les piquants sont cassants.

Les têtes les plus belles sont régulières, allongées et cylindriques.

La cardère sauvage a des pointes droites et non renversées comme la cardère cultivée.

Chicorée à café. — 137. La *chicorée à café* est une variété de *chicorée à grosses racines*.

On la sème en place et en lignes sur des terres riches et profondes. On bine et on éclaircit les plants. On arrache les racines en automne pour les nettoyer et les vendre aux industriels qui préparent la *chicorée à café*.

128. Qu'appelle-t-on plante tinctoriale ?

129. Qu'est-ce que la garance ? — Comment cultive-t-on la garance ? — Comment se fait l'arrachage ?

130. Qu'est-ce que le pastel? — Comment cultive-t-on le paste[l]?
131. Qu'est-ce que le safran et comment le cultive-t-on?
132. Qu'est-ce que la gaude et comment la cultive-t-on?
133. Qu'appelle-t-on plantes à produits divers?
134. Pourquoi et comment cultive-t-on le tabac?
135. Qu'est-ce que le houblon? — Comment cultive-t-on [le] houblon? — Quels soins exige cette culture? — Parlez de [la] récolte du houblon.
136. Pourquoi et comment cultive-t-on la cardère?
137. Parlez de la chicorée à café.

VINGT ET UNIÈME LECTURE

DÉFINITIONS. — PRAIRIES NATURELLES. — PRAIRIES
ARTIFICIELLES. — FENAISON. — RÉCOLTE DES GRAINES.

Définitions. — 138. On appelle *fourrage* ou *plante[s] fourragères* les plantes dont les tiges ou les fanes so[nt] propres à la nourriture des bestiaux.

Les *pacages*, les *pâturages*, les *herbages*, sont des te[r]rains engazonnés dont les produits ne se fauchent pas, [e]t sont consommés sur place par les animaux.

Les *prairies* sont des surfaces couvertes d'herbes, do[nt] on fauche les produits pour les faire consommer dans [les] étables par les animaux, en vert ou en sec.

Le *foin* est l'herbe des prairies, fauchée et ensuite de[s]séchée.

Le *regain* est l'herbe plus ou moins abondante q[ui] repousse dans les prairies au mois de septembre o[u] octobre, que l'on coupe ou que l'on fait pâturer, et q[ui] forme ainsi une seconde, troisième ou quatrième récolt[e].

On distingue deux sortes de prairies : les prairies natu[relles] et les prairies artificielles.

Prairies naturelles. — 139. Les *prairies naturelles* so[nt] celles qui se sont formées comme d'elles-mêmes, et o[ù] croissent mélangées diverses sortes de plantes; elles dure[nt] toujours, mais elles exigent des engrais et des soins annuels. On peut aussi former des prairies naturelles au moyen de semis.

Il y a trois sortes de prairies naturelles : les prés secs, les prés moyens, les prés bas ou marécageux.

Les prés *secs* sont situés sur les hauteurs ou sur les pentes. En général, l'herbe en est peu élevée mais de bonne qualité ; si l'année est sèche, ces prés produisent peu. Ordinairement ils ne donnent qu'un faible regain.

Les prés *marécageux* sont ceux où les eaux séjournent depuis la fin de l'été jusqu'au printemps ; l'herbe y est de mauvaise qualité ; en mûrissant, elle devient dure, et aucun animal ne la mange avec plaisir. Dans les prairies où les eaux ne sont stagnantes qu'une partie de l'année, le foin n'est pas de très bonne qualité, mais peut cependant être utilisé.

Les prairies *à deux herbes* ou *à deux coupes* sont situées sur le bord des eaux courantes, dans le fond des vallées, dans les plaines peu élevées. Elles donnent des produits abondants à la première récolte et fournissent un excellent regain que l'on fauche ou que l'on fait pâturer sur place.

140. Les prairies naturelles exigent quelques soins. Il faut les délivrer de la mousse, qui, en étouffant les bonnes herbes, causerait promptement leur destruction ; on arrache la mousse avec des râteaux, ou bien avec une herse à chaînons (fig. 16) ; ce travail peut se faire en hiver. On doit aussi y arracher les herbes vivaces nuisibles et y étendre les *taupinières*.

Les herbes nuisibles, qu'on doit détruire dans les prairies, sont surtout le plantain à larges feuilles, l'arrête-bœuf, la patience, la sauge des prés, les caille-lait et le colchique d'automne ou tue-chien.

L'*étaupinage* consiste à détruire ces nombreux soulèvements du sol que forment les taupes en creusant leurs galeries souterraines. La méthode la plus ordinaire est de répandre la terre des taupinières à l'aide de la pelle ou de la bêche, de manière à ne pas amonceler la terre plus en un endroit que dans l'autre. On fait cette opération au printemps et en automne.

Quelques prairies sont tellement améliorées par les débordements ou par les irrigations limoneuses qu'elles peuvent se passer d'engrais, quelques autres sont tellement fécondes qu'elles semblent ne devoir jamais s'épuiser. Mais, en général, la fertilité des prairies décroît assez promptement, surtout si l'on y fait annuellement deux coupes ; et il est nécessaire de les fumer de temps en temps ou de leur appliquer des engrais phosphatés. Les scories de déphosphoration appliquées à la dose de 800 à 1 000 kilogrammes par hectare produisent des effets remarquables sur les prairies basses.

Un hectare d'excellent pré à deux coupes peut produire jusqu'à 5 000 ou 7 000 kilogrammes de foin. Dans un pré sec, le produit varie entre 1 500 et 2 000 kilogrammes. Le produit des prairies arrosées atteint souvent 8 000 à 10 000 kilogrammes de foin.

Prairies artificielles. — 141. Les *prairies artificielles* sont des champs où l'on a semé une plante fourragère qui y subsiste quelque temps, et qu'on remplace ensuite par une autre culture.

Les plantes les plus généralement employées pour former des prairies artificielles sont la luzerne, le sainfoin, le trèfle, la lupuline, le ray-grass, la vesce ou la jarosse et les pois gris.

142. La quantité de graine qu'on sème par hectare varie selon la nature du sol. Il n'y a pas d'inconvénient à semer dru, parce qu'alors le fourrage est plus fin, et par conséquent meilleur.

L'époque la plus convenable pour semer la luzerne, la lupuline, le trèfle et le sainfoin est le printemps. Ces plantes sont très délicates dans leur première jeunesse, et dans le nord de la France, le froid ou l'humidité stagnante de l'hiver pourrait les détruire si on les semait en automne, comme cela a lieu dans la région du Midi.

143. Il faut prendre bien des précautions dans l'achat

des graines de luzerne, trèfle et sainfoin. En général, il faut éviter de s'adresser à ceux qui livrent des graines nouvelles mêlées à de vieilles semences.

La bonne graine de luzerne a une couleur jaune luisante ; celle du sainfoin est d'un jaune un peu rembruni ; celle du trèfle est vive, brillante, en partie d'un jaune clair, et en partie d'une jolie couleur violette. Les graines de la luzerne, quand elles sont anciennes ou qu'elles ont été récoltées par la pluie, sont rougeâtres ou brunâtres ; celles du sainfoin, vertes ou brunes, annoncent qu'elles ont été recueillies avant d'être mûres, ou qu'elles sont vieilles ; celles du trèfle, en vieillissant, se ternissent et rougissent.

144. Lorsqu'une prairie artificielle vivace vieillit, qu'elle présente un grand nombre de clairières et de mauvaises herbes, et qu'elle cesse de fournir la même quantité de fourrage, on doit la retourner, c'est-à-dire la renverser pour la détruire, soit à la bêche, soit à la charrue.

145. La *luzerne* est une plante vivace qui durerait très longtemps si le gazon ne parvenait pas à l'étouffer, en envahissant le sol qu'elle occupe. On la sème à la volée à raison de 15 à 20 kilogrammes par hectare ; on l'enterre à 0 m. 02 environ de profondeur. De toutes les plantes fourragères, c'est la plus productive ; elle donne trois coupes par an, et même quatre. Mais elle ne prospère que dans les terrains profonds et fertiles ; elle languit dans les localités arides et sur les fonds compacts, humides et froids.

La *luzerne* bien arrosée peut donner, dans le Midi, de quatre à cinq coupes, soit 10 000 à 12 000 kilogrammes de foin par hectare ; dans le nord de la France, son rendement moyen sur des terres de très bonne qualité ne dépasse pas de 6 à 8 000 kilogrammes.

146. Le *sainfoin* se sème et se cultive comme la luzerne ; mais il ne donne par an qu'une coupe, ou tout au plus deux. Le sainfoin est un des fourrages les plus précieux, non seulement parce qu'il est excellent en lui-même, mais parce qu'il croît dans les terrains les plus

médiocres, soit crayeux ou calcaires, soit siliceux, et qu'il les améliore sensiblement.

On le sème à raison de 3 à 4 hectolitres par hectare.

Le sainfoin donne de 3 000 à 5 000 kilogrammes de foin par hectare.

147. Le *trèfle* est de toutes les plantes fourragères celle dont la culture se concilie le mieux avec celle du blé, du colza, du lin. On le sème ordinairement au printemps, à raison de 12 à 15 kilogrammes par hectare sur les terres occupées par les avoines, les orges, les lins; on le coupe l'année suivante deux ou trois fois, puis on le détruit.

Le trèfle ne doit revenir sur le même terrain qu'au bout de quatre à cinq ans.

Les deux coupes du *trèfle* réunies donnent de 4 000 à 6 000 kilogrammes de foin.

148. La *lupuline* ou *minette* est d'un assez faible rapport; mais elle réussit dans les sols calcaires de fertilité secondaire; on la fait consommer en vert sur place par les bêtes bovines ou les bêtes à laine.

149. Le *ray-grass* donne un foin un peu dur, mais assez abondant; on l'associe souvent au trèfle rouge quand cette dernière plante est cultivée sur des terres de seconde qualité.

150. Le *trèfle incarnat* ou *farouch* est une plante précieuse. On le sème en août à raison de 20 kilogrammes par hectare pour le faucher l'année suivante en mai ou en juin, selon qu'on sème la *variété hâtive* ou la *variété tardive*. Il réussit mal sur les terres très calcaires du nord de la France, mais sur celles du Midi il donne un produit très abondant. Il redoute les sols humides.

Le *trèfle incarnat* donne de 20 000 à 30 000 kilogrammes de fourrage vert par hectare.

151. La *vesce* est très répandue en France. On la sème en automne ou au printemps pour la faucher en vert en juin, ou juillet et août.

On doit préférer pour les semis les graines de la dernière récolte. On sème plutôt dru que clair, de 2 à 3 hectolitres par hectare, à la volée. Dans les terrains légers, on doit enterrer les semences un peu profondément.

On associe la *vesce d'hiver* au seigle ou à l'avoine d'hiver, et la *vesce de printemps* à l'avoine de mars dans le but de les ramer.

La vesce n'exige aucun soin, si ce n'est de faire garder les semis jusqu'à ce qu'ils aient levé, dans les pays où les pigeons et les tourterelles abondent.

Quand on demande des graines à la vesce, il faut la faucher aussitôt qu'une moitié de ses gousses sont mûres; si l'on attendait plus longtemps, beaucoup de siliques s'ouvriraient et laisseraient échapper leurs graines, par un temps sec, ou pourriraient, par un temps humide. On bat les vesces tantôt au fléau, tantôt à l'aide de simples gaules qui les égrènent assez bien lorsqu'elles sont sèches, surtout par un soleil ardent.

La *jarosse* ou *jarats* se cultive comme la vesce.

La *vesce* donne de 3 000 à 4 000 kilogrammes de foin par hectare.

152. Les *pois gris* ou *bisaille* offrent des avantages importants : on les fait consommer par les animaux, tantôt comme fourrage, tantôt en grains.

La bisaille aime les terres un peu argileuses, qui conservent assez longtemps une fraîcheur convenable.

On les cultive comme les vesces.

153. Le *maïs* est une excellente plante fourragère. On le sème à la volée ou en lignes à diverses reprises, en mai et en juin; son produit atteint souvent 30 000 à 40 000 kilogrammes par hectare.

La variété américaine appelée *maïs dent de cheval* atteint 3 à 4 mètres de haut. Lorsqu'elle occupe une bonne terre elle produit de 50 000 à 75 000 kilogrammes de fourrage vert par hectare. On la sème en lignes et on lui donne un ou deux binages.

Fenaison. — 154. On appelle *fenaison* l'ensemble des travaux par lesquels on convertit en foin les herbes des prairies naturelles et artificielles. La fenaison comprend le fauchage, le fanage, l'emmeulage; viennent ensuite le bottelage et l'engrangement.

L'époque la plus convenable pour faucher les prairies naturelles est celle où les herbes qui les composent sont en pleine fleur; plus tôt, le fourrage serait sans arome, sans saveur et peu profitable; plus tard, les tiges seraient trop dures, et les animaux les mangeraient avec répugnance. La fenaison ne se fait bien que par le beau temps. Il est bon de faucher de grand matin, quand l'herbe est humectée par la rosée.

Pour couper l'herbe, on se sert de la faux ou de la *faucheuse mécanique* traînée par un ou deux animaux.

Les meilleures faux nous viennent de l'Allemagne. Il est nécessaire de les aiguiser souvent pendant le travail; l'ouvrier porte toujours sur lui dans un *coffin* en fer-blanc ou en corne une pierre de grès qui lui sert à cet usage.

Le faucheur, en coupant les plantes et en les poussant à sa gauche, en forme naturellement sur le sol des lignes qu'on appelle *andains*.

Après avoir fauché, on *fane*, c'est-à-dire on retourne ou on éparpille les andains les uns après les autres, à l'aide d'une fourche en bois, puis on les retourne aussi souvent que l'on peut jusqu'à deux heures avant le coucher du soleil; alors, pour préserver l'herbe de la rosée de la nuit, on la réunit en petits tas, à l'aide de la fourche, d'un râteau en bois ou du *râteau mécanique* (fig. 41).

Le lendemain on l'étale de nouveau sur le gazon avec la fourche, et on la retourne de temps en temps jusqu'à ce qu'elle soit bien sèche; on peut se servir de la *faneuse mécanique* (fig. 42) pour exécuter ce travail.

Quand l'herbe est fanée et que, par conséquent, le foin est fait, on en forme de gros tas que l'on appelle *meules*, ou *meulons*, ou simplement *tas*, pour que le foin, ainsi entassé, achève de se dessécher et de jeter son feu, c'est-à-dire de s'échauffer en fermentant, et aussi pour qu'on puisse facilement le placer sur les voitures qui doivent le transporter dans les fenils.

Fig. 41. — Râteau à cheval.

Dans quelques pays, au lieu de renfermer le foin dans des bâtiments couverts, on en forme de grandes meules dans la partie la plus sèche du pré ou près de la ferme. Quand ces meules sont bien faites, le foin s'y conserve très bien un an et même deux.

Quand le temps est favorable, la fauchaison et le fanage s'achèvent en quelques jours; on laisse le foin encore cinq ou huit jours en meules, puis on le rentre. On peut, avant de le rentrer ou après, le botteler, c'est-à-dire le lier en bottes de 5 ou 10 kilogrammes; on fait des bottes à un ou à trois liens : les bottes à un lien se font beaucoup plus vite, mais elles sont exposées à se défaire et à laisser perdre beaucoup de foin; elles ne peuvent servir qu'à l'intérieur de la ferme.

La récolte du regain se fait comme celle du foin : elle a lieu en automne; il ne faut pas attendre, pour l'exécuter, que la saison soit trop avancée.

100 kilogrammes de fourrage vert donnent en moyenne 25 à 27 kilogrammes de foin.

Le foin, mis en meule, non botteté mais bien pressé, pèse de 70 à 80 kilogrammes le mètre cube.

Récolte des graines des prairies artificielles. — 155
Quand on cultive les prairies artificielles pour en obtenir du foin, ce qui en est l'usage le plus ordinaire, on les fauche de même que les prairies naturelles, lorsqu'elles sont en pleine fleur; puis on fane avec précaution afin de ne pas faciliter la chute des feuilles; on met ce foin en meules et on le rentre dans un fenil. On peut aussi récolter le regain comme celui des prairies naturelles.

Quand on destine une prairie artificielle à produire de la graine au lieu de donner du fourrage, on a soin de ne pas choisir les pièces dans lesquelles il existe de la *cuscute*, afin que la graine soit bien pure. Pour le trèfle et la luzerne, on peut attendre la seconde coupe; pour le sainfoin, il vaut mieux récolter les graines de la première pousse.

Le moment le plus favorable pour récolter la *graine de*

Fig. 42. — Faneuse mécanique.

sainfoin, c'est lorsque l'enveloppe extérieure commenc[e]
devenir gris jaunâtre; il faut saisir ce moment; car, [p]
tard, la gousse se détache de la tige et tombe. Après av[oir]
fauché les tiges, on les laisse en andains durant un jour [ou]
deux et on les porte à la grange, où on les bat; la seme[nce]
est ensuite étendue dans un grenier aéré; on la remue [de]
temps à autre pour empêcher qu'elle ne fermente.

Les *graines de luzerne* se détachent difficilement : p[our]
reconnaître si elles sont mûres, on ouvre quelques gouss[es]
si la graine est d'un beau jaune, c'est signe qu'elle [est]
mûre; si elle est un peu verte, il faut attendre encore [à la]
fauche, on laisse sécher les tiges, on bottelle, on bat [au]
fléau, pendant les grands froids, afin que la graine [se]
détache plus aisément; puis on égrène les gousses à l'a[ide]
d'une machine à égrener ou on les soumet à l'action d['un]
moulin à tan; on nettoie ensuite les graines avec soin[;]
on les conserve dans un lieu sec.

Pour avoir la *graine de trèfle*, on enlève les têtes qu[and]
elles sont noirâtres ou bien on fauche les tiges. Ce dern[ier]
moyen est le plus prompt et le plus économique. On tr[aite]
la graine de trèfle comme celle de la luzerne.

La graine de luzerne se vend ordinairement 1 fran[c à]
2 fr. 50 le kilogramme; la graine de trèfle ne vaut [que]
1 franc à 1 fr. 50. Les graines de trèfle incarnat et [de]
lupuline se vendent en moyenne 1 franc à 1 fr. 20 le k[ilo]
gramme.

QUESTIONNAIRE.

138. Combien distingue-t-on de sortes de plantes fourrag[ères]
— Qu'est-ce que les pacages? — Qu'est-ce que les prairie[s?]
Qu'est-ce que le foin? — Qu'est-ce que le regain?

139. Qu'est-ce que les prairies naturelles? — Combien y [a]
de sortes de prairies naturelles? — Parlez des prés sec[s.]
Parlez des prés moyens. — Parlez des prairies basses.

140. Quels soins doit-on donner aux prairies naturelle[s?]
Quelles sont les herbes nuisibles qu'on doit détruire da[ns les]
prairies? — Qu'est-ce que l'étaupinage? — Faut-il fumer [les]
prairies naturelles?

141. Qu'est-ce que les prairies artificielles? — De quelles plantes forme-t-on les prairies artificielles?

142. A quelle époque sème-t-on les prairies artificielles?

143. Quelles précautions faut-il prendre dans l'achat des graines de prairies artificielles? — A quels signes reconnaît-on les bonnes graines?

144. Quand faut-il détruire une prairie artificielle?

145 et 146. Parlez de la luzerne et du sainfoin.

147 et 148. Parlez du trèfle et de la lupuline.

149. Parlez du ray-grass.

150. Parlez du trèfle incarnat.

151 et 152. Parlez de la vesce, de la jarosse et du pois gris.

153. Parlez du maïs.

154. Qu'appelle-t-on fenaison? — Comment fauche-t-on? — Parlez du fanage. — Parlez de la récolte du regain.

155. Comment cultive-t-on les plantes des prairies artificielles quand on veut en récolter les graines? — Parlez de la récolte des graines de trèfle et de luzerne.

VINGT-DEUXIÈME LECTURE

CULTURES SARCLÉES. — POMMES DE TERRE. — TOPINAMBOUR. — BETTERAVE. — CAROTTE. — NAVETS. — RUTABAGA.

Cultures sarclées. — 156. Afin d'augmenter la masse des engrais et de mieux nourrir le bétail, on cultive en grand quelques plantes que l'on ne cultivait autrefois que dans les jardins pour la nourriture des hommes. Les plus importantes sont la pomme de terre, le navet, la betterave et la carotte. Ces cultures s'appellent *cultures sarclées*, parce qu'on sarcle ces plantes plus souvent que les autres, ou *cultures par rangées*, parce que presque toujours, au lieu de les semer à la volée, c'est en lignes qu'on les sème ou qu'on les plante.

Les cultures sarclées ont de grands avantages. Elles nettoient le sol, le purgent d'un grand nombre de mauvaises herbes, et lui donnent ainsi une excellente préparation pour la culture des céréales; elles fournissent aux bestiaux, pendant l'hiver et au commencement du printemps, des aliments abondants et salubres.

Pomme de terre. — 157. La *pomme de terre* (fig. 43) fournit une nourriture excellente pour les hommes et pour les animaux : depuis 1845, cette plante précieuse est sujette à une maladie qui altère parfois ses tubercules.

Les variétés les plus hâtives sont : les pommes de terre *Marjolin, shaw ou Saint-Jean, Early rose*, les variétés de seconde saison, les pommes de terre *truffe d'août, vitelotte, violette*, la *quarantaine de la halle, rouge de Hollande* et *Joseph Rigaud*. Les plus tardives et les plus productives sont les pommes de terre *chardon, géante bleue, merveille d'Amérique, saucisse, imperator, Institut de Beauvais*.

Ordinairement on donne deux ou trois labours, l'un avant l'hiver, les autres au printemps. Lorsqu'on donne le dernier labour, une femme ou un enfant dépose les tubercules moyens et entiers, c'est-à-dire sans les diviser, dans le sillon qui vient d'être ouvert; la charrue les recouvre en ouvrant le sillon à côté. On peut aussi, à l'aide de la pioche ou de la bêche, creuser des trous dans la terre récemment labourée et fumée et y déposer les tubercules.

Les lignes de pommes de terre doivent être éloignées les unes des autres de 0 m. 50 à 0 m. 65, selon la richesse du sol et la variété cultivée. On les plante entières.

Les pommes de terre doivent être binées et buttées avec soin. On les arrache en juillet, août ou en septembre, selon leur précocité, quand les tiges commencent à jaunir.

Le produit de la pomme de terre, en France, varie beaucoup : il est assez généralement de 120 à 200 hectolitres par hectare.

Topinambour. — 158. Le *topinambour* fournit aussi des tubercules alimentaires pour l'homme, et surtout les bêtes à cornes et le cheval. Son tubercule, qui est très rustique, asse l'hiver en pleine terre dans les sols sablonneux, calcaires ou crayeux à sous-sol perméable et peu fertiles.

Fig. 43. — Pomme de terre en végétation.

Cette plante est très répandue dans la région du centre en Alsace.

On la cultive exactement comme la pomme de terre, à

cette exception toutefois qu'on laisse des tubercules en terre pendant l'automne et l'hiver, pour les arracher quand on veut les faire consommer, ou les distiller dans le but d'en obtenir de l'alcool.

Le topinambour donne de 100 à 250 hectolitres par hectare, suivant la fécondité de la couche arable.

Betterave. — 159. La *betterave* est cultivée comme *plante fourragère* quand les racines et les feuilles doivent être consommées par le bétail, et comme plante industrielle lorsqu'on doit extraire de ses racines du *sucre* et de l'*alcool*.

Les principales variétés fourragères sont la B. *disette* ou *champêtre* (voir fig. 2), la B. *jaune grosse*, la B. *disette blanche*, la B. *globe jaune*, la B. *jaune d'Allemagne*, la B. *ovoïde de Barres*.

Les variétés à sucre les plus estimées sont la B. *blanche de Silésie*, la B. *blanche à collet rose*, la B. *améliorée Vilmorin*.

Il y a trois manières de cultiver les betteraves. La première consiste à semer à la main une ou deux graines ensemble, à environ 15 centimètres de distance, et à la profondeur d'à peu près 3 centimètres; quand tous les plants sont forts, on les éclaircit, en ne laissant entre chacun d'eux que l'espace de 25 à 35 centimètres. La seconde consiste à répandre les graines à l'aide d'un semoir mécanique sur un sol parfaitement préparé et fumé depuis quatre à cinq mois. La troisième manière consiste à semer en pépinière et à la volée; quand les plants sont forts, on les repique en lignes dans une terre bien préparée, en observant les distances qui viennent d'être indiquées. Ce dernier procédé n'est utile que dans les localités où la réussite des semis en place est très incertaine.

Les betteraves à sucre doivent être plus rapprochées sur les lignes que les variétés fourragères. On en compte ordinairement 8 à 10 par mètre carré.

Le moment le plus favorable pour semer les betteraves est le mois de mars, d'avril et de mai : le jeune plant est peu sensible aux derniers froids.

Les betteraves exigent deux binages au moins, et trois dans les années pluvieuses; on doit avoir soin de ne pas endommager le collet des plantes avec la binette ou la houe à cheval.

On peut cueillir les feuilles de betterave au mois de septembre quand les racines ont acquis tout leur développement. Quand on les donne aux bestiaux, il faut qu'elles soient fraîches, sans être mouillées. Cette opération n'est pratiquée que dans la petite culture, parce qu'elle est assez coûteuse et qu'elle nuit au développement des racines.

On arrache les betteraves en automne, par un temps sec; on coupe le collet pour empêcher la betterave de pousser pendant l'hiver, on nettoie grossièrement les racines, et on les transporte dans le lieu où l'on doit les conserver.

La conservation des betteraves exige quelques soins. Elles doivent être placées dans une cave ou dans un silo en terre ou en maçonnerie également abrité contre les gelées, la chaleur et l'humidité. La betterave gèle et perd de ses qualités alimentaires quand elle reste exposée à un froid de 3 à 4 degrés au-dessous de zéro.

On réserve comme porte-graine les racines les plus belles, les mieux conformées; on les plante en février; on soutient leurs tiges à l'aide d'un tuteur; quand les semences jaunissent, on coupe les tiges et on les expose au soleil contre un mur, où elles achèvent de sécher : on détache les semences et on les renferme dans des sacs.

Le produit de la betterave fourragère varie entre 40 000 et 60 000 kilogrammes. On obtient, en moyenne, dans les départements du Nord et du Pas-de-Calais, 35 000 kilogrammes de betterave à sucre par hectare.

Carotte. — 160. La *carotte blanche à collet vert* est cultivée en grand comme plante fourragère. Sa racine convient à tous les animaux.

On sème la carotte en mars et avril, en lignes espacées de 0 m. 40 à 0 m. 50.

Le produit moyen des carottes dans un terrain en très

bon état de culture est, par hectare, de 25 000 à 40 0[00]
kilos.

Navets. — 161. Les *navets*, ou *turneps*, ou *rabiou[les]*

Fig. 44. — Navet turnep.

et les nave[ts]
globes, de *Nor*
folk, du *Pala*-
tinat et d'*Alsa*-
ce, se cultiven[t]
peu près com[me]
la betterav[e]
c'est-à-dire [à]
rayons asse[z]
espacés po[ur]
qu'on puiss[e]
biner et façon[-]
ner la terre. On sème depuis la fin de mai jusqu'au commen[-]
cement de juillet. On les fait manger sur place par l[es]
moutons, ou bien on l[es]
arrache. Cette récol[te]
peut se faire tard : [la]
racine continue de gro[s-]
sir jusqu'à l'approc[he]
des gelées qu'elle su[p-]
porte assez mal.

Quand on sème d[es]
navets sur un chaum[e]
de blé au commenc[e-]
ment d'août, il faut cho[i-]
sir impérieusement un[e]
variété hâtive, comme [le]
navet turneps hâtif [de]
Hollande (fig. 44),
navet blanc plat hât[if],
la *rave hâtive d'A[u-]*
vergne (fig. 45). C[es]

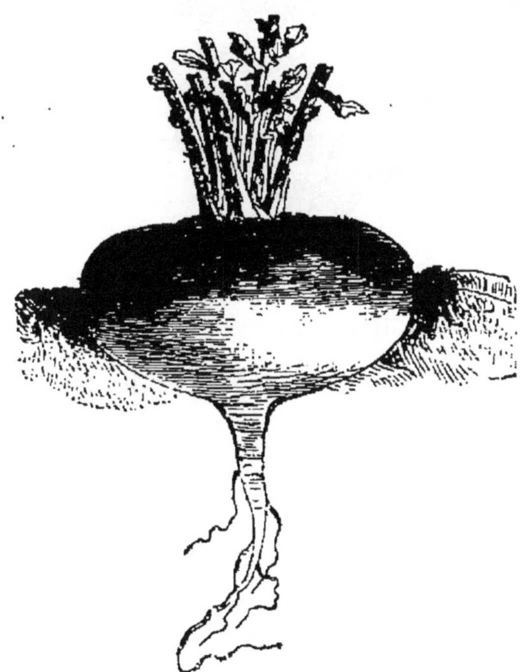

Fig. 45. — Rave d'Auvergne.

navets sont toujours semés à la volée.

On choisit comme porte-graine les plus belles racin[es]

qu'on met en terre en février. Lorsque les tiges montrent des siliques jaunâtres contenant des graines noirâtres, on les enlève pour les faire sécher à l'air libre et ensuite les battre.

Rutabaga. — 162. Le *rutabaga* est une espèce de chou-navet qui résiste aux gelées ordinaires et qui se développe rapidement. On préfère assez généralement, et avec raison, la variété à chair jaune et à collet violet (fig. 46).

On le sème en mars en pépinière pour le transplanter au mois de juin.

Les rutabagas sont d'une grande utilité pour la nourriture des bestiaux, qu'ils engraissent promptement dans les contrées où la betterave ne vient pas très bien. Il est très productif. Il végète bien dans la Bretagne.

Fig. — 46. Rutabaga à collet violet.

156. Qu'est-ce que les cultures sarclées ou cultures par rangées ? — Quels sont leurs principaux avantages ?

157. Parlez de la plantation, de la culture et de l'arrachage des pommes de terre.

158. Parlez du topinambour et de sa culture.

159. Quels sont les avantages de la betterave ? — Comment sème-t-on les betteraves ? — Quel usage fait-on des feuilles ? — Quand arrache-t-on les betteraves ? — Quels soins exige la con-

servation des betteraves? — Comment se procure-t-on de graine?

   160. Parlez de la carotte.

   161. Parlez des navets ou turneps.

   162. Qu'est-ce que le rutabaga?

VINGT-TROISIÈME LECTURE

PLANTES PARASITES. — PLANTES, — ANIMAUX, OISEAUX, — INSECTES NUISIBLES A L'AGRICULTURE. — INSECTES NUISIBLES AUX GRAINS DÉPOSÉS DANS LES BATIMENTS. OISEAUX DESTRUCTEURS DES ANIMAUX ET INSECTES NUISIBLES.

Plantes parasites. — 163. Lorsque, pendant le mois de mars ou avril, il survient un temps à la fois humide et froid, certaines plantes cultivées, le froment d'automne, l'escourgeon d'hiver, perdent leur couleur verte et prennent une teinte jaunâtre ou une nuance qui rappelle la couleur de la *rouille* et qui est due à la présence d'un champignon. Ces divers états indiquent que ces végétaux sont malades et qu'il faut y répandre un engrais actif, par exemple, du *nitrate de soude* à la dose de 150 à 200 kilogrammes par hectare.

Quand les feuilles des arbres fruitiers présentent chaque année la même décoloration, on doit en conclure qu'ils ont été plantés dans un sol trop humide.

Les céréales sont attaquées par des champignons qui anéantissent parfois leurs épis, comme le *charbon*, et qui altèrent leurs grains, comme la *carie* et l'*ergot*. On prévient ces maladies en chaulant ou sulfatant les grains de froment, du seigle et du maïs.

La vigne est exposée de nos jours à être attaquée par un champignon appelé *oïdium*. Quand cette maladie se montre sur une vigne, on doit s'empresser de la soufrer, c'est-à-dire d'y projeter de la fleur de soufre. Ce soufrage doit répété une ou deux fois avant le commencement d'août. On l'exécute à l'aide d'un soufflet spécial.

La *morphée*, champignons microscopiques noirâtres qui attaquent les oliviers et les orangers, est détruite à l'aide de seringages opérés avec une dissolution de savon noir, de chaux et de sulfate de cuivre.

Il en est de même du champignon à filaments rougeâtres appelé *rhizoctone*, qui attaque les bulbes de safran et les racines de la garance et de la luzerne.

Presque tous les arbres fruitiers sont exposés à devenir *chancreux*. Quand on constate une semblable désorganisation, il faut nettoyer à fond la plaie et la couvrir d'onguent de Saint-Fiacre.

La *cuscute*, que l'on appelle *teigne*, nuit beaucoup aux luzernières et aux tréflières. On détruit cette plante parasite en fauchant avec soin la plante qu'elle enlace de ses filaments rougeâtres, et en arrosant les endroits sur lesquels elle s'est développée avec une dissolution de sulfate de fer préparée avec 4 kilogrammes de cette couperose verte et 100 litres d'eau.

Le *gui* nuit aux arbres fruitiers sur lesquels il végète. On doit le détruire avant la feuillaison des arbres.

Plantes nuisibles. — 164. On peut détruire la *mousse* et les *lichens* qui se développent sur les troncs et les ramifications des arbres fruitiers, en badigeonnant ces parties avec un lait de chaux.

Il faut aussi arracher avec soin les plantes indigènes, le *chardon*, le *coquelicot*, la *nielle*, le *mélampyre* ou *rougeole* et les *ivraies* qui végètent sur les terres occupées par les plantes cultivées. Ces végétaux épuisent la terre et produisent une énorme quantité de mauvaises graines.

Animaux nuisibles. — 165. La *taupe* (fig. 47), qui vit d'insectes et mange beaucoup de *vers blancs*, travaille à midi, au lever et au coucher du soleil. Un peu avant qu'elle se mette en mouvement, on enfonce la galerie nouvellement soulevée qui aboutit à une des *taupinières* (petit monticule que fait la taupe en formant ses galeries);

on reste à l'affût sans faire le moindre bruit, et pendant qu'elle travaille à rétablir sa galerie, on l'enlève d'un coup de bêche.

Fig. 47. — Taupe.

On prend aussi des taupes avec des appareils qu'on appelle *fers* ou *pièges à taupes* (fig. 48, 49 et 50).

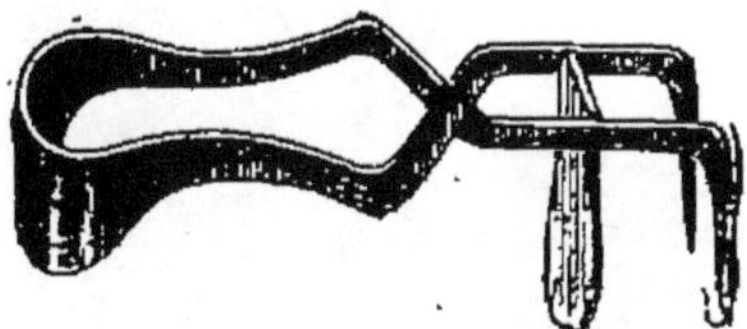

Fig. 48. — Piège en fer pour les taupes.

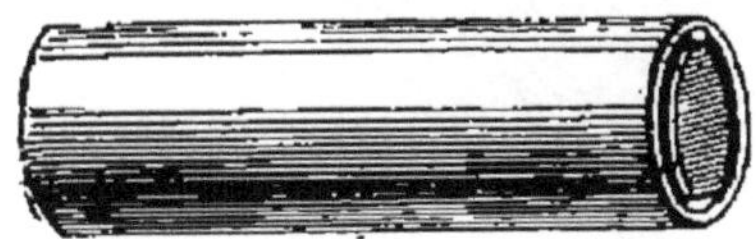

Fig. 49. — Piège en bois pour les taupes (vue extérieure).

Fig. 50. — Piège en bois pour les taupes (coupe longitudinale).

Insectes nuisibles. — 166. Les moyens employés contre les *oiseaux* sont les appâts, les épouvantails et les filets. Mais tous les oiseaux ne sont pas nuisibles ; on doit s'attacher surtout à détruire les moineaux, la grive, le bouvreuil, les pigeons ramiers, les tourterelles, qui ne vivent pas d'insectes et dont tout le monde connaît les dégâts.

Insectes nuisibles aux plantes cultivées. — 167. Les choux et les arbres fruitiers sont attaqués par les *chenilles*

Le plus sûr moyen de détruire ces insectes consiste à les ramasser la nuit à l'aide d'une lanterne, ou le matin à la pointe du jour. On doit aussi prévenir leur apparition au moyen de l'*échenillage* exécuté à la fin de l'hiver. Cette

Fig. 51. — Hanneton.

opération consiste à retrancher avec soin, en taillant les arbres, les anneaux d'œufs qu'elles ont déposés sur les branches, à couper et enlever les nids qu'on remarque sur les arbres en plein vent avec l'*échenilloir* et à les brûler ;

enfin plusieurs oiseaux chassent les chenilles et en font
une grande destruction.

On détruit le *puceron lanigère*, si commun parfois sur
les arbres à pépins, en nettoyant leurs écorces avec une
brosse et en les badigeonnant d'un lait de chaux vive et de
savon noir.

168. Les *hannetons* (fig. 51) sont, après les chenilles,
les plus grands ennemis des arbres; ils apparaissent en
avril et mai. Il faut, à midi, le matin secouer les arbres
sur lesquels ils se sont réfugiés pour les faire tomber, les
ramasser et les jeter dans une fosse avec de la chaux vive.
C'est à la fin de la troisième année que la larve (fig. 52)

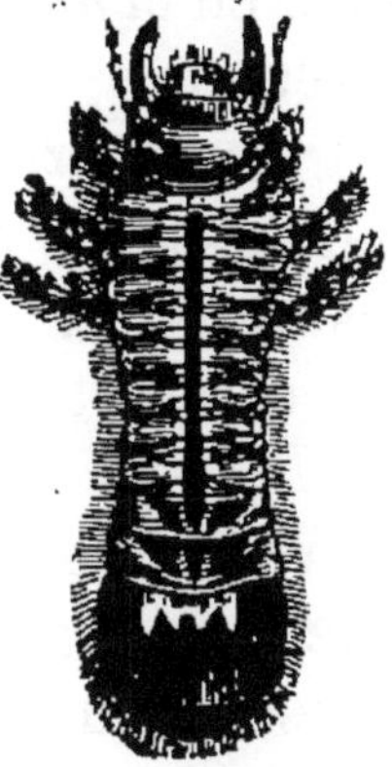

Fig. 52. — Larves du hanneton.   Fig. 53. — État des larves
à la fin de la troisième année.

se transforme en nymphe (fig. 53) et l'année suivante en
insecte parfait.

La larve du hanneton, connue sous le nom de *ver blanc*
ou *turc*, cause de grands ravages, et malheureusement ce
n'est que par la destruction de la racine des plantes dont
elle se nourrit qu'on s'aperçoit de sa présence. Un des
meilleurs moyens à employer est de prévenir sa multiplication en détruisant les hannetons.

Si on craint qu'il n'y ait des vers blancs dans un carré
ou dans une planche dans laquelle on a mis des plantes
qui redoutent leurs ravages, on y met quelques pieds de
fraisier ou de laitue qu'ils aiment beaucoup. De temps à
autre, on visite ces deux plantes; dès qu'elles se fanent

on fouille à leur pied, et on est sûr d'y trouver un ou plusieurs vers blancs. Quoi qu'il en soit, il est utile, lorsqu'on laboure un terrain, de ramasser avec soin tous les vers blancs déterrés par la bêche ou la charrue.

169. Les céréales en végétation sont quelquefois attaquées par un insecte que l'on appelle *saperde des blés* et qui est commun ordinairement dans les environs d'Angoulême. On détruit cet insecte en arrachant et en brûlant, après la moisson, le chaume dans lequel se réfugie la larve après avoir rongé intérieurement la tige du blé.

170. La vigne est souvent attaquée par la chenille de l'insecte appelé *pyrale de la vigne*. On détruit les œufs, qu'elle produit en abondance, en *échaudant* les ceps avant le développement des bourgeons.

L'olivier est attaqué avant sa maturité par la larve d'une mouche connue sous le nom de *dacus de l'olivier*. On doit ramasser toutes les olives qui ont été piquées et qui tombent des arbres et les écraser, afin de détruire les larves qu'elles renferment.

Insectes nuisibles aux grains déposés dans les bâtiments. — 171. Les grains des céréales sont attaqués dans les granges et surtout dans les greniers par le *charançon*, l'*alucite* et la *fausse teigne*.

Le *charançon* est un petit insecte noirâtre qui ronge l'intérieur des grains du blé et du maïs, et qui commet parfois des dégâts considérables. On prévient ses ravages en ayant des greniers bien carrelés, très propres et blanchis une ou deux fois par an à la chaux, et en remuant souvent les grains; quand l'aire des magasins est formée par un plancher, on doit avoir le soin de faire boucher les fentes qu'on y observe pour empêcher les charançons de s'y réfugier.

L'*alucite* est un petit papillon qui appartient à la classe des teignes. Sa larve, qui est blanchâtre, fait dans les régions du Sud-Ouest et des plaines du Centre autant de ravages dans les greniers et les granges à grains que le charançon. On l'arrête dans ses dégâts en battant les gerbes des céréales qu'elle attaque, et livrant à la vente les grains dans lesquels elle vit.

La *fausse teigne* est presque aussi redoutable que l'alucite.

On a proposé dans ces derniers temps de détruire l'alucite et la fausse teigne à l'aide du *sulfure de carbone.* Cette substance est trop dangereuse pour que nous engagions les cultivateurs à l'expérimenter.

Les pois et les lentilles sont attaqués par un insecte aplati que l'on nomme *bruche.* Avant de consommer ces semences, il faut les jeter pendant quelques minutes dans une eau bouillante, afin de les en faire sortir.

Oiseaux destructeurs des animaux et insectes nuisibles. — 172. Les animaux et les insectes qui nuisent aux récoltes ont de nombreux ennemis.

Certains oiseaux, l'*hirondelle*, la *mésange*, la *fauvette* le *rossignol*, le *merle*, le *roitelet*, le *geai*, les *piverts*, etc., se nourrissent exclusivement d'insectes, de larves et de chrysalides. Aussi est-ce une faute que de détruire les nids des oiseaux insectivores. Sans ces oiseaux chanteurs, âmes vivantes de nos campagnes, les insectes nuisibles, les chenilles, les pucerons, les larves du hanneton, les limaces, etc., occasionneraient à l'agriculture des pertes annuelles incalculables.

Le *hérisson* vit d'insectes et d'animaux.

QUESTIONNAIRE.

163. Quels sont les végétaux parasites? Comment détruit-on la cuscute?

164. Quelles sont les plantes que l'agriculture regarde comme nuisibles?

165. Tous les oiseaux sont-ils nuisibles?

166 à 170. Parlez de la taupe, des chenilles et du hanneton.

171. Quels sont les insectes qui attaquent les céréales dans les granges et les greniers?

172. Faut-il détruire les hérissons? — Quels sont les oiseaux qu'on appelle insectivores? — Quels services rendent-ils à l'agriculture?

CINQUIÈME PARTIE

ARBORICULTURE ET SYLVICULTURE

VINGT-QUATRIÈME LECTURE

VÉGÉTAUX LIGNEUX. — SEMIS A DEMEURE. — PÉPINIÈRE.

Végétaux ligneux. — 173. Tous les *végétaux ligneux*, sont vivaces. Les uns meurent à l'âge de vingt, trente ou quarante ans; les autres sont encore très vigoureux à l'âge de cent vingt à cent cinquante ans. L'if est un des arbres qui, en Europe, vivent le plus longtemps.

174. Ces végétaux ont un tronc qui devient parfois une âge très élevée et qui est simple ou ramifiée. La tige du peuplier d'Italie, du sapin est droite et élancée, celle du bouleau est ordinairement inclinée ou tourmentée, celle du hêtre est souvent simple, celle du chêne et du châtaignier est presque toujours ramifiée.

Le tronc et les ramifications se composent de trois parties : 1º du *cœur du bois*, qui est la partie la plus intérieure; 2º de l'*aubier*, qui est le *bois imparfait* et de formation récente; 3º de l'*écorce*, qui est l'enveloppe externe.

La *moelle*, toujours très apparente dans les jeunes arbres et surtout dans les nouvelles pousses du sureau, se solidifie avec l'âge; elle est contenue dans une sorte de tube ligneux que l'on a appelé *étui médullaire*.

Tous les troncs s'accroissent circulairement et diamé-
tralement. Voilà pourquoi, quand on scie la tige d'un
arbre, on distingue aisément des zones concentriques
annuelles. On peut évaluer l'âge d'un arbre ou d'une
branche d'après le nombre de ses cercles ligneux.

175. Le bois est compact ou léger suivant les espèces.
Les bois de chêne, d'orme, d'érable, de buis sont durs;
ceux du noyer, du pommier, du poirier, du cerisier sont
aussi très compacts et susceptibles de prendre un beau
poli. Le bois du bouleau, du saule, du peuplier, du platane, du mélèze, du sapin, sont jaunâtres et légers.

Généralement les bois les plus durs sont ceux qui renferment le plus de matières combustibles.

Avec l'âge, souvent le saule, le châtaignier et le tilleul
pourrissent au cœur et deviennent creux. Nonobstant, ils
continuent à végéter et à fournir des pousses ou des fruits
parce que la sève continue à circuler à travers l'aubier.

176. Les troncs de tous les arbres ont une écorce lisse
quand ils sont jeunes, mais cette écorce avec le temps se
gerce, se fendille, se crevasse et devient rugueuse ou irrégulière. Le charme, le hêtre, le platane et le pin du lord
Weymouth sont les seuls arbres qui conservent leurs
écorces lisses et unies très tardivement.

Certains arbres, comme le cerisier, le bouleau, le platane, ont une écorce feuilletée qui se détache d'année en
année par morceaux plus ou moins grands.

Enfin, c'est de l'aubier que viennent les parties résineuses
et gommeuses qui s'épanchent en dehors du tronc ou des
ramifications, quand on fait une blessure au cerisier, au
pêcher, au pin maritime, au sapin épicéa, ou lorsque leurs
écorces présentent de profondes gerçures.

On remarque souvent sur les troncs des châtaigniers,
des tilleuls des boules plus ou moins développées. Ces
nodules sont des bourgeons qui ne sont pas développés en
longueur.

177. La cime de quelques arbres prend peu de développement et reste effilée. Ce fait s'observe dans le peuplier

...alie, le cyprès pyramidal. Chez d'autres, elle acquiert ...fois une grande dimension. Les arbres fruitiers qui ont ...urs cimes très développées sont le châtaignier et le ...yer; le chêne et le hêtre sont certainement les arbres ...restiers dont les cimes sont les plus remarquables. Celle ...u pin pignon est étalée.

178 Les *bourgeons* sont plus ou moins nombreux selon ...espèces. Les bourgeons terminaux du mûrier et du ...risier gèlent souvent dans les contrées septentrionales ...t au centre des montagnes des Cévennes. Alors sa tige ...u sa ramification s'allonge par un des bourgeons axillaires. ...es bourgeons ou *yeux* naissent ordinairement à la fin du ...rintemps ou à la fin de l'été; ils grossissent et deviennent ...outons pendant le cours de cette dernière saison; ils ...estent stationnaires pendant l'hiver; mais au printemps ...ils grossissent de nouveau et se développent, et c'est alors ...u'ils prennent le nom de *bourgeons*.

...Le bourgeon, qui est le résultat d'un œil adventif, est ...ppelé *faux bourgeon*. On doit le supprimer à la taille, ...arce qu'il fatigue l'arbre sans servir à sa fécondité.

179 Dans les arbres à fruits à pépins, les fruits nais-...ent ou sur des branches courtes, grosses, ayant au plus ...m. 06 de long, et que l'on appelle *bourses* dans le poirier, ...t *lambourdes* dans le pommier; ou sur des branches ...ongues de 0 m. 16 à 0 m. 24 que l'on nomme *brindilles*. ...ans les arbres à fruits à noyaux, ils naissent sur des ...ranches minces et longues qu'on appelle *brindilles* ou ...ambourdes; et, quelle que soit la nature de l'arbre, les ...outons à fruits sont toujours visibles au moment de la ...aille. Des bourses, des lambourdes et des brindilles, on ...eut faire sortir des branches à bois; il suffit pour cela de ...ouper la tête aux bourses et lambourdes, et de couper des ...rindilles très court, sur un œil ou deux au plus. Ainsi, la ...ève se portant le plus abondamment dans les yeux ...eservés, le germe des fleurs y avorte et se transforme ...nsuite en boutons à bois.

180 Les végétaux ligneux doivent être divisés en deux

classes, comprenant : 1° les *arbres à feuilles caduques*, 2° les *arbres à feuilles persistantes*.

Les premiers, comme le châtaignier, le noyer, le hêtre, etc., se dépouillent de leur feuillage à l'entrée de l'hiver ; les seconds, comme l'olivier, l'oranger, le chêne vert, le houx, le sapin, le cèdre, conservent toute l'année leur verdure sombre. Sauf les arbres résineux, les végétaux à feuilles persistantes sont beaucoup plus délicats que les arbres à feuilles caduques.

Généralement, dans les contrées méridionales, la plupart des végétaux ligneux qu'on y rencontre ont des feuilles persistantes, comme le chêne-liège, le chêne vert, l'alaterne, etc.

Les *noix de galle*, qu'on remarque sur les feuilles du chêne, sont des excroissances provoquées par la piqûre d'un insecte qu'on appelle *cynips*.

Semis à demeure. — 181. On multiplie les végétaux ligneux à l'aide de semis, de rejetons, de la marcotte et de la bouture.

Les semis se font en place ou dans une pépinière.

On sème à demeure la plupart des arbres forestiers : le chêne, le bouleau, le hêtre, le pin maritime, le sapin, l'épicéa, etc. Ce mode de multiplication est souvent plus certain que le peuplement à l'aide de jeunes plants.

On ne sème jamais en place les arbres fruitiers ; on préfère les élever dans une pépinière, les planter à demeure et les greffer ensuite ou les mettre en place quand ils ont deux ans de greffe.

On pourrait, il est vrai, les semer à demeure, c'est-à-dire à la même place où l'on désire qu'ils végètent ; les plants deviendraient plus vigoureux et vivraient plus longtemps que ceux qu'on a retirés des pépinières ; mais ce mode de culture ferait perdre beaucoup de temps et on jouirait beaucoup plus tard.

La vigne, le groseillier, le framboisier, le figuier sont les seuls arbustes ligneux appartenant à la culture fruitière qu'on ne multiplie pas de graines.

Pépinière. — 182. Une *pépinière* est un enclos où l'on sème des pépins, des noyaux, des graines, et où l'on plante des rejetons et des boutures, pour élever les jeunes arbres qui en proviennent jusqu'à ce qu'on puisse les planter à demeure.

On choisit pour la pépinière un endroit bien exposé; la terre doit être profonde, fraîche et très meuble; mais il ne faut ni terreau ni fumier.

Il est à désirer que la terre de la pépinière ne soit pas très fertile, de peur qu'ensuite les arbres, transplantés dans un moins bon terrain, ne s'y plaisent pas.

Les plants qu'on obtient de semis doivent être déplantés à la fin de leur première année pour être *rigolés* ou *piqués* en lignes sur une terre bien ameublie. Cette opération se fait en octobre ou novembre; elle a pour but d'espacer plus ou moins les plants les uns des autres.

Après l'arrachage, on procède à l'*habillage* des racines, et on rabat les tiges à un œil ou deux yeux dans le but d'obtenir un scion vigoureux et droit.

On doit déplacer chaque année, ou au plus tard tous les deux ans, les sujets déjà développés, greffés ou non, qui séjournent dans la pépinière. Par cette *déplantation* on arrête la végétation des grosses racines et favorise le développement du chevelu.

Si l'on a égard aux soins nombreux que réclame une pépinière, et aux nombreuses pertes qu'on fait nécessairement, on reconnaîtra que, pour quelqu'un qui ne possède pas un vaste jardin, il y a plus d'économie à acheter les arbres qu'à les élever en pépinière, d'autant plus que l'art du pépiniériste est difficile, et que, pour y réussir, il faut s'en être occupé sérieusement.

183. Au lieu d'acheter dans les pépinières des arbres tout greffés, on peut prendre dans les bois des sauvageons appelés *égrains*, et les greffer en tête et en fente, soit au moment où on les plante, soit, ce qui vaut mieux, dans les années suivantes, lorsqu'ils auront poussé quelques branches. Ces arbres sont moins délicats, s'élèvent plus

haut et ont un plus bel aspect que ceux qui ont été greffé
au pied, mais leur tronc n'est pas toujours très droit.

On doit, s'il est possible, aller choisir chez les jardinier
ou chez les pépiniéristes les arbres qu'on veut planter; on
ne doit acheter que ceux qui sont d'une belle venue, dont
l'écorce est nette et lisse, et qui ont de bonnes racines. On
veille à ce qu'ils soient arrachés de la pépinière avec le plus
grand soin; on enveloppe les racines de mousse, pour
qu'elles ne restent point exposées à l'air : et aussitôt qu'on
a les arbres à sa disposition on les plante sans perdre un
moment.

Mais si l'hiver survient tout à coup et empêche de les
planter, on les met tous ensemble, ou plusieurs ensemble,
dans une fosse creusée à bonne exposition, et où l'eau ne
puisse séjourner; on remplit ensuite la fosse de terre, et
même on la couvre de paille, pour que les gelées ne puissent y pénétrer ni trop brusquement ni trop avant. Il
suffit que les racines soient enterrées dans la fosse; les
tiges peuvent fort bien rester exposées à l'air. Les arbres
mis en jauge passent ainsi l'hiver, et on les plante en
février ou au commencement de mars.

QUESTIONNAIRE.

173 et 174. Qu'est-ce qu'un végétal ligneux? — Quelles sont les
parties qui composent le tronc? — Comment les troncs de
arbres s'accroissent-ils? — Comment peut-on évaluer l'âge d'un
arbre?

175 et 176. Les bois ont-ils les mêmes propriétés? — Comment
végètent les arbres qui ont des troncs creux? — Les écorces
des arbres sont-elles toujours lisses ou rugueuses?

177. La cime des arbres est-elle toujours effilée ou étalée?

178. Lorsqu'un bourgeon terminal a été gelé ou détruit, comment la tige s'allonge-t-elle?

179. Qu'appelle-t-on bourses, lambourdes et brindilles dans
les arbres fruitiers?

180. Qu'est-ce qu'un arbre à feuilles caduques? — Qu'est-ce
qu'un arbre à feuilles persistantes?

181. Quels sont les différents moyens de multiplier les végétaux ligneux? — Quels sont les arbres que l'on sème en place?
— Comment élève-t-on les arbres fruitiers?

182. Qu'est-ce qu'une pépinière? — Qu'est-ce que repiquer les jeunes plantes? — Qu'appelle-t-on habillage? — Est-il utile de déplacer les plantes qui séjournent dans les pépinières? — 183. Où prend-on les arbres qu'on veut planter?

VINGT-CINQUIÈME LECTURE

AVANTAGES DE LA GREFFE. — GREFFE EN FENTE. — COURONNE. — ÉCUSSON. — PLANTATION EN PLEIN VENT. — EN ESPALIER. — ENTRETIEN DES ARBRES.

Avantages de la greffe. — 184. C'est au moyen de la greffe qu'on fait porter aux arbres de bons fruits. *Greffer*, c'est transporter sur un végétal une partie vivante d'un autre végétal, qui y croîtra comme sur son pied naturel. A-t-on reconnu qu'un arbre produit des fruits délicats, on en détache un petit rameau et on l'implante sur le tronc ou sur la branche d'un arbre vigoureux; celui-ci communique sa force au petit rameau qui grossit comme s'il était une de ses branches, et qui donne les mêmes fruits que l'arbre dont on l'a détaché.

Le petit rameau détaché s'appelle *greffe*; le pied sur lequel on l'implante s'appelle *sujet*.

Pour que l'opération réussisse, il faut qu'une partie de l'écorce de la greffe soit posée bien exactement contre l'écorce du sujet; c'est par leurs écorces qu'ils s'unissent et se soudent ensemble.

On ne peut pas placer une greffe sur un arbre quelconque; l'opération ne peut réussir que lorsque le sujet et la greffe sont d'une même espèce ou d'une espèce à peu près semblable. Ainsi, on ne réussirait pas si l'on essayait de greffer des pommiers sur des cerisiers ou même des poiriers.

Le principal avantage de la greffe, soit en fente, soit

en couronne, soit en écusson, c'est de conserver et
multiplier les fruits agréables.

Il est impossible de multiplier une bonne espèce
fruits en semant des noyaux ou des pépins de ce frui
L'arbre qui provient d'un pépin ou d'un noyau est vigou
reux et peut servir de sujet; mais presque toujours il
donne par lui-même que des fruits sauvages; il faut
greffer.

Les principales sortes de greffes sont : la greffe en fent
la greffe en couronne et la greffe en écusson.

Greffe en fente. — 185. La *greffe en fente* s'appell
aussi *ente*, ou *poupée* : *ente*, à cause des entailles qu'
fait dans le bois; *poupée*, à cause du ling
dont on enveloppe la partie greffée. Ell
consiste (fig. 54) à insérer un petit ramea
garni de deux ou trois boutons dans un
fente pratiquée soit sur une forte branch
soit sur un tronc.

Pour greffer en fente, on choisit un pe
tit rameau bien sain, de l'année ou d
deux ans, garni de trois bons yeux, et l'o
retranche ce qui est au-dessus du tro
sième œil. Comme il est bon que la végé
tation de la greffe soit en retard sur cell
du sujet, on coupe ce rameau quelqu
jours avant l'opération, ce qui arrête l
circulation de la sève, et on le tient dan
un lieu humide et frais.

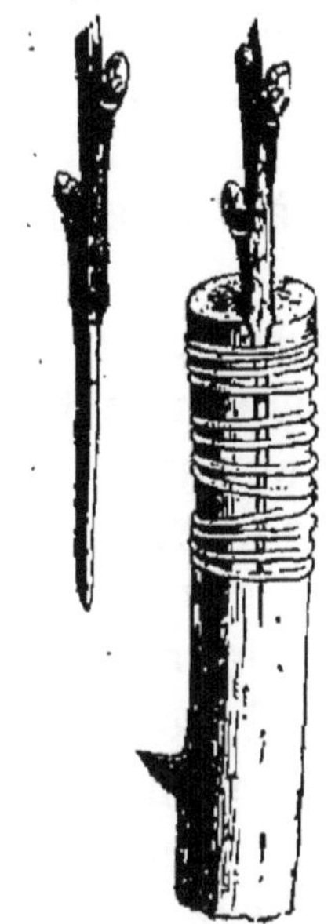
Fig. 54. — Greffe
en fente.

Quand le moment de l'opération est venu
on scie, à la hauteur qu'on peut, la branche ou la tige su
laquelle on veut greffer et on unit avec la serpette la sec
tion qu'on vient de faire ; on fait ensuite, sur la partie o
l'on veut placer la greffe, une fente avec un couteau su
lequel on frappe à petits coups de maillet.

Lorsque la fente est faite, on y enfonce pour u
moment, afin de la forcer à rester ouverte, un petit co
de bois. On prend alors le petit rameau dont on a eu so

d'avance de tailler le gros bout en coin (fig. 54), afin qu'il entre aisément dans la fente et on l'y introduit; on retire ensuite le coin, et la greffe se trouve fortement serrée par le sujet. On a soin que les écorces du côté extérieur s'unissent parfaitement l'une à l'autre.

On couvre le reste de la fente avec de la cire à greffer, de l'onguent de Saint-Fiacre ou de l'argile additionnée de bouse de vache, et l'on recouvre le tout avec un linge qu'on entortille d'osier, de paille ou de jonc. Ainsi la plaie est comme emmaillotée. On fera bien de conserver cet appareil jusqu'à l'entrée de l'hiver, surtout si le pays est exposé aux coups de vent.

Si le sujet a 0 m. 25 environ de tour, on doit y placer deux greffes, opposées l'une à l'autre. Quand le tronc est très gros, on le greffe en couronne.

186. Tous les arbres à pépins et à noyau, à l'exception du pêcher, peuvent être greffés en fente.

On ne doit jamais greffer en fente des sujets faibles. Si le pied de l'arbre qu'on greffe en fente n'a pas 0 m. 03 de tour, il est à craindre qu'avant la troisième ou quatrième année, la greffe n'ait pas grossi beaucoup plus que le pied; les bourrelets qui se forment toujours entre le sujet et la greffe seront très gros; l'arbre n'aura pas un bel aspect et ne durera pas longtemps. Si l'on greffe un pied trop vieux ou languissant, quoique d'une grosseur convenable, les bourrelets dépasseront de même la partie coupée de l'arbre. Donc, ou ne greffez pas, ou choisissez bien les sujets.

Greffe en couronne. 187. — La *greffe en couronne* diffère de la précédente en ce qu'on ne fend pas le bois du sujet et qu'on place la greffe entre le bois et l'écorce.

Pour faire la greffe en couronne, on commence par scier le tronc à la hauteur convenable, et on rafraîchit avec la serpette le bois meurtri par la scie ainsi que l'écorce. On introduit un petit coin de bois dur entre le bois et l'écorce et on la soulève doucement, afin de ne pas l'endommager; on retire doucement le coin, en maintenant au moyen d'un crochet l'écorce soulevée, et l'on met la greffe en place.

Le gros bout de la greffe doit être taillé en biseau sur la longueur d'environ 0 m. 03 ; le côté taillé sera tourné en dedans et touchera le bois du sujet ; le côté non taillé et encore couvert de son écorce touchera l'écorce du sujet.

Après avoir ainsi placé tout autour du tronc plusieurs greffes qui forment comme une couronne, on assujettit le tout avec des liens.

Cette manière de greffer n'est utile que pour les gros arbres. Quand ils ne portent pas de bons fruits, et que cependant on veut les conserver à cause de la beauté et de la vigueur de leurs troncs, on coupe toutes les branches et on les greffe ensuite en couronne.

Il ne faut pas mettre un trop grand nombre de greffes en couronne sur le même sujet ; car alors on courrait le risque de soulever toute l'écorce du tronc ; les greffes ne pourraient pas y être solidement fixées, et d'ailleurs en grossissant elles formeraient une multitude de mères branches qui se nuiraient les unes aux autres. Sur une tige de 0 m. 40 à 0 m. 50 de tour, quatre greffes faites avec soin sont suffisantes.

Toutes les saisons ne sont pas convenables pour la greffe en couronne ; on ne peut la pratiquer avec succès que lorsque les arbres sont en pleine sève.

Greffe en écusson. — 188. La *greffe en écusson* est la plus facile de toutes, la plus usitée et la plus prompte. Elle diffère des autres en ce qu'au lieu d'implanter dans le sujet un jeune rameau, on se contente d'appliquer sur le côté du sujet une petite lame d'écorce, garnie d'un œil. On ne peut guère pratiquer cette greffe que sur des tiges et des branches assez minces, dont l'écorce soit tendre et lisse.

Voici comment on se procure l'écusson : sur un rameau de l'année précédente, on choisit un œil bien venu et bien mûr ; au-dessus de cet œil, à la distance d'un demi-centimètre, on fend l'écorce horizontalement ; on la fend d biais de chaque côté, de manière que ces deux fentes se joignent à 2 centimètres et demi au-dessous de l'œil ; cette lame d'écorce, ainsi découpée, est ce qu'on appelle *écusson* (fig. 55). Il faut l'enlever sans le meurtrir. Voici comment on peut s'y prendre : avec le pouce de la main droite, on presse l'œil contre le rameau ; on saisit le rameau de la main gauche, qu'on tourne lestement, comme si on voulait le tordre ; alors l'écusson cède et se détache, parce que l'arbre étant en sève, l'écorce n'y est pas collée. Plus ordinairement on enlève l'écusson avec la spatule du greffoir.

Le *greffoir* est une espèce de canif, composé d'une large lame d'acier et d'un manche terminé par une spatule en os ou en ivoire.

Fig. 55. — Écusson.

Après avoir détaché l'écusson, il faut examiner si l'œil est vide ou plein : s'il est vide, c'est-à-dire si la partie inférieure de l'œil est restée collée au bois du rameau, l'écusson ne vaut rien. Pour prévenir cet inconvénient, il faut, en levant l'écusson, laisser un peu de bois sous l'œil.

Pour greffer l'écusson sur le sujet, voici comment on procède : de la main gauche on maintient le sujet, de la droite on manie le greffoir, de sorte qu'on est obligé de tenir l'écusson entre ses lèvres ; avec la lame du greffoir on fait sur l'écorce du sujet une incision verticalement et horizontalement, ayant la forme d'un T (fig. 56), et dont la longueur dépasse de quelques millimètres celle de l'écusson, puis, avec la spatule, on soulève doucement les deux parties d'écorce coupées en long.

Fig. 56. — Incision en T.

Quand l'écorce a été soulevée, on la maintient avec la spatule du greffoir, qu'on tient alors de la main gauche ; de la main droite on prend l'écusson et on l'insinue doucement dans l'ouverture. On a soin que le haut de l'écusson

Fig. 57. — Greffe en écusson.

joigne, en tous points, l'écorce coupée horizontalement, et l'on place le reste sous les deux parties de l'écorce taillée longitudinalement et soulevée.

Quand l'écusson est bien placé, enfoncé et collé contre le sujet, on ramène par-dessus les deux parties de l'écorce, en ayant bien soin de ne pas recouvrir l'œil. On entoure ensuite le tout d'un *lien de laine*, de manière à ne pas cacher l'œil (fig. 57). On coupe ensuite le rameau au-dessus de l'écusson; il n'est pas mal, pour attirer la sève en haut, d'y laisser deux ou trois bourgeons que l'on supprimera plus tard. Au bout de quelques jours, la greffe et le sujet sont déjà soudés l'un avec l'autre. Après quelques semaines, on desserre le lien.

189. On écussonne à *œil dormant* ou à *œil poussant*.

Écussonner à *œil poussant*, c'est faire cette opération pendant le mouvement de la sève de printemps; ce qui donne l'espoir que l'œil poussera dans le courant de l'année. Écussonner à *œil dormant*, c'est faire cette opétion pendant l'été; dans ce cas, l'œil ne peut pousser qu'au printemps de l'année suivante.

Il ne faut pas se décourager si les boutons ne poussent pas aussitôt qu'on l'avait présumé; tant qu'ils vivent, il y a de l'espoir; et s'ils meurent, il est facile de recommencer un peu au-dessous. La greffe à œil poussant est la plus usitée.

190. L'écusson doit être placé presque aussitôt qu'il a été levé; le desséchement de l'écusson rendrait la reprise très difficile et même impossible; si l'on ne peut pas le poser tout de suite, il faut le conserver dans l'eau.

On ne choisit pas un écusson sur toutes les parties du

rameau indifféremment. Les yeux du sommet d'un rameau ne sont pas suffisamment formés ; ceux du bas sont généralement plats et petits ; ceux du milieu sont les meilleurs. Sur les arbres à noyau, on voit des yeux doubles et triples : il faut les préférer aux yeux simples.

On doit placer l'écusson à l'endroit où il sera le mieux abrité des coups de vent et de la grande ardeur du soleil.

Quant aux bourgeons qui poussent sur le sujet au-dessous de l'écusson greffé, il faut les retrancher avec soin.

Plantation des arbres en plein vent. — 191. Tous les arbres, qu'ils soient venus de semis, de rejeton, de marcotte ou de bouture, peuvent, quand ils sont déjà un peu grands et un peu forts, être enlevés et mis dans la place où ils doivent demeurer. C'est ce qu'on appelle *planter* ou *transplanter*.

192. Les saisons convenables pour planter toutes sortes d'arbres sont l'automne et la fin de l'hiver. On peut aussi quelquefois planter au milieu de l'hiver, quand le temps est favorable et la terre bien disposée, ce qui est rare.

De ces deux époques, l'automne et la fin de l'hiver, c'est généralement l'automne qui doit être préféré, particulièrement la fin d'octobre et tout le mois de novembre : c'est le temps auquel les feuilles jaunissent. La terre, qui a encore un peu de chaleur, la communique aux racines, et leur fait produire du chevelu ou de nouveaux filaments, ce qui prépare les arbres nouvellement plantés à pousser avec vigueur au printemps. Aussi l'on remarque qu'une plantation faite en automne gagne une année sur celle qu'on fait à la fin de l'hiver, c'est-à-dire qu'elle profite comme si elle avait été faite l'année précédente.

Cependant on ne peut pas toujours planter en automne ; il arrive quelquefois qu'à cette époque on n'a pas pu se procurer les arbres, ou que la terre est trop détrempée par les pluies, ou que les travaux des semailles n'ont pas laissé le temps de la préparer ; alors il faut bien remettre la plantation à l'année suivante.

Il y a une raison plus puissante encore qui détermine quelquefois à agir ainsi.

Il y a, en effet, des terrains auxquels ne conviennent pas les plantations d'automne : ce sont les terres naturellement froides et humides, ainsi que celles où les eaux des pluies se réunissent et d'où elles ne s'écoulent pas promptement. Les racines de l'arbre nouvellement planté n'étant pas encore bien liées et mêlées avec le sol, l'humidité de l'hiver les ferait infailliblement périr. Il vaut donc mieux attendre les mois de février et de mars. Alors, la terre étant un peu séchée et commençant à s'échauffer, les racines ne risquent pas de périr.

A la vérité, si le printemps est très sec, ces arbres ne recevant pas d'eau sur les racines, sont exposés à se dessécher ; mais ceux mêmes qui ont été plantés en automne courent ce danger, quand les pluies sont très rares au printemps et en été. Dans ce cas, le seul moyen de sauver les jeunes plants, c'est de les arroser de temps à autre.

193. Avoir égard aux phases de la lune pour planter, pour tailler, pour greffer, pour semer, c'est une vieille erreur dont il faut s'affranchir ; mais il faut avoir égard au temps et ne planter que lorsqu'il est beau, afin que la terre se remue, se divise et se tasse aisément sans se coller.

194. Avant de commencer la plantation, la principale précaution à prendre est de creuser longtemps à l'avance, s'il est possible, les trous où l'on veut placer les arbres.

Nous disons *longtemps à l'avance*, afin que la terre qui a été retirée du trou, et qui doit y être rejetée, ait le temps de s'améliorer, de *se mûrir*, étant exposée à la pluie, au soleil et à toutes les alternatives du froid et du chaud.

Il faut faire les trous aussi larges et aussi profonds que possible, parce que tout l'espace qu'ils occupent étant ensuite rempli de terre remuée, cette terre se conservera longtemps meuble et divisée, et l'arbre, en grandissant, pourra facilement y étendre ses racines.

En plantant, on doit éviter que les racines reposent sur le fond même du trou, mais sur un lit de bonne terre qu'on y aura jetée ; outre qu'elles y trouveront plus facilement une plus abondante nourriture, elles ne courront pas le risque d'être baignées et pourries par l'eau qui pourrait se ramasser au fond de la fosse. Quand on a ainsi placé l'arbre, on jette légèrement un peu de bonne terre sur les racines ; puis on le secoue très légèrement en le soulevant deux ou trois fois, afin de faire pénétrer la terre entre les racines et de remplir les vides ; ensuite on comble les trous en tassant un peu la terre ou en la piétinant légèrement.

Avant de planter un arbre, les jardiniers procèdent à son *habillage*, c'est-à-dire coupent l'extrémité des petites racines qui sont rompues, meurtries ou déchirées.

On n'est guère sûr de la réussite d'un arbre que lorsque la première année et même la seconde se sont passées sans accidents. Pour assurer cette réussite, il faut leur tenir le pied frais en répandant de la litière sur la terre, arracher soigneusement la mauvaise herbe, et, si l'on peut, garantir le sol des rayons trop ardents du soleil.

195. On appelle *tuteur* une perche qu'on enfonce en terre près de l'arbre nouvellement planté, et à laquelle on attache la tige. Sans cette précaution, l'agitation que le vent imprime à la tête de l'arbre se communiquerait au pied et les orages pourraient le renverser ; ou bien, par suite de l'agitation du pied, il se formerait près des racines des vides et des espèces de petits trous par où l'air et le hâle pourraient les attaquer. On attache l'arbre au tuteur par un lien, et, pour que la tige ne soit point blessée, on place entre elle et le lien une espèce de petit coussin en foin ou en paille.

Lorsqu'on plante des arbres fruitiers dans un verger ou dans un herbage dans lequel le bétail circule librement, on les garnit d'épines (fig. 58) ou d'une corde de paille qu'on enroule en spirale autour de sa tige. Cette armure protège les arbres contre les animaux.

Plantation des arbres en espalier. — 196. Le mur destiné à recevoir l'espalier doit être garni d'un treillage en bois ou en fil de fer, contre lequel on attache les

Fig. 58. — Arbre revêtu d'une armure d'épines.

branches à l'aide de liens de jonc ou d'osier. Le mur doit être crépi avec soin.

La plantation des arbres en espalier demande des soins

ticuliers; le pêcher, l'abricotier, la vigne, préfèrent l'exposition du midi; les poiriers, les pruniers, les pommiers, celle du levant.

L'arbre doit être planté à 0 m. 25 du mur, afin que les fondations n'empêchent pas les racines de s'étendre et que ces racines puissent recevoir la pluie; on incline ensuite la tige pour les rapprocher du mur; on place les deux plus grosses racines de manière qu'il y en ait une de chaque côté pour nourrir les branches qui doivent de même s'étendre contre le mur des deux côtés de la tige.

Entretien des arbres. — 197. Il est indispensable de cultiver la terre qui entoure le pied des arbres fruitiers. Autrement les fruits ne seraient ni abondants, ni de bonne qualité.

On peut cultiver le pied des arbres dans deux différentes saisons : en hiver ou en mars et avril, et au milieu de l'été.

La première façon au pied des arbres se donne en hiver. Dans une terre humide, on a soin de la donner légèrement, afin que les pluies ne pénètrent pas cette terre, qui n'en a aucun besoin : il faut faire ce travail par un temps sec. Il n'en est pas de même des terres légères : la première façon doit être donnée profondément afin qu'elles s'imbibent facilement des pluies et des neiges.

La seconde façon se donne au commencement de mars ou d'avril. On doit bêcher un peu profondément dans les sols argileux et humides, pour que la terre soit plus facilement échauffée par le soleil, et pour empêcher qu'elle ne se fende par l'effet du hâle, et aussi, dans les terres légères, afin qu'elles profitent mieux des rosées et des douces pluies du printemps.

Il est prudent de donner cette façon avant que les arbres soient en fleur, parce qu'autrement les fleurs souffriraient davantage des gelées trop fréquentes dans le printemps. En voici la raison : quand, au printemps, la terre a été nouvellement labourée au pied des arbres, il s'en exhale de l'eau; l'eau évaporée sous forme de brouillard s'attache sur les fleurs, les attendrit en les humectant, et, à la moindre

gelée, la fleur périt. La terre qu'on n'a point remuée et do
la superficie est ferme et dure évapore beaucoup moi
d'eau, et les fleurs sont moins exposées à geler.

Dans les terres fortes et humides, la deuxième façon n
doit pas être donnée si profondément que la première; o
l'exécute à la fin de juin et au commencement de juill
Ce travail contribue beaucoup à donner de la grosseur a
fruits et à détruire les mauvaises herbes. Dans les terr
légères et chaudes, on doit bêcher légèrement, parce qu
la chaleur du soleil, étant alors dans toute sa force, pou
rait pénétrer jusqu'aux racines des arbres, et arrêter le
végétation. Il faut prendre aussi la précaution, dans c
sortes de terrains, de donner cette façon avant une plui

198. Il ne suffit pas de cultiver le terrain au pied de
arbres, il est utile de le biner de temps en temps, soit pou
achever la destruction des mauvaises herbes, soit pour qu
le terrain profite mieux des rosées de la nuit, qui augme
teront sa fraîcheur.

On doit donner des soins aux arbres, et les visiter sou
vent. Ces soins prennent très peu de temps et sont fo
utiles. Il est bon d'enlever la *mousse* qui altère leur écorc
le *gui* qui épuise les branches sur lesquelles il se développ
il est indispensable de les écheniller en hiver; on tâch
aussi de les préserver des limaçons, des limaces et autre
animaux nuisibles.

Le meilleur moyen d'entretenir la vigueur des arbr
c'est de remplacer par de la terre neuve, à laquelle on
ajouté du fumier, la terre usée qui couvre superficiel
lement le sol qu'ils ombragent; mais, en faisant cette opé
ration, il faut prendre bien garde de blesser les racines

QUESTIONNAIRE.

184. Qu'est-ce que greffer? — Qu'est-ce que le sujet, la greffe
— Que faut-il faire pour assurer le succès de la greffe? — Peut
on placer une greffe sur un arbre quelconque? — Quelles son
les diverses sortes de greffe?

185. Qu'est-ce que la greffe en fente? — Combien peut-o
placer de greffes sur un seul sujet? — A quelle époque co
vient-il de greffer en fente?

186. La greffe en fente convient-elle à toutes sortes d'arbres?

187. Qu'est-ce que la greffe en couronne? — Quelle est l'utilité de la greffe en couronne? — Quelle est la saison convenable pour la greffe en couronne?

188. Qu'est-ce que la greffe en écusson? — Comment se procure-t-on l'écusson? — Comment greffe-t-on l'écusson sur le sujet?

189. Qu'est-ce qu'écussonner à œil dormant et à œil poussant?

190. L'écusson peut-il être placé aussitôt qu'il a été levé? — Sur quelle partie du rameau doit-on enlever l'écusson? — A quel endroit faut-il placer l'écusson?

191 et 192. Quelles sont, pour planter, les saisons convenables? — Doit-on préférer le printemps ou l'automne? — Quels sont les terrains auxquels les plantations d'automne ne conviennent pas? — Si le printemps est sec, quel danger courent les plantations? — Que faut-il alors pour sauver les jeunes plantes?

193. Faut-il, pour planter, avoir égard aux phases de la lune?

194. Avant de commencer la plantation, quelles précautions doit-on prendre? — Pourquoi faut-il faire des trous à l'avance? — Quelles précautions faut-il prendre en plantant? — Si l'hiver survient tout à coup et empêche de planter, que faut-il faire? — Faut-il, avant de planter, couper l'extrémité des petites racines?

195. Qu'appelle-t-on tuteurs et pourquoi en donne-t-on aux jeunes plants?

196. Quels soins exige la plantation des arbres en espalier?

197. Faut-il cultiver le pied des arbres, et pourquoi? — Comment se donne la première façon? — Quand et comment doit-on donner la deuxième façon?

198. Quels autres soins doit-on donner aux arbres? — Faut-il retirer du fumier au pied des arbres?

VINGT-SIXIÈME LECTURE

ARBRES A HAUTE TIGE. — VERGER. — TAILLE DES ARBRES FRUITIERS. — FORMES QU'ON PEUT LEUR DONNER : ESPALIER A LA MONTREUIL. — ÉVENTAIL. — PALMETTE. — CONTRE-ESPALIER. — QUENOUILLE. — PYRAMIDE. — GOBELET OU VASE. — ARBRES PLANTÉS EN OBLIQUE.

Arbres à haute tige. — 199. On appelle *arbres fruitiers à plein vent* ou *arbres fruitiers à haute tige* ceux qu'on

abandonne après la plantation à leur croissance natu[...]
et que l'on ne taille point ou presque pas.

Il est bien plus avantageux et plus économique de pla[...]
des arbres en plein vent que des arbres demi-tige.

Les fruits des arbres à plein vent sont moins gros [...]
ceux des espaliers et des autres arbres soumis à la [...]
et plantés dans les jardins, mais ils sont généralem[...]
meilleurs, et en beaucoup plus grande quantité.

Verger. — 200. Il vaut mieux, quand on le peu[...]
former un *verger*. On appelle ainsi un enclos planté [...]
bres fruitiers. Il est à désirer que le verger soit placé [...]
de la maison, et même, s'il est possible, attenan[...]
potager.

On peut laisser en prairie, soit naturelle, soit artific[...]
le sol du verger, pourvu qu'on ait soin de ne pas la[...]
pousser l'herbe au pied des arbres. Ainsi, un verger [...]
porte doublement.

La distance qu'on laisse entre les arbres d'un ver[...]
dépend de la qualité du terrain et des espèces qu'on [...]
planter; plus il est fertile, plus on doit espacer les pla[...]
parce qu'il est très probable que leur accroissement [...]
considérable et rapide. En général, dans une bonne te[...]
on met 8 à 10 mètres de distance entre les arbres en pl[...]
vent.

Taille. — 201. *Tailler* un arbre, c'est retrancher [...]
certain nombre de rameaux, afin que les autres porten[...]
plus beaux fruits.

Palisser, c'est étendre les branches et les attacher so[...]
des treillages en bois, soit à du fil de fer, soit contre [...]
mur.

Tailler sur l'œil, c'est couper le rameau au-dessus [...]
œil.

On pratique cette opération un peu *en sifflet*, à 2 m[...]
mètres au-dessus de l'œil même; à cet effet, on appli[...]
le tranchant de la serpette contre la branche, et on ti[...]
soi de bas en haut.

On donne à la taille la forme d'un léger bec de flûte[...]

l'eau des pluies ne séjourne pas sur la plaie et n'en altère pas le bois ; on la pratique à 2 millimètres, parce que plus haut il formerait un *onglet* qui empêcherait la nouvelle plaie de se couvrir d'écorce, et que, plus bas, le bouton serait endommagé et périrait par suite de son altération.

Quand l'œil au-dessus duquel on taille est sur la surface interne de la branche, c'est-à-dire sur celle qui regarde l'intérieur de la tête formée par les rameaux, on dit *tailler l'œil en dedans*. Quand le bourgeon, au contraire, se trouve sur la surface opposée, on dit *tailler l'œil en dehors*. Lorsque l'arbre n'a point de tête, mais est conduit en éventail, on dit *tailler sur les yeux latéraux*, à droite ou à gauche du tronc.

Tailler sur deux, sur trois yeux, etc., c'est laisser sur le rameau qu'on coupe deux, trois yeux, etc.

Pour tailler les arbres fruitiers, aussi bien que pour tailler la vigne, on se sert d'une *serpette* ou d'un *sécateur* et quelquefois d'une *égoïne*.

La serpette ne doit jamais être trop courbée vers la pointe. Les serpettes à manche rude sont préférables à celles dont le manche est poli, parce que celui-ci glisse dans la main et rend la taille moins assurée.

Le sécateur est beaucoup plus expéditif que la serpette. Pour que le sécateur n'endommage pas l'écorce de la branche qu'on veut tailler, on a soin de tenir le tranchant de la lame tourné en dehors. Ainsi, dans la taille d'un arbre en quenouille, la lame du sécateur doit être dirigée vers l'opérateur.

L'égoïne ou *scie à main* sert à couper les fortes branches.

Principes généraux de la taille. — 202. La taille a d'abord pour but la formation de l'arbre, et, sous ce rapport, elle est différente suivant qu'on veut former un arbre d'espalier, un arbre nain, une quenouille, une pyramide ou un arbre à haute tige.

Pour bien tailler un arbre, il faut commencer par en considérer l'ensemble, étudier sa nature et ses dispositions,

la pente et la direction des branches, la vigueur plus
moins grande de sa végétation, et régler, d'après
ensemble d'observations, l'usage qu'il convient de faire
la serpette et du sécateur. Tous les arbres ne doivent
être taillés de la même manière : dans les uns, il faut te
pérer une sève indocile qui pousse abondamment
branches à bois, sans produire des branches à fruits;
les autres, il faut donner l'essor à la sève qui s'endor
s'épuise dans les bourgeons à fruits, et qui laisse l'ar
chétif et menacé de périr bientôt. En outre, chaque vari
d'arbre ayant des dispositions différentes et des bourge
de grosseur, de longueur ou de nature diverses, deman
une taille qui lui soit appropriée.

Le jardinier, ayant ainsi étudié son arbre, commenc
fixer dans sa pensée quelles mères branches il doit réserv
et quelles branches accessoires devront se ramifier
chacune d'elles. Il supprime tous les chicots, les branch
mortes, en prenant soin d'unir et de raser toutes les pla
que fait son égoïne ou sa serpette; il creuse les part
chancreuses jusqu'au vif, et, son arbre étant ainsi prépa
et nettoyé, il examine s'il doit le pousser à fruits ou
pousser à bois.

Quelquefois il vaut mieux sacrifier les espérances de
récolte d'une année, pour arriver dans la suite à de
récoltes abondantes, que d'épuiser l'arbre par des produ
tions hâtives. Ce ne sont donc pas seulement les fruits
l'année qu'il faut considérer, mais l'espoir des années su
vantes; et, dans un certain nombre de circonstances,
doit désirer des branches plutôt que des fruits. Or l'hab
leté du jardinier peut transformer une branche à fruits
une branche à bois, et, par un effet contraire, une branch
à bois peut être rendue fertile en bourgeons à fruits.

Lorsqu'on veut forcer une branche à bois à produire
rameaux à fruits au lieu de la couper court à un ou deu
yeux, on la *rabat* [1] à environ moitié de sa longueur,

1. C'est-à-dire *on coupe.*

par l'effet de cette taille, les yeux de l'extrémité forment des bourgeons à bois ; ceux au-dessous donnent des brindilles, et les inférieurs donnent des lambourdes. Cette parfaite connaissance, bien dirigée par le bon sens et le sage calcul du jardinier, est la base de tout l'art de la taille.

Lorsque la sève monte en droite ligne dans un arbre fruitier, sa marche trop rapide produit des branches qui ne donnent presque point de fruits. Il est donc important, pour obtenir des fruits, de supprimer la flèche, qui serait comme la continuation de la tige, et toute branche verticale.

Par les mêmes motifs, on *courbe* les branches des arbres ; cette opération est appelée *arcure*.

Il est important de conserver, autant que possible, l'équilibre entre les diverses parties d'un arbre : ainsi on taillera plus long le côté le plus vigoureux, pour l'arrêter dans sa marche, et plus court le côté le plus faible, pour lui faire produire des jets plus puissants.

Souvent les arbres taillés poussent des bourgeons droits et vigoureux appelés *gourmands*, qui absorbent toute la sève et frappent de stérilité la branche qu'ils épuisent ; il est, en général, utile de les retrancher, mais il faut y procéder avec sagesse. Si on les coupe aussitôt rez la branche, une nouvelle pousse, souvent plus vigoureuse, les remplace ; il faut les tailler d'abord ou les casser long, pour les supprimer l'année suivante.

Taille des arbres en plein vent. — 203. La taille de formation des arbres en plein vent est fort simple.

On rabat la greffe à deux ou trois yeux. Ces yeux ne manquent pas de pousser, dès la même année, un certain nombre de rameaux. On en choisit trois ou quatre pour en faire des *branches mères* ou *branches charpentières*. On taille celles-ci, à l'époque convenable, à deux, à six yeux, selon leur vigueur, mais sur des *yeux en dehors*. On retranche les bourgeons intérieurs et on abandonne les autres à leur développement spontané jusqu'à la taille suivante, qui doit être la dernière, et qui ne laisse que des branches indispensables.

Les années suivantes, on n'a plus qu'à *évider* l'arb
c'est-à-dire à le débarrasser des bourgeons qui tendrai
à prendre une direction verticale ou à pousser vers l'in
rieur.

Formes qu'on peut donner aux arbres. — 204. On pe
donner aux arbres diverses formes : les plus usitées so
l'espalier à la Montreuil, en éventail, en palmette,
contre-espalier, la quenouille, la pyramide, le buisson
gobelet ou vase.

Espalier à la Montreuil. — 205. La forme qu'on do
aux *pêchers* en *espaliers* à Montreuil, près de Paris,
celle qu'on appelle *forme carrée*. Elle exige une gra
attention et beaucoup de temps. Voici comment on opè

La première année, ou année de la plantation, on
touche pas à l'arbre : seulement, à la fin de la sève
printemps, on pratique l'ébourgeonnement, c'est-à-dire
supprime les bourgeons mal placés.

La deuxième année, on choisit parmi les bourge
développés deux branches mères disposées latéralem
au-dessus de la greffe, et parallèlement au mur, assez
prochées par leur base, et auxquelles on puisse donne
tout de suite ou peu à peu une direction telle, qu'il
résulte un V ouvert; on enlève ensuite tous les au
bourgeons. On *rabat* la tige immédiatement au-dessus
celle des deux branches mères qui est supérieure à l'au
et rez de cette branche.

On taille ensuite les deux branches mères au-dessus
quatrième ou du sixième œil.

A la fin de la sève du printemps, on ébourgeonne
conserve les bourgeons latéraux qui ont crû aux extrém
des deux branches mères. On conserve avec soin
rameaux qui portent des branches mères, en prenant ga
de ne jamais donner à un de ces rameaux une direc
telle qu'il en résulte un angle de plus de 45 degrés
cette manière, les rameaux placés à l'extérieur du V
une direction horizontale; ceux de l'intérieur ont
direction verticale, ce qui a lieu sans inconvénient, p

ils ne sont pas la continuation du canal direct de la sève, et que, tout verticaux qu'ils sont, leur position sur la branche qui leur donne naissance est oblique. Les branches verticales se nomment *branches ascendantes ou montantes*, et les horizontales *branches descendantes*. On dit aussi *membres montants et descendants*.

La troisième année, on choisit parmi les quatre membres montants de l'intérieur de chaque aile du V les deux qui paraissent occuper la position la plus convenable, et on les taille au-dessus du cinquième œil; on choisit de la même manière, à l'extérieur du V, deux membres descendants qu'on arrête sur le troisième œil. On ne taille qu'au-dessous du sixième ou du septième œil les bourgeons placés vers l'extrémité des deux branches mères.

Si l'une des deux ailes était plus vigoureuse que l'autre, il serait urgent d'allonger la taille de l'aile vigoureuse, et de tailler plus court l'aile faible; et si l'accroissement de l'une menaçait d'avoir lieu au détriment de l'autre, on tiendrait horizontalement la branche trop vigoureuse, et verticalement la branche faible.

Les premières années, il peut arriver que la symétrie de l'arbre soit dérangée par le grand nombre de *gourmands* qui poussent des branches des deux ailes. Il s'agit alors, non de couper, mais de diriger habilement ces gourmands pour les contraindre à fournir des branches à bois ou à fruits. S'ils paraissent propres à remplacer une des branches mères, on coupe celle-ci, et l'on taille long (quelquefois de 1 mètre ou de 14 décimètres) le gourmand, afin que le vide laissé par la suppression d'une branche mère soit plus vite rempli.

Si ce gourmand était nuisible, on le supprimerait.

Pendant le cours de ces premières années, la taille n'a pour but que de diriger le développement de la tige et des branches à bois, et d'empêcher que l'arbre ne s'épuise par une fécondité précoce. L'*ébourgeonnage* doit enlever non seulement les boutons superflus ou qui dérangeraient la symétrie, mais encore les boutons *à fruits*.

La quatrième année et les suivantes, on continue à tailler de manière à imprimer à la sève une direction oblique. On dirige les branches de troisième, quatrième et cinquième formation, de telle sorte que, les distances étant observées avec symétrie, toutes les lacunes finissent par être garnies; alors on permet à l'arbre de porter du fruit.

Éventail. — 206. L'éventail diffère de l'espalier à la Montreuil en ce qu'au lieu de ne laisser que deux branches mères, on en adapte quatre ou cinq; les inférieures seront graduellement abaissées, de manière qu'à leur troisième ou quatrième année elles soient dans une position à peu près horizontale.

Fig. 59. — Palmette âgée.

Palmette. — 207. La palmette (fig. 59) consiste principalement en ce que toutes les branches latérales sont dirigées à droite et à gauche horizontalement. Contrairement au principe généralement adopté pour la taille, on ne supprime pas le canal direct de la sève, et on prend, à droite et à gauche de la tige qui se continue verticalement, des bourgeons, également espacés, qui fournissent les branches latérales.

Contre-espalier. — 208. L'arbre en contre-espalier n'est pas placé contre un mur, il est adossé à un treillage plus ou moins élevé; du reste, on le taille et on le palisse comme l'espalier.

Quenouille. — 209. Les quenouilles sont des arbres fruitiers qu'on laisse se garnir de branches dans toute la longueur de la tige, et dont on arrête la croissance en hauteur à 2 mètres ou 2 m. 50. Les branches latérales des quenouilles sont taillées très courtes et d'égale longueur dans toute la longueur de la tige. Certaines variétés de poires, greffées sur cognassier, réussissent surtout très bien de cette manière, mais d'autres, s'épuisant à pousser du bois, restent longtemps improductives. On se procure de bonnes quenouilles en choisissant les variétés les plus faibles de leur nature, ou en les empêchant de pousser de fortes racines au moyen d'une taille rigoureuse.

C'est, en général, la greffe sur le cognassier qui réussit le mieux ; elle se fait presque au niveau de terre ; on conserve les branches latérales que pousse cette greffe la seconde année ; l'hiver suivant, on les taille à deux yeux, et on arrête le montant à 1 mètre. C'est à la fin de la troisième ou de la quatrième année que les quenouilles sortent de la pépinière. Un jardinier soigneux ne choisit ou ne conserve que celles qui sont régulièrement garnies de branches dans toute leur hauteur ; les autres peuvent servir à former des arbres demi-tige ou à mettre en espalier.

La conduite des quenouilles demande tous les soins d'un jardinier habile ; bien dirigées, elles donnent du fruit dès la seconde ou la troisième année de leur plantation.

Voici les règles que l'on doit principalement observer dans la taille des quenouilles : supprimer, pendant l'hiver, les rameaux trop rapprochés, laissant seulement entre ceux que l'on réserve un intervalle de 16 centimètres environ ; tailler les rameaux réservés à trois ou quatre yeux, dompter les arbres qui s'emportent en courbant leurs rameaux, ou en enlevant leur extrémité immédiatement après la première sève ; quand les branches s'appauvrissent en raison du nombre de coudes, de calus, de bourrelets et de nœuds qu'elles forment, et au travers desquels la sève a peine à circuler, faire sans crainte des sacrifices de fruits en taillant les bourses pour faire sortir la même année une branche à bois ; renouveler ainsi successivement les rameaux épuisés.

Pyramide. — 210. Quel que soit l'avantage des quenouilles, on doit leur préférer les pyramides (fig. 60).

On appelle *pyramide* un arbre fruitier garni de branche
depuis sa base jusqu'à son sommet, et auquel on conser
par la taille une forme pyramidale. Les pyramides ne di
fèrent des quenouilles que par l'inégalité qu'elles présen

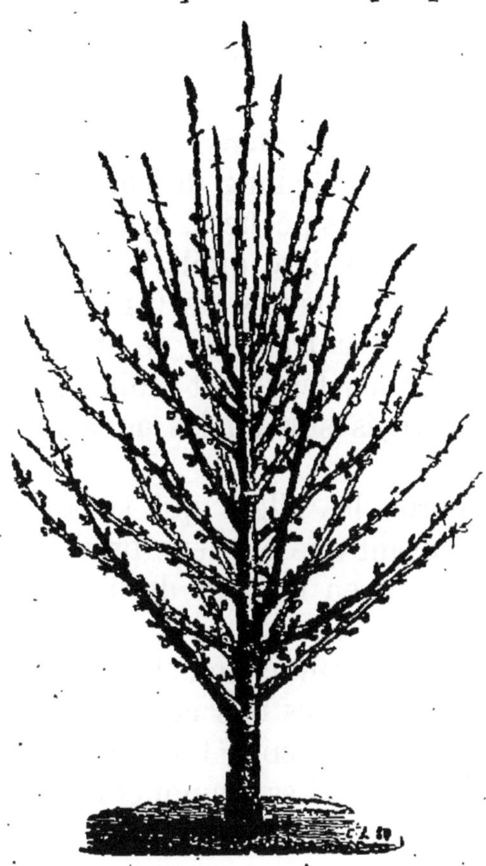

tent dans la longueur de
branches; elles dure
plus longtemps que le
quenouilles et fournisse
des fruits plus abondan
ment. On peut mettre e
pyramide plusieurs espè
ces d'arbres qui se refu
sent à rester quenouilles
comme les pruniers, le
cerisiers, les abricotiers.

Dans la taille des pyra
mides, l'art du jardinie
consiste principalement
les tenir suffisamme
garnies de branches et c
pendant à laisser ent
ces branches une distan
telle que leurs fruits pui
sent jouir des rayons d
soleil, à empêcher le
branches les plus vigou
reuses de prédominer

Fig. 60. — Pyramide.

d'entraîner la sève vers elles seules, et à retarder auta
que possible l'accroissement de ces arbres en hauteur
en largeur lorsqu'une fois ils sont arrivés à fruit.

Gobelet ou vase. — 211. Les arbres fruitiers dont
taille a été dirigée de manière à leur donner la forme d
gobelet ou d'un vase sont très productifs. On choisit d
sujets jeunes et vigoureux, le plus ordinairement greffés s
franc ou sur *paradis*. A la première taille on réserve d
bourgeons au nombre de trois ou quatre, qui doivent, auta
que possible, se trouver régulièrement espacés auto

un jeune tronc. Les branches qui en naissent se bifurquent à 0 m. 50 environ de leur naissance, produisent un nombre double de branches nouvelles, et celles-ci, taillées à leur tour, se divisent de même à 0 m. 50 au-dessus de la première bifurcation ; et ainsi, à mesure que l'arbre prend des années, et il continue à s'évaser, sans cesser, pour cela, d'être garni de branches.

Arbres plantés en obliques et en cordons. — 212. De nos jours, on plante dans les jardins, le long des murs ou des contre-espaliers, des poiriers, des pêchers, ayant deux ans de greffe, en les inclinant de manière qu'ils aient une *direction oblique*. Ces arbres sont plantés de 0 m. 50 à 1 mètre de distance les uns des autres ; ils se mettent promptement à fruit, mais leur existence est moins prolongée que celle des arbres dirigés suivant les anciennes méthodes.

Dans divers jardins, on borde les allées qui séparent les carrés avec des pommiers ayant une ou deux branches charpentières et dont les tiges ont en hauteur de 0 m. 65 à 0 m. 80.

Ces sujets constituent les arbres connus sous le nom de *cordons simples* et *cordons doubles*. Les uns et les autres sont soutenus par des fils de fer maintenus horizontaux à l'aide de piquets en bois ou en fer. Les pommiers ainsi dirigés produisent souvent de beaux fruits.

QUESTIONNAIRE.

199. Qu'est-ce qu'un arbre en plein vent ?

200. Qu'est-ce qu'un verger ? — Quelle distance faut-il laisser entre les arbres ?

201. Qu'est-ce que tailler un arbre ? — Qu'est-ce que palisser ? — De quels instruments se sert-on pour opérer la taille ? — Comment emploie-t-on le sécateur ?

202. La taille peut-elle être la même pour tous les arbres ? — Quels sont les principes généraux de la taille ? — Comment nomme-t-on les diverses branches à fruits ? — Comment peut-on changer une branche à bois en branche à fruits ? — Faut-il laisser la sève monter verticalement ? — Qu'est-ce que l'arcure ? — Comment conserve-t-on l'équilibre entre les diverses parties d'un arbre ? — Qu'est-ce que les branches gourmandes ?

203. En quoi consiste la taille des arbres en plein vent?

204. Quelles formes la taille permet-elle de donner aux arbres fruitiers?

205. Quels soins donne-t-on à la Montreuil jusqu'à la quatrième année?

206. Parlez de la forme en éventail.

207. Parlez de la palmette.

208. Parlez du contre-espalier.

209. Qu'appelle-t-on quenouille? — Quel est l'avantage de cette sorte de taille?

210. Parlez de la pyramide.

211. Parlez des arbres en gobelet ou en vase.

212. Qu'appelle-t-on arbres plantés en obliques et en cordons?

VINGT-SEPTIÈME LECTURE

ARBRES FRUITIERS : POMMIER. — POIRIER. — COGNASSIER. PRUNIER. — ABRICOTIER. — CERISIER. — PÊCHER. — AMANDIER. — FIGUIER. — GROSEILLIER. — FRAMBOISIER. NÉFLIER. — CHATAIGNIER. — NOYER. — NOISETIER. — VIGNE EN TREILLES ET EN BERCEAUX.

Arbres fruitiers. — 213. On peut diviser les arbres fruitiers en quatre classes principales, eu égard à leurs fruits.

Les arbres *fruitiers à pépins* sont les pommiers et les poiriers, auxquels on peut joindre les cognassiers et les néfliers;

Les arbres *fruitiers à noyaux* sont les pêchers, les abricotiers, les pruniers, les cerisiers, les oliviers;

Les arbres et les arbustes dont *les fruits n'ont ni enveloppes dures, ni noyaux, ni pépins* sont les figuiers, les mûriers, les groseilliers et les framboisiers;

Les arbres dont *les fruits ont une enveloppe dure* sont le châtaignier, le noyer, le noisetier et l'amandier.

214. La culture des *poiriers* et des *pommiers* offre beaucoup d'avantages. Ces arbres sont très robustes; ils craignent peu les gelées, croissent à toute exposition et dans

presque tous les terrains, et se prêtent à toutes les formes qu'on veut leur donner. Leurs fruits sont extrêmement variés, et il y en a plusieurs variétés qui se conservent jusqu'au printemps suivant. Quelques variétés très délicates ne réussissent qu'en espaliers, en contre-espaliers, ou en quenouilles, mais la plupart donnent en plein vent d'excellents produits.

Pommier. — 215. Quand on veut greffer le pommier, on emploie pour sujet le *sauvageon* né dans le bois, le *franc*, c'est-à-dire le plant provenant des semis de pépins, et deux espèces appelées *doucin* et *paradis* ; ces deux dernières espèces, surtout le paradis, sont les seules sur lesquelles on puisse greffer avec succès pour avoir des pommiers nains en quenouilles, en vase et en cordons, qui donnent du fruit plus promptement que les autres.

Quelques variétés de pommes mûrissent en été, et sont en général de qualité secondaire, à l'exception de deux variétés assez bonnes, la pomme *rambourg d'été* et la *passe-pomme rouge* ou *calville d'été*, qui mûrissent en août et en septembre.

En automne, on peut manger la *reinette franche*, la *reinette-Bretagne*, le *calville rouge*, le *Grand-Alexandre*.

Les meilleures pommes pour l'hiver sont les *calvilles*, et surtout diverses variétés de *reinettes*, dont la plupart se conservent jusqu'au printemps ; la *reinette grise* est la plus avantageuse de toutes ; outre qu'elle est excellente, elle se conserve en parfait état, comme l'*api rose*, jusqu'au mois de juin de l'année suivante. Les autres pommes d'hiver sont meilleures cuites que crues.

Poirier. — 216. On multiplie le poirier en le greffant sur sauvageon, sur franc ou sur cognassier ; le cognassier convient mieux pour les arbres qui doivent être plantés dans les sols perméables ; le sauvageon et surtout le franc pour ceux qui doivent végéter sur des terrains froids.

Il y a plusieurs poiriers à fruits précoces ; tous sont assez médiocres : le seul qui soit vraiment bon, c'est la poire d'*épargne*, ou *beau-présent*, qui mûrit en juillet.

Parmi les poires qui mûrissent du 15 août au 15 septembre, et qui sont généralement bonnes, on distingue le *doyenné d'été*, le *beurré d'Amanlis*, et surtout le *bon-chrétien d'été*, qui est excellent, mais qui, dans le nord de la France, ne produit pas aussi abondamment que dans le Midi.

On appelle poires *d'automne* celles qui sont bonnes à manger en septembre et en octobre, comme la *mouille-bouche*, la *duchesse*, plusieurs espèces de *doyenné* et de *beurré*. Les beurrés veulent être détachés de l'arbre au moment où ils quittent facilement la branche, autrement le moindre vent les ferait tomber : ces poires achèvent de mûrir quelques jours après avoir été cueillies. La plus pierreuse est le *messire-Jean*, qui cependant est la meilleure de toutes pour la préparation du raisiné.

Quelques poires d'hiver se mangent crues : la *crassane*, de novembre en janvier ; le *saint-germain*, de novembre en mars ; la *passe-crassane*, le *doyenné d'hiver*, le *doyenné d'Alençon* et le *bon-chrétien d'hiver*, de novembre en février.

Les autres poires d'hiver, comme le *martin-sec* et le *catillac*, ne peuvent se manger que cuites.

Cognassier. — 217. On cultive le *cognassier* pour ses fruits qui sont bons à faire des confitures.

Prunier. — 218. Le *prunier* vient fort bien en plein vent, et n'exige que les soins ordinaires. Il vient aussi, mais plus difficilement, en espalier. Quelques variétés, telles que la reine-Claude et la sainte-Catherine, se reproduisent avec leurs qualités par le semis de leur noyau ; mais, en général, pour reproduire les variétés, on se sert de la greffe.

De toutes les prunes, la *reine-Claude* est la meilleure ; la prune de *Damas* est assez précoce ; les prunes de *monsieur*, de *perdrigon*, de *mirabelle*, sont estimées.

Les *pruneaux* sont des prunes qu'on a fait sécher au soleil ou dans un four, et qui se conservent tout l'hiver et même un ou deux ans.

On fait de très bons pruneaux avec les prunes d'*Ente* ou *robe de sergent*, le *Damas* et les *couetches*.

Cerisier. — 219. Les *cerisiers* se multiplient de semis, ils doivent être greffés sur eux-mêmes ou sur sauvageons ils de Sainte-Lucie; on les cultive ordinairement en plein vent. Ces arbres réussissent mal sur les sols froids, humides ou imperméables; le sol le plus rocailleux, le plus rempli de pierres calcaires leur convient très bien.

Il y a quatre espèces principales de cerisiers : le *cerisier* proprement dit, le *guignier*, le *bigarreautier* et le *merisier*.

Les meilleures cerises sont celles de *Montmorency*; mais les jardiniers de profession ne les cultivent guère, parce qu'elles sont peu abondantes; ils préfèrent la cerise *royale* et la cerise *courte queue*, qui donnent beaucoup. Parmi les guignes, on préfère la *grosse guigne noire* ou *moricaude*, et la *grosse guigne ambrée*; et parmi les bigarreaux, le *gros bigarreau Napoléon* et le *gros cœuret* ou *cœur de pigeon*.

Pêcher. — 220. Dans le midi, le centre et l'ouest de la France, le *pêcher en plein vent* donne des fruits délicieux, mais il ne donne guère de beaux produits que lorsqu'il est cultivé en espalier. Ainsi dirigé, il demande des soins nombreux : ébourgeonnage, palissage, effeuillage; sa taille est très difficile. On le greffe sur lui-même, sur amandier ou sur prunier.

Les principales sortes de pêches peuvent se diviser en trois classes : 1° les *pêches* proprement dites, c'est-à-dire à peau velue, à chair fondante et peu adhérente au noyau et à la peau; 2° les pêches *pavies*, c'est-à-dire à peau velue, à chair ferme, adhérente au noyau et à la peau; 3° les *brugnons*, ou pêches à peau lisse et sans duvet, appelées aussi pêches violettes.

Les variétés qu'on peut cultiver en plein vent avec succès dans les lieux abrités des départements septentrionaux, sont celles dont la floraison est plus tardive, comme la *belle de Vitry*, la *pourprée tardive* et la *reine des ver-*

A Montreuil, le pêcher est cultivé en espalier avec
soin et une intelligence rares. Chaque jardin y est cou
intérieurement de murs placés à 12 mètres les uns
autres. Les pêches de Montreuil surpassent en grosseur
en beauté celles des autres pays.

Abricotier. — 221. L'*abricotier* doit être greffé, non
sauvageon de son espèce, mais sur prunier ou amand
Cultivé en plein vent, il donne des fruits ordinairem
plus agréables qu'en espalier, mais qui réussissent
ment à cause des gelées printanières.

Les variétés qu'on peut planter en plein vent avec
plus d'avantage sont l'abricot *commun* et l'abricot *pêc*
qui mûrit à la fin de juillet et qui est très estimé.

Amandier. — 222. L'*amandier* se multiplie de sem
On greffe les variétés sur l'amandier commun. Com
l'amandier fleurit en janvier ou février, on ne peut gu
le cultiver pour ses fruits secs et verts que dans le Midi
pour ses fruits frais seulement que dans l'ouest de
France. On le plante en plein vent.

Figuier. — 223. Le *figuier*, dans les départem
méridionaux, n'exige aucun soin, s'élève à 4 ou 6 mèt
produit en abondance des fruits excellents (fig. 61)
donne souvent deux récoltes chaque année. Dans les dé
tements septentrionaux, il réclame bien des précauti
et néanmoins ne réussit pas toujours. On le place à l
d'un mur; on ne le laisse pas s'élever au-dessus de
3 mètres, et on le protège contre les rigueurs de l'hiye
entourant ses tiges de paille, ou en les couchant et en
enterrant de 0 m. 20 à 0 m. 30 dans le sol. On le mult
par les rejetons enracinés qu'il produit en abondance
n'a besoin d'être ni taillé ni greffé.

Groseillier. — 224. Le *groseillier* est un arbrisseau
forme un buisson touffu par les nombreux rameaux
partent du collet de la racine. Il s'accommode de tout
rain, de toute exposition, et prend facilement de bout
Il est utile de diminuer le trop grand nombre de reje
pied, de retrancher chaque année une partie du

bois. On le taille en février ou mars. On distingue le *gro-seillier ordinaire* à fruits blancs ou rouges, le groseillier noir ou *cassis*, et le *groseillier épineux* ou à maquereau.

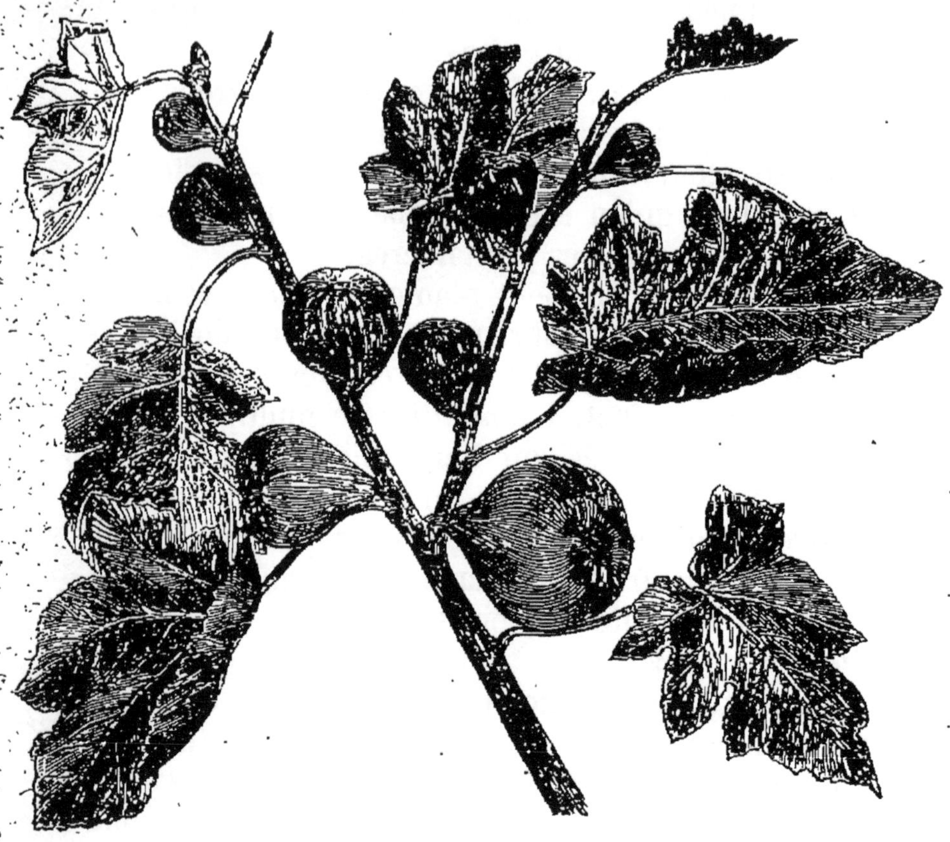

Fig. 61. — Branche fructifiée de figuier.

Framboisier. — 225. Le *framboisier* est un petit arbrisseau à racines traçantes, qui pousse du collet et des racines une grande quantité de rameaux qui portent à la deuxième année des fruits blancs ou rouges. Il croît partout facilement et se plaît même au nord. Le seul soin nécessaire, c'est de couper en février les rameaux qui ont déjà porté du fruit l'année précédente ; on taille à un mètre les pousses d'un an dans le but de les faire ramifier.

Néflier. — 226. On multiplie rarement le *néflier* de semis, parce que les pépins sont deux ans à lever : on le multiplie par la greffe en fente et en écusson sur le néflier

des bois, l'épine ou l'azérolier; on ne le taille jamais; ses
fruits, très âpres en octobre quand on les cueille, s'amé-
liorent sur la paille et deviennent très mangeables.

Châtaignier. — 227. Les *châtaigniers* ne se cultive[nt]
qu'en plein vent, sur les terrains en pente à sol perméable, siliceux, schisteux ou granitiques, dans le Vivarais, le Dauphiné, les monts Maures, le Limousin, le Périgord, etc., on les multiplie de semence; en les plantant
il faut soigneusement conserver le pivot, qui est une longue
racine qui s'enfonce en ligne droite dans le sol. On peut
greffer les châtaigniers, soit en fente, soit en écusson à
œil dormant, ou ce qui vaut mieux, en *sifflet* ou en *flûte*.
Le châtaignier est lent à donner ses fruits, et n'est guère
en plein rapport qu'à l'âge de vingt à trente ans. Les plus
grosses châtaignes se nomment *marrons*. Quand on voit
que les fruits commencent à tomber, on les gaule et on les
ramasse avec leur coque hérissée de piquants, dans lesquelles ils achèvent de mûrir.

Noyer. — 228. Le *noyer* offre de grands avantages
dans les contrées calcaires. Le bois de cet arbre est
précieux pour la menuiserie et pour la sculpture; on
mange son fruit, soit en cerneaux, c'est-à-dire avant
complète formation, soit frais, soit sec. Cet arbre est
commun dans le Dauphiné, le Périgord, la basse
Auvergne. On extrait de ses amandes une bonne huile
comestible.

Le noyer ne se reproduit que de semis. En le transplan-
tant, on a grand soin de conserver son pivot; on le greffe
en flûte.

Les noyers exigent beaucoup d'air et d'espace; leurs
racines et leur ombrage nuisent aux cultures voisines;
leurs fleurs gèlent assez facilement. Les noix qu'ils produisent dans le Périgord et le Dauphiné sont très estimées.

Noisetier. — 229. Le *noisetier* ou *avelinier* se multiplie au moyen des rejetons. Cet arbrisseau s'accommode de
tous les terrains. Dans les jardins, on le cultive en touffes;
il n'exige presque aucun soin.

Vignes en treilles et en berceaux. — 230. On appelle *treilles* les vignes cultivées en espalier, c'est-à-dire contre les murs, le long desquels elles étendent leurs rameaux et leurs pampres. Les treilles sont avantageuses, surtout dans les pays où la vigne en grande culture ne mûrit pas bien. Comme la vigne est douée d'une grande force de végétation, et qu'en l'appliquant contre un mur on lui procure la réverbération du soleil, qui augmente la chaleur, il n'existe peut-être pas une propriété rurale, même dans les contrées les plus septentrionales de la France, où l'on ne puisse, par ce moyen, se procurer du raisin bon à manger, c'est-à-dire du *raisin de table*.

Le raisin *madeleine noire*, le *morillon hâtif*, la *clairette*, le *précoce ambré de Courtillier* conviennent pour les treilles; mais ceux qui réussissent le mieux, comme raisin blanc, c'est le *chasselas ordinaire*, le *chasselas de Fontainebleau* : cultivé dans un sol léger et riche, dirigé en treilles, à bonne exposition et bien soigné, ce dernier donne partout en France des produits excellents. A ces raisins on peut ajouter le *chasselas Montauban*, le *chasselas doré*, le *verdot* du Bordelais, qui mûrissent difficilement sous le climat de Paris.

On peut aussi cultiver la vigne en *berceaux* et en *tonnelles* : elle réussit aussi parfaitement dans le midi et l'ouest de la France; mais, dans le nord, elle mûrit moins bien ses raisins que lorsqu'elle est dirigée en treilles.

QUESTIONNAIRE.

213. Comment peut-on classer les arbres fruitiers? — Quels sont les arbres fruitiers à pépins et à noyaux? — Quels sont les arbres dont les fruits ont une enveloppe dure?

214. Quels sont les avantages de la culture des arbres à pépins?

215. Comment multiplie-t-on le pommier? — Quelles sont les meilleures pommes d'été? — d'automne? — d'hiver?

216. Comment multiplie-t-on le poirier? — Quelles sont les meilleures poires d'été? — d'automne? — d'hiver? — Comment se fait la récolte des fruits à pépins?

217. Comment se cultive le cognassier?

218. Comment cultive-t-on le prunier? — Qu'appelle
neaux? — Quelles sont les meilleures variétés de pruni

219. Comment cultive-t-on le cerisier? — Quelles s
diverses espèces de cerisiers?

220 et 221. Comment cultive-t-on le pêcher? — Parle
culture du pêcher à Montreuil. — Quelles sont les prin
sortes de pêches? — Quelles sont les pêches qui réussis
mieux en plein vent? — Comment cultive-t-on l'abricot
Quels sont les abricotiers qui réussissent le mieux?

222 à 226. Comment cultive-t-on l'amandier? — le figu
le groseillier? — le framboisier? — le néflier?

227 à 229. Comment cultive-t-on le châtaignier? — Quel
les avantages du noyer? — Comment cultive-t-on le noise

230. Qu'est-ce que les treilles et quelle en est l'utili
Quels sont les cépages les plus convenables pour les trei

VINGT-HUITIÈME LECTURE

ARBRES A PRODUITS INDUSTRIELS : VIGNE. — POMM
ET POIRIER A CIDRE. — OLIVIER. — MURIER.

Arbres à produits industriels. — Les arbres et ar
qui donnent des produits industriels sont au nomb
cinq, savoir : la vigne, le pommier et le poirier, l'
et le mûrier.

Vigne. — 231. La *vigne* est un arbuste qui pro
raisin dont on fait le vin.

Le *cep* est le tronc ou la tige de la vigne; les *sa*
sont les rameaux allongés et flexibles; les *pampr*
les feuilles; le *raisin* est le fruit (fig. 62).

Il y a trois principales sortes de vignobles : les h
les vignes moyennes et les vignes basses.

On appelle *hautain* une vigne qu'on laisse mon
haut. Tantôt on l'unit à l'amandier, au figuier, à l'o
au saule ou à l'érable : les sarments, se mêlant a
branches de ces arbres, forment des têtes touffues,
vent, pour faire la vendange, on a besoin d'éch

bien on dirige ses jets forts et vigoureux d'un arbre à un autre afin qu'ils forment des festons ou des guirlandes ; ou bien on lui donne pour supports des échalas ou des treillages horizontaux en forme de berceaux, dont la hauteur

Fig. 62. — Vignes échalassées de la Bourgogne.

varie suivant les localités. La culture de la vigne en hautaine est assez commune dans la Provence, le Languedoc, le Bigorre, le Béarn et la Savoie.

Les *vignes moyennes* s'appellent aussi quelquefois *courantes* et *rampantes*. On laisse à la souche environ 50 à 80 centimètres de hauteur, et les sarments qui en sortent se soutiennent d'eux-mêmes ; cependant, sur la côte du Rhône, en Alsace et dans les Graves, on les soutient à l'aide d'échalas ou de treillages, qui ont parfois jusqu'à 2 mètres de longueur.

Les vignes moyennes sont communes dans les départements formés des anciennes provinces appelées Dauphiné, Provence, Guyenne et Gascogne, Saintonge et Aunis, Poitou et Anjou.

On ne laisse aux ceps des *vignes basses* qu'une hauteur de 30 centimètres, et même moins. Le vigneron réunit en paquets tous les sarments de l'année et les attache vers le

haut de l'échalas par un ou plusieurs liens de pail
d'osier. Ces vignes sont les plus communes dans
départements du centre et du nord de la France.

Dans le Médoc, les vignes basses sont soutenues par
petits treillages formant des lignes parallèles et éq
distantes.

La vigne est dite *cultivée en plein* quand elle occ
seule le terrain; quand elle est disposée en lignes et
celles-ci sont réunies trois à trois ou quatre à qua
puis séparées par un espace de 4 à 10 mètres de lar
occupé annuellement par des céréales ou des plantes fo
ragères, on dit qu'elle est *cultivée en jouelles* ou
ouillières.

232. Le climat de la France convient généralement
vigne; cependant on ne peut pas la cultiver avec suc
dans la plupart des départements situés au nord,
exemple dans ceux qui sont formés des anciennes p
vinces de Flandre, Picardie, Normandie et Bretagne,
plus que sur les points très élevés des départements m
tagneux du Centre et de l'Est; quoique la vigne puis
végéter, la chaleur pendant les mois d'août et de
tembre n'est pas assez intense pour mûrir le raisin.

Tout champ qui a de 30 à 40 centimètres de terre v
tale est propre à la culture de la vigne, mais cet arbris
ne saurait réussir ni dans l'argile pure, ni dans le sa
ni dans les terrains humides; il ne faut pas non
planter la vigne dans les terres très riches et très
fondes, où elle produit des pampres très vigoureu
donne peu de fruits.

Quant à la situation la plus convenable, on a rema
que la vigne réussit principalement sur les coteaux ou d
les plaines à sous-sol perméable et abritées des vent
nord et non éloignées des cours d'eau. Dans un vallon
étroit, le raisin pourrit souvent avant de mûrir; su
sommet d'une colline élevée, le fruit, durci par la séc
resse et par les vents, donne un vin très acide.

La meilleure exposition pour la vigne, dans les dépa

-ments méridionaux, c'est le sud-est ; dans les autres, c'est le sud ; ensuite vient l'est. L'ouest lui est partout nuisible, ainsi que le voisinage des marais et des grands bois. Quoique généralement le nord ne lui soit pas favorable, il y a cependant en France, et principalement en Champagne, en Alsace et en Touraine, de bons vignobles exposés au nord.

233. Il y a une foule de *cépages* différents, c'est-à-dire de variétés de vignes, tant à raisins blancs qu'à raisins noirs. Les noms de mêmes cépages varient dans les différentes contrées de la France. Les *cépages noirs* les plus répandus sont : en Bourgogne, les *pinots* ; Bordelais, le *carbenet sauvignon*, le *semillon* ; Midi, la *sirrah*, le *mourvède*, le *picpouille*, le *grenache* ; Touraine, le *breton* et le *côt* ; Alsace, le *riesling*. Parmi les *cépages blancs* on peut citer, dans le Centre, le *sauvignon* ; dans le Midi, la *clairette*, l'*enrageat* ; en Bourgogne, les *pinots*.

En Bourgogne, le *pinot* donne le meilleur vin, mais il est très peu productif. Le *gamai*, au contraire, produit en abondance des grappes grosses et bien fournies ; mais le vin qu'on en tire est de qualité secondaire.

De nos jours, dans un grand nombre de localités, on plante généralement les vignes françaises après qu'elles ont été greffées sur *vignes américaines* bien appropriées au terrain où l'on veut établir un vignoble. Divers cépages américains ont l'avantage de vivre avec le *phylloxera*, insecte microscopique qui s'attaque aux vignes françaises et les fait périr.

234. Pour planter une vigne, on peut se servir de plants déjà enracinés, ou *chevelées* ou *chevelus* ; mais ces plants coûtent fort cher. Il est plus économique d'employer des *crossettes* ou *crochets*, c'est-à-dire des sarments de l'année auxquels, en les coupant, on a laissé un peu de bois de la pousse précédente.

On espace plus ou moins les ceps, selon l'usage du pays ; on plante dans des trous ou fossettes creusées à l'avance, ou mieux dans de longues tranchées dites *augeots* ;

on y couche les ceps à 20 centimètres de profondeur
est bon de répandre ensuite un peu de fumier dans le fon
de la fosse.

Dans la région du Midi, on plante à la barre ou à la tar
velle. Ce procédé évite des travaux de défoncement. Afi
de rendre plus facile la reprise des crossettes, on rempl
les trous avec de la terre à laquelle on a ajouté des déjec
tions de bêtes à cornes et de la cendre de bois.

La greffe en fente est souvent employée pour substitu
un *cépage fin ou noble* à une variété produisant des vin
de mauvaise qualité. Cette greffe se fait en mars ou av
et à 2 ou 3 centimètres au-dessous du niveau du sol.

Après la plantation, la vigne exige de grands soins. O
tient toujours le terrain bien net de mauvaises herbe
L'année qui suit la plantation, on taille court et au-dess
de l'œil le plus rapproché de la terre, et l'on supprim
toutes les pousses qui paraîtraient ensuite au-dessous. I
troisième année, on taille au-dessus du troisième œil le
bourgeons de l'année précédente. Les années suivantes, o
taille et on dirige la vigne suivant les formes qu'elle do
avoir.

235. La taille de la vigne est facile, mais elle var
beaucoup. Nonobstant elle consiste à rajeunir les cep
c'est-à-dire à couper les sarments à un ou deux yeux, afi
que les pousses nouvelles se développent le plus près po
sible des branches anciennes.

Dans diverses localités, on *taille long*, dans d'autres o
taille court. En général, plus on allonge la taille, plus l
récolte est abondante, mais plus le vin perd de sa qua
lité.

Dans les régions du Sud et du Sud-Ouest, on taille l
vigne en décembre ou janvier; dans le Centre et le Nord
cette opération n'est faite qu'en février ou mars. Plus o
taille de bonne heure et plus tôt la vigne est disposée
pousser.

La vigne, pendant la végétation, est attaquée par dive
insectes : l'*eumolpe* ou *gribouri*, le *phylloxera* et l

plusieurs parasites comme l'*oïdium*, le *mildew*, le *black-rot* et l'*anthracnose*. Ces altérations nécessitent qu'on opère en temps opportun : 1° des *échaudages* ; 2° des traitements au *sulfure de carbone* ; 3° des *soufrages* ; 4° des aspersions avec la *bouillie bordelaise* et au *sulfate de fer*.

236. Le *provignage* a pour objet de remplacer les plants qui ont manqué lors de la plantation et ceux qui ensuite ont péri ou sont devenus improductifs. On l'exécute aussitôt après la taille. Alors on laisse intact sur l'un des ceps voisins le plus beau sarment, on ouvre une fossette de 20 à 25 centimètres de profondeur et de la longueur nécessaire, et on y couche le sarment, en ayant soin que son extrémité supérieure sorte hors de terre. Ceci fait, on taille le sarment à deux yeux. Quand les marcottes ainsi faites sont enracinées, on les sépare avec la serpette de la souche mère. On doit remplir la fossette de bonne terre.

Dans quelques pays, on renouvelle tous les ans, par le provignage, un vingtième ou un trentième des vignes ; on les conserve ainsi dans un bon état de production, et on leur assure une durée à peu près indéfinie.

237. Dans les contrées où l'on récolte d'excellents vins de table, on s'abstient de conduire du fumier dans les vignes : à la vérité, en les fumant, on augmenterait la quantité des produits, mais on en diminuerait la qualité. Le meilleur moyen d'entretenir la fécondité des vignobles, c'est d'y appliquer des composts ou des engrais végétaux verts ou secs, ou d'y conduire de la terre de bonne qualité. Cette dernière opération est surtout indispensable aux vignes situées en pente. Les pluies torrentielles, en entraînant sur les coteaux rapides la terre végétale vers les parties basses, dégarnissent les ceps des parties supérieures, ce qui nuit beaucoup à leur productivité.

238. Trois façons au moins sont nécessaires à la vigne et paraissent suffire à sa prospérité.

La *première façon* se donne après la taille, quand les ceps et le terrain sont débarrassés de sarments qui seraient un obstacle à la bonne exécution du travail. On donne la *seconde façon* aussitôt que le fruit est noué. Ce second travail n'est pas moins important que le premier : la terre n'est partout complètement remuée qu'après l'avoir reçu. La *troisième façon* se donne après que le raisin a tourné ou un peu avant ; elle a pour objet d'ameublir la terre, d'en égaliser la surface, d'extirper les herbes et d'attirer les rosées.

L'époque de ces travaux n'est pas invariable. On doit les avancer ou les retarder de quelques jours, selon l'état de l'atmosphère.

Dans le Bordelais, le Languedoc et la Provence, on laboure les vignes à l'aide de charrues spéciales que l'on appelle *charrues vigneronnes*. Le travail exécuté par ces instruments est aussi parfait que possible si le conducteur a soin que les instruments ne touchent ni aux ceps ni à leurs racines. Dans la Bourgogne, la Champagne, l'Orléanais, l'Alsace, etc., où les vignes sont échalassées, le sol est travaillé avec la houe, la pioche et la binette.

Sur les pentes, l'ouvrier ne se place point de haut en bas : l'attitude serait trop gênante ; il se dirige de bas en haut ou en travers.

Après la première façon, on plante les échalas.

Dans les localités où les vignes sont échalassées ou soutenues au moyen de treillages, on a soin d'ébourgeonner, d'accoler et de rogner : *ébourgeonner*, c'est supprimer tous les bourgeons qui ne portent pas de fruits et qui ne sont pas nécessaires pour la taille suivante ; *accoler*, c'est attacher les sarments aux échalas ; *rogner*, c'est retrancher l'extrémité des sarments, afin que la sève reflue dans les fruits.

On peut *épamprer* la vigne, c'est-à-dire enlever les petites branches secondaires pour modérer le cours de la sève et pour procurer au raisin le contact immédiat des rayons du soleil. Mais il ne faut faire cette opération, ainsi que l'*effeuillaison*, qu'avec beaucoup de prudence, ne commencer que quand le raisin a acquis presque toute sa grosseur, et cesser dès qu'on s'aperçoit que la pellicule du raisin commence à se rider et le grain à se ramollir.

239. La récolte des raisins s'appelle *vendange*. On vendange à l'époque où le raisin est mûr; cette époque varie selon le climat, la saison et l'exposition, et aussi selon les divers cépages. On doit choisir un temps sec et chaud.

Pommier et poirier à cidre. — 240. Si la Normandie, la Picardie et la Bretagne récoltent peu ou pas de vin, elles possèdent de nombreux pommiers ou poiriers qui fournissent des fruits à saveur acide et susceptibles de fournir par la fermentation la boisson qu'on apelle *cidre*, lorsqu'elle est faite avec des pommes, et *poiré* quand elle provient des poires.

Les pommiers et les poiriers à cidre se cultivent en plein air dans les champs ou les vergers. On peut citer parmi les meilleures pommes les variétés suivantes : *Médaille d'or, Bramtot, Binet rouge, Maréchal, Reine des hâtives, Moulin à vent, Rousse Latour, Fréquin-Audièvre, Doux-amer gris*.

On propage les meilleures variétés en les greffant sur sauvageon et sur égrain.

Le poirier demande une terre franche, un sol profond et de bonne qualité; sa racine est pivotante et sa cime est plus élevée que la tête des pommiers. Ces derniers arbres réussissent très bien sur les terres schisteuses, les sols argilo-calcaires ou argilo-siliceux; leurs racines sont un peu traçantes et leurs branches ont une grande tendance à s'étendre horizontalement.

Chaque année, on doit labourer la terre qui enveloppe la base de ces arbres et lui appliquer un engrais.

241. Un pommier ou poirier de force ordinaire produit en moyenne, bon an mal an, de 2 à 3 hectolitres de fruits. Généralement on ne compte une très bonne récolte de pommes ou de poires que tous les quatre ou cinq ans.

Olivier. — 242. L'*olivier* est un arbre peu touffu, à la verdure pâle, dont les fruits fournissent la meilleure de toutes les huiles.

L'olivier est si sensible aux gelées que, dans la plus

grande partie de la France, il est impossible de le cultiver. Il ne prospère que dans les départements méridionaux appartenant à la Provence et au bas Languedoc. On place les oliviers au milieu des champs à 10 mètres les uns des autres ; ils réussissent dans les plus mauvais terrains non humides. On les multiplie surtout de rejetons et de boutures, et on les greffe en fente ou en écusson, plus rarement en couronne. L'olivier fleurit en mai et juin ; son fruit mûrit en novembre ou décembre.

Les oliviers des départements du Var et des Alpes-Maritimes sont de véritables arbres. Ceux de Menton (fig. 63) sont très âgés et très remarquables.

Mûrier. — **243.** Le *mûrier* est un arbre que l'on cultive pour nourrir de sa feuille les vers à soie. On peut aussi le cultiver pour ses fruits noirs ou blancs ; dans ce cas, on l'élève en plein vent, et on le place assez volontiers dans les cours des fermes, parce que les volailles sont friandes de ses fruits. Il exige peu de soins, mais il craint la gelée et doit être planté jeune.

Dans les départements méridionaux, on le plante à des distances de 7 à 10 mètres, autour ou à l'intérieur des champs, en vergers que l'on appelle *mûreraies*.

En général, on préfère, pour la nourriture des vers à soie, le mûrier blanc, qu'on cultive en arbre tige, demi-tige, ou en vase nain. On le taille tous les deux ans, en rabattant toutes les pousses sur les anciennes branches. Cette opération se fait ordinairement au mois de juin, c'est-à-dire quand l'éducation des vers à soie est terminée.

On cueille les feuilles au fur et à mesure des besoins.

QUESTIONNAIRE.

231. Qu'est-ce que la vigne ? — Qu'appelle-t-on cep, sarment et pampres ? — Combien y a-t-il de sortes de vignobles ? Qu'est-ce que les hautains, les vignes moyennes et les vignes basses ?

232. La vigne, en France, réussit-elle partout ? — Quel est

rrain qui convient à la vigne? — Quelle est la meilleure exposition pour la vigne?

233. Quels sont les meilleurs cépages?

Fig. 63. — Vieux oliviers.

234. Comment plante-t-on la vigne? — Quels soins donne-t-on
à la vigne après la plantation?

235 et 236. Comment taille-t-on les vignes moyennes et les
vignes échalassées? — Qu'est-ce que provigner?

237 à 239. Faut-il fumer la vigne ? — Quelles sont les façons nécessaires à la vigne ? — Avec quel instrument faut-il cultiver le sol des vignes ? — Qu'est-ce que rogner et ébourgeonner ? Qu'est-ce qu'effeuiller la vigne ? — Quelle est l'époque de la vendange ?

240 et 241. Parlez de la culture du pommier et du poirier à cidre.

242. Parlez de la culture de l'olivier.

243. Parlez de la culture du mûrier.

VINGT-NEUVIÈME LECTURE

BOIS, FORÊTS, FUTAIES, TAILLIS : SEMIS ET PLANTATIONS. ENTRETIEN DES BOIS. — EXPLOITATION DES ARBRES FORESTIERS. — ESPÈCES D'ARBRES FORESTIERS. — ARBRES FEUILLUS DES TERRAINS FRAIS.

Bois, forêts, futaies, taillis. — **244.** Les mots *forêts* et *bois* ont à peu près la même signification ; ordinairement on ne donne le nom de forêts qu'à un bois d'une grande étendue.

On peut cultiver les arbres forestiers en futaies ou en taillis.

Les *futaies* sont des arbres que l'on ne coupe que lorsqu'ils ont pris tout leur développement : quand un arbre de futaie est coupé, la souche ne peut pas en reproduire un autre.

Les *taillis* sont des bois que l'on coupe ordinairement assez jeunes, et qui repoussent ensuite de leurs souches.

Les *jeunes taillis* sont ceux que l'on coupe tous les sept, huit ou neuf ans ; les *taillis moyens*, ceux qu'on exploite de dix à vingt ans ; les *hauts taillis*, ceux qu'on exploite de vingt à trente ans.

Quand on coupe un taillis, on réserve toujours quelques pieds qu'on laisse monter en futaie, et qu'on nomme *baliveaux*. Quand les baliveaux ont séjourné sur le sol penant deux coupes, on les nomme *modernes*; quand ils ont persisté pendant trois à quatre coupes, on les appelle *anciens*. Après cinq coupes, on les appelle *vieilles écorces*.

Les taillis dans lesquels on remarque des baliveaux sont appelés *taillis sous futaie* ou *taillis composés*.

Dans les taillis sous futaie bien aménagés, on compte par hectare 40 modernes, 30 anciens et 10 vieilles écorces.

Une forêt entièrement composée de jeunes arbres s'appelle ordinairement *jeune futaie*; quand les pieds sont approchés les uns des autres, et lorsqu'elle est âgée de trente à quarante ans, on la nomme *gaulis* ou *perchis*; *futaie*, lorsqu'elle est âgée de cinquante à quatre-vingts ans; *haute futaie*, lorsqu'elle a cent ans et plus.

Il est rare qu'un bois soit composé d'une seule espèce d'arbres; la plupart sont composés d'espèces mélangées.

Une *clairière* est un lieu dégarni de bois.

Semis et plantations. — 245. On multiplie les arbres forestiers par le *semis* ou par la *plantation*.

Quand on sème, on recouvre plus ou moins la semence selon sa grosseur.

On doit toujours semer un peu dru le bois qu'on destine à pousser en taillis, parce que l'on est toujours maître de l'éclaircir.

On cultive à la pioche le tour des jeunes plants transplantés pendant un an ou deux, c'est-à-dire jusqu'à ce qu'ils soient assez forts pour que l'herbe ne les étouffe pas.

Ordinairement on ne cultive pas les semis dans les premières années, parce que l'herbe les protège; cependant si cette herbe était trop grande, il faudrait les en débarrasser.

Pour procurer une belle tige à un arbre forestier, qu'on veut faire croître isolément ou en massif, il faut, dès la première année de la plantation, l'ébourgeonner de temps en temps, c'est-à-dire détruire avec la main les jeunes bourgeons, depuis le pied jusqu'à 50 centimètres au-dessous de l'extrémité supérieure, choisir ensuite la branche qui doit continuer la tige, la laisser intacte et écourter ou

supprimer les autres pendant cinq ou six ans; [...]
émonder avec soin tous les quatre ou cinq ans jusqu'à [...]
que l'arbre ait quarante ans.

Les arbres résineux se multiplient ordinairement [...]
semis. On sème sur place, ou bien on plante les jeu[nes]
sujets venus soit de semis dans les pépinières, soit na[tu]-
rellement dans les bois. On peut greffer le pin sylve[stre]
sur le pin maritime à l'aide de la *greffe herbacée*.

On peut utiliser les terrains les plus secs et les [...]
stériles en y semant ou plantant des arbres verts. [...]
arbres viennent lentement : on les sème très dru[...]
mesure qu'ils grandissent, on *éclaircit*, c'est-à-dire [...]
arrache un grand nombre de jeunes arbres, afin que [...]
autres aient plus d'air et plus d'espace.

Semer ou planter des bois sur les terrains en pen[te,]
dans les sols stériles, sur le bord des rivières et des éta[ngs,]
c'est rendre service au pays : on peut presque dire [...]
c'est une bonne action.

Entretien des bois. — 246. *Recéper* les jeunes pla[nts,]
c'est les couper à fleur de terre, afin qu'ils pouss[ent]
ensuite avec plus de force.

Elaguer, c'est retrancher, en tout ou en partie, les b[ran]-
ches d'un arbre jusqu'à une certaine hauteur : cette [opé]-
ration n'est pas nuisible aux arbres lorsqu'elle est [faite]
avec intelligence. L'élagage se fait depuis la fin de [l'au]-
tomne jusqu'à la fin de l'hiver.

Émonder, c'est couper toutes les branches laté[rales]
jusqu'à l'extrémité à laquelle on ne doit pas toucher.

Nettoyer les bois, c'est enlever les branches mor[tes,]
détruire les ronces, les épines, les espèces peu pro[duc]-
tives et les pousses qui viennent mal.

Exploitation des arbres forestiers. — 247. Les [bois]
des arbres forestiers s'exploitent de trois manières : co[mme]
bois de chauffage, comme bois à charbon, comme [bois]
d'œuvre ou de service.

Il y a trois sortes de *bois de chauffage* : les *fagots* [...]
produisent les taillis et les branchages des arbres de [...]

d'alignement ; les *bûches, rondins* ou *bois de corde*, que produisent les futaies, les hauts taillis et quelquefois les taillis moyens, et les *bourrées*, qu'on confectionne exclusivement avec du menu bois.

On ne peut pas faire de taillis d'arbres résineux parce que ces arbres, après avoir été coupés, ne repoussent pas de leur souche.

Le *charbon* est le bois appelé *charbonnette* que l'on produit, à l'aide du feu, en une masse noire susceptible de brûler sans flamme ni fumée, et qui donne beaucoup de chaleur. C'est dans la forêt même où le bois a été coupé qu'on le convertit en charbon. Les produits des taillis hauts et moyens et les grosses branches de futaies servent à cet usage.

En général, le bois donne en charbon 25 pour 100 de son poids. Ainsi, si 1 stère de bois de chêne sec pèse 600 kilogrammes, il produira en moyenne 150 kilogrammes de charbon. 1 hectolitre de charbon de bois pèse en moyenne de 20 à 24 kilogrammes.

Les bois *d'œuvre, de service* ou *de travail* sont ceux qu'on emploie aux constructions, au charronnage, à la menuiserie, à la fabrication des tonneaux et des cuves, et à divers autres usages.

On fait, en outre, avec le bois refendu ou les *bois de fente*, des échalas ou paisseaux, du treillage, des cercles, des lattes, des piquets, des manches d'outils et une foule d'autres objets utiles. Le *bois merrain* est celui qui sert à fabriquer les douves de tonneaux.

Il y a des communes qui sont propriétaires de bois et qui partagent entre tous les chefs de famille, par des portions égales, le produit des coupes annuelles ; c'est ce qu'on nomme *affouage*.

Espèces d'arbres forestiers. — 248. Parmi les arbres forestiers, les uns se plaisent surtout dans les terrains humides ou frais : ce sont l'aune, le frêne, le peuplier, le platane et le saule.

Les autres se plaisent surtout dans les terrains secs : ce

sont l'alizier, le bouleau, le charme, le chêne, l'érable
marronnier d'Inde, le merisier, le hêtre, le châtaign[ier]
l'orme, l'acacia, le sorbier, le tilleul et le micocoulier.

249. Tous les arbres et arbrisseaux dont nous venons
parler sont désignés sous l'appellation générale d'*arbre*
feuilles caduques ou *bois feuillus*; leurs feuilles tomb[ent]
tous les ans, à la fin de l'automne.

Il y a aussi une sorte d'arbres forestiers dont les feui[lles]
ne tombent pas; leur fruit consiste en un assembl[age]
d'écailles que l'on appelle *cône* : c'est pourquoi on[les]
nomme *conifères*; on les nomme aussi *résineux* ou[bois]
résineux, parce que tous donnent de la résine, et *arb[res]*
verts, parce que, à l'exception du mélèze, ils conser[vent]
leur feuillage vert toute l'année.

La *résine* est une matière grasse et inflammable[qui]
découle des entailles ou *quarres* qu'on fait sur le tron[c des]
arbres conifères : on en extrait de la poix, du goudron[.]

Les arbres résineux ou conifères sont le pin, le sapi[n, le]
cèdre, l'if, le cyprès, le mélèze.

Il y a aussi des arbrisseaux toujours verts, ce sont[le]
genévrier, le buis et le houx.

On appelle *bois blancs* ou *bois tendres* les essences[qui]
fournissent des bois blanchâtres ou rougeâtres, légers[à]
texture molle, et *bois durs* ceux dont le bois est lourd[à]
grain serré, fin et fibreux.

Arbres feuillus des terrains frais. — 250. L'AU[NE,]
aussi appelé *vergne*, vient parfaitement dans les terr[es]
les plus marécageux; il se reproduit surtout de semis[;]
le plante volontiers sur les bords des étangs et des fo[ssés]
d'irrigation; là, ses racines nombreuses, traçantes et en[tre-]
lacées retiennent les terres et les empêchent d[e]
entraînées par le débordement des eaux. La croissan[ce de]
l'aune est très rapide dans sa jeunesse; son bois est[fi]
veiné, et prend un beau poli. Il donne peu de chal[eur,]
mais une flamme claire, et est excellent pour chauffe[r les]
fours.

L'*aune à feuilles en cœur* est très élégant et très décor[atif]

251. Le FRÊNE vient dans tous les terrains, pourvu que le sol soit profond et un peu frais; il peut s'élever à 30 mètres; il ne se reproduit guère que de semis et croît assez lentement. Quand on le replante, on ne doit jamais lui couper la tête. On ne le plante pas volontiers dans le voisinage des habitations, parce qu'il est souvent attaqué par des insectes nommés *cantharides*, qui le dépouillent de toutes. ses feuilles et répandent une odeur désagréable. Le bois de frêne est excellent pour l'ébénisterie, la boissellerie; souvent on le réserve pour les pièces de charronnage qui ont besoin d'avoir beaucoup de force et de légèreté, comme les brancards et timons de voitures.

252. Le PEUPLIER est un bel arbre dont quelques espèces s'élèvent à 25 et 30 mètres : c'est surtout dans les endroits frais qu'il déploie la force de sa végétation et la beauté de son feuillage. Sa croissance est rapide. On peut élaguer le peuplier tous les trois ou quatre ans, afin que le tronc devienne plus fort : le produit de l'élagage sert à faire des fagots. Le bois de peuplier sert à faire des planches ou de la *volige*.

Les espèces les plus remarquables sont le *peuplier blanc* ou *ypréau*, ou *blanc de Hollande*; le *peuplier d'Italie*, qui s'élève en pyramide; le *peuplier du Canada* et le *peuplier noir* ou *Suisse*. Tous les peupliers ne se reproduisent que par la bouture, excepté le peuplier blanc, qu'on propage au moyen des rejetons qu'il produit en abondance.

Une plantation de peupliers est une opération qui peut devenir lucrative. Un peuplier qui réussit très bien gagne chaque année une valeur de 50 centimes au moins.

Le *tremble*, qui croît en abondance dans les forêts, est une espèce de peuplier. On lui donne ce nom parce que ses feuilles sont continuellement agitées.

253. Le PLATANE s'élève à 30 mètres; son tronc peut acquérir avec les années une grosseur extraordinaire; il croît rapidement, et se reproduit surtout de marcottes. Quand on plante le platane pour l'ornement des promenades et des grands jardins, on peut le tailler au croissant;

quand on le plante dans les prairies sur le bord des rivières, on peut l'élaguer tous les cinq ans, et il do[nne]
alors de bons fagots. Le bois de platane est suje[t à]
se fendre et à être attaqué par les vers; mais il perd [ses]
mauvaises qualités lorsque, avant de l'employer, on a [eu]
la précaution de le tenir pendant quelque temps plo[ngé]
dans l'eau. Il sert au charronnage et à la menuiserie.

254. Le SAULE BLANC ou *saule de rivière* s'élève à 12 [ou]
15 mètres, lorsqu'on fait monter sa tige, et donne un [bois]
assez fin, qui sert à divers usages, et surtout à faire [des]
sabots. Mais on cultive plus ordinairement le saule
têtard, c'est-à-dire qu'on ne laisse s'élever le tronc [que]
jusqu'à 2 mètres environ, et que l'on coupe tous les [trois]
ou quatre ans toutes les branches. Avec les plus gro[sses]
on fait des gaules qui servent pour échalas, palissades, [et]
avec le reste on fait des fagots pour le chauffage. Le tr[onc]
des têtards est presque toujours pourri dans le cœur [et]
n'est bon qu'à brûler.

Le saule se reproduit très facilement à l'aide de gro[sses]
boutures qu'on appelle *plançons*. Ce sont des branche[s de]
quatre à cinq ans, ayant environ 15 à 18 centimètres [de]
tour par le bas; on taille cette partie inférieure en bec [de]
flûte. On enfonce d'abord en terre à 40 centimètres un [gros]
pieu dont la pointe inférieure est garnie en fer; puis [on]
retire ce pieu, et dans le vide qu'il a laissé, on enfonce [le]
plançon; on butte ensuite le pied avec de la terre, po[ur]
l'empêcher de vaciller. Ces plançons s'enracinent faci[le]
ment et deviennent promptement d'assez beaux arbres.

Le *saule marceau* est très commun dans les bois situ[és]
sur les sols calcaires; il s'élève à 10 mètres, et croît a[vec]
beaucoup de rapidité, surtout quand il repousse sur [la]
souche. On le cultive ordinairement en taillis; on p[eut]
aussi le cultiver en têtard.

L'*osier* est une espèce de saule dont on coupe les pous[ses]
annuelles; les belles pousses ont jusqu'à 3 mètres de lo[n]
gueur. Les rameaux d'osier sont rouges, jaunes, ver[ts,]
gris, extrêmement flexibles et servent à faire des corbeill[es]

es paniers, des claies, des hottes, des liens de toutes
sortes.

QUESTIONNAIRE.

244. Quelle différence y a-t-il entre ces mots : *bois* et *forêts?*
— Qu'est-ce que les futaies? — Qu'est-ce que les taillis? —
Qu'est-ce que les baliveaux? — Qu'appelle-t-on modernes,
anciens, vieilles écorces? — Distinguez la jeune futaie, — le
taillis, — la futaie, — la haute futaie. — Un bois est-il composé
d'une seule espèce d'arbres?

245. Comment multiplie-t-on les arbres forestiers? — Comment
fait-on les semis? — Comment se fait la plantation? — Comment fait-on les plantations d'arbres résineux? — Est-ce une
chose utile que de semer ou planter des bois?

246. Qu'est-ce qu'élaguer les arbres? — Qu'est-ce qu'émonder?
— Qu'est-ce que nettoyer les bois?

247. Comment exploite-t-on les arbres forestiers? — Combien
y a-t-il de sortes de bois de chauffage? — Qu'est-ce que le
charbon? — Qu'appelle-t-on bois d'œuvre ou de service? —
Qu'appelle-t-on affouage?

248. Quels sont les arbres forestiers qui se plaisent dans les
terrains humides? — dans les terrains secs? — Quels sont les
arbrisseaux forestiers?

249. Qu'appelle-t-on arbres à feuilles caduques? — arbres
verts, — ou conifères, — ou résineux? — Qu'est-ce que la
résine? — Quelles sont les diverses espèces de conifères? —
Quels sont les arbrisseaux toujours verts?

250 à 254. Parlez de l'aune, — du frêne, — du peuplier, — du
tremble, — du platane, — du saule de rivière. — Comment
plante-t-on le saule de rivière? — Parlez du saule marceau. —
Qu'est-ce que l'osier?

———

TRENTIÈME LECTURE

ARBRES FEUILLUS DES TERRAINS PERMÉABLES. — ARBRES RÉSI-
NEUX OU CONIFÈRES. — ARBRISSEAUX FORESTIERS OU MORT-
BOIS A FEUILLES CADUQUES, A FEUILLES PERSISTANTES OU
TOUJOURS VERTES.

Arbres feuillus des terrains perméables. — 255.
L'ALIZIER ou *allouchier* s'élève à 10 ou 15 mètres, il donne
es fruits, que l'on peut manger quand on les a laissés

blettir. Son bois est très dur, d'un grain fin et serré, su-
ceptible d'un beau poli : on en fait des montures d'ou
des alluchons et des fuseaux de moulin; le charbon qu'il
donne est excellent.

256. Le BOULEAU, qui s'élève à 15 ou 20 mètres, réusit
dans tous les terrains, sauf les sols compacts et maré-
geux. Son bois, nuancé de rouge et d'un grain assez fin,
prenant assez bien le poli, est recherché des menuisiers,
des tourneurs, des ébénistes et des sabotiers. Il brûle ra-
dement en donnant une flamme claire; dans les villes, on
l'emploie à chauffer les fours.

257. Le CHARME s'élève ordinairement à 15 mètres et
peut en atteindre 25; il vient assez bien dans tous les terrains, pourvu qu'ils aient de la profondeur et qu'ils ne
soient pas très secs et arides; il résiste aux plus grands
vents. Sa croissance est fort lente. On le tond et on le taille
comme on veut, pour en faire des allées et des murailles
de verdure qu'on nomme *charmilles*. Le bois de charme
est excellent pour le chauffage; il est bon aussi pour le
charronnage, pourvu que l'on ne l'emploie que très sec.

258. Le CHÊNE est de tous les arbres le plus utile et le
plus précieux : il vit deux cents ans et même davantage,
et s'élève à une grande hauteur. Son bois est indispensable
à la construction des maisons et à celle des vaisseaux; il
est aussi très bon à brûler. L'écorce du chêne sert à tanner
les peaux; 1 stère de bois fournit de 25 à 36 kilogrammes
d'écorce. Le tan qui a servi à la préparation des peaux sert
ensuite à faire des mottes à brûler.

Ce bel arbre commence à devenir moins commun en
France. On ne saurait trop en encourager la multiplication.
Il ne se reproduit que de semis, au moyen de ses fruits
qu'on appelle *glands* et qui sont excellents pour engraisser
les porcs et la volaille.

On rencontre en France cinq sortes de chêne à feuilles
caduques : le *pédonculé*, le *sessile* ou *rouvre*, le *cerris*
pyramidal, qui n'existe que dans les Pyrénées, et le *tauzin*
qui a des feuilles pubescentes.

On peut semer les glands sur place, ou bien en pépinière et planter les jeunes chênes quand ils ont deux ans.

Le bois de chêne a une grande durée et il résiste très bien aux intempéries.

Il y a dans le Midi une sorte de chêne qui est très répandue qu'on appelle *yeuse* ou *chêne vert*, parce qu'en hiver ses feuilles sont toujours vertes. L'yeuse, dans le nord de la France, est sensible au froid. Cet arbre, qui croît avec une extrême lenteur, dure plusieurs siècles.

Une autre espèce de chêne vert, qui ne se trouve que dans les départements du Midi et du Sud-Ouest, s'appelle *chêne-liège* ou *surier*. Cet arbre, qui ne s'élève qu'à 10 ou 12 mètres, est précieux par son écorce, qu'on appelle *liège*, et qu'on détache de l'arbre vivant, tous les huit ou dix ans; quoique ainsi périodiquement écorché, ce chêne vit cent cinquante ans. Le liège sert à faire des bouchons et à beaucoup d'autres usages.

259. Le CHATAIGNIER est un des arbres les plus précieux de nos forêts, par sa grandeur, par les qualités de son bois, par l'abondance et la bonté de ses fruits, et parce qu'il prospère dans des sables où les autres arbres réussissent mal. Le bois de châtaignier, employé dans la charpente et dans la menuiserie, dure plusieurs siècles sans s'altérer. Dans quelques départements de la France, la population se nourrit en grande partie de châtaignes.

Son bois, quand il est jeune, est liant et sert à faire d'excellents cercles.

260. L'ÉRABLE s'élève à 9 ou 10 mètres. Son écorce est dure et crevassée. Son bois, dur et susceptible d'un beau poli, est excellent pour les ouvrages de tour et d'ébénisterie. Ses jeunes tiges servent à faire des manches de fouets ordinaires. Ses feuilles sont recherchées par les bestiaux.

Deux espèces d'érable, qu'on appelle *sycomore* et *plane*, croissent rapidement et s'élèvent à 20 ou 25 mètres.

Une autre espèce, appelée *champêtre*, croît moins vite, et ne s'élève qu'à 10 ou 15 mètres.

261. Le HÊTRE est un très bel arbre. Sa tige arrondie est

couverte d'une écorce grise et unie, et s'élève quelquefois
sans branches ni nœuds, jusqu'à 20 mètres. Il se plaît
dans presque tous les terrains, pourvu qu'ils ne soient pas
trop compacts et humides et qu'ils aient 50 centimètres
de profondeur ; mais il réussit difficilement sur les sols secs
et brûlants. Le bois de hêtre n'a ni assez de force ni assez
d'élasticité pour être employé à la charpente ; mais il peut
servir à tous les autres usages ; c'est un des meilleurs bois
de fente : il fournit un excellent chauffage.

Son fruit, qu'on appelle *faîne*, donne une huile qu'on
utilise dans l'industrie ou l'éclairage. On ramasse les faînes
à mesure qu'elles tombent, on les met dans une chambre
bien aérée, et l'on a soin de ne pas les entasser, de peur
qu'elles ne s'échauffent. Lorsqu'elles sont bien sèches, on
les dépouille de leur peau et on les presse pour
exprimer l'huile.

Le hêtre, comme le chêne, ne se reproduit que de graine.

262. Le MERISIER ou *cerisier sauvage* se plaît sur les
coteaux et sur les montagnes. Son bois, doux et facile à
travailler, est employé par les menuisiers et les ébénistes.
En le trempant trente ou quarante heures dans l'eau de
chaux, il prend une belle couleur rouge brun. Le merisier peut aussi être employé comme bois de charpente.

Son fruit, qu'on appelle *merise*, sert dans les Vosges et
l'Alsace à la fabrication de la liqueur appelée *kirsch.*

263. Le MICOCOULIER, qui croît dans le midi de la France,
s'élève de 12 à 15 mètres. Son bois sert à faire des four-
ches, des manches de fouets appelés vulgairement *perpi-
gnans*, et à fabriquer des meubles.

264. L'ORME a un bois jaune, marqué de couleurs
brunes, dur, pesant, susceptible d'un beau poli. C'est le
meilleur de tous les bois pour le charronnage ; c'est, après
le chêne, le meilleur pour les constructions. Le bois de
l'orme tortillard se vend trois fois plus cher que l'autre.
L'orme est un arbre de première grandeur : il se plaît dans
tous les terrains, excepté dans les sols compacts et
humides et dans les sables mouvants.

265. Le ROBINIER ou *acacia* peut s'élever de 12 à 18 mètres; son feuillage ne donne pas beaucoup d'ombre mais ses fleurs, disposées en belles grappes pendantes, sont d'une odeur suave; ses rameaux, dans leur jeunesse, sont armés de fortes épines. Le bois d'acacia est bon pour tous les usages et est très dur, quoique l'arbre croisse fort vite. En général, on évite de planter l'acacia sur la lisière des champs cultivés, parce que ses racines traçantes peuvent nuire aux récoltes.

266. Le SORBIER ou *cormier* s'élève de 10 à 20 mètres. Il donne des fruits, d'abord verts, puis jaunâtres ou rougeâtres dans leur parfaite maturité, ayant la forme d'une petite poire, connus sous le nom de *sorbes* ou de *cormes*, et qui ne sont bons à manger que lorsqu'ils ont passé quelque temps sur la paille. Son bois est d'une couleur fauve ou rougeâtre, peu ou point veiné, dur, compact, solide, excellent pour tous les ouvrages, surtout pour les pièces qui supportent de grands frottements, comme les vis de pressoir, les montures de rabots et de varlopes, les dents de roues pour les moulins.

Une espèce, qu'on appelle *sorbier des oiseaux*, ne s'élève qu'à 8 ou 10 mètres, et donne des fruits rouges de la grosseur d'une petite cerise dont les grives et d'autres oiseaux sont très friands.

267. Le TILLEUL est un grand arbre dont les fleurs ont une odeur agréable et servent à faire des infusions ou des tisanes. Le tilleul croît assez vite, vit fort longtemps et peut devenir énorme. On peut le tailler à volonté et lui donner la forme qu'on désire, à l'aide du croissant et des cisailles. Le bois est blanc, pas très dur, mais liant et peu sujet à être piqué des vers. Il y a deux principales espèces : le tilleul *commun* et le tilleul *de Hollande*, dont les feuilles sont très larges et qu'on ne rencontre pas dans les bois.

Arbres résineux ou conifères. — **268.** Le PIN s'élève quelquefois à 40 mètres et gagne en croissance et en qualité pendant cent ans. Ses feuilles sont roides et aiguillées, longues de 7 à 10 centimètres, réunies de 2 à 5 à la base

par une petite gaine et d'un vert assez clair. Le frui[...]
s'appelle *pomme de pin*, mûrit en deux ou trois ans[...]
bois est de longue durée et excellent pour les cons[...]
tions.

L'espèce la plus utile est le *pin sylvestre* ou *pin d'Éco[...]*
qui croît aux expositions les plus froides. Sa tige[...]
s'élève droite comme un cierge jusqu'à une hauteu[...]
33 mètres, fournit des mâts aux plus grands vaisseau[...]
est commun dans la Champagne, à Haguenau, etc.

Le *pin noir d'Autriche* est aussi un bel arbre. O[...]
propage de plus en plus en France dans les contrées[...]
caires.

Le pin *laricio* est très commun en Corse et s'élève[...]
les montagnes de cette île jusqu'à la hauteur de 45 m[...]
C'est un arbre magnifique, aussi droit et plus gros q[...]
pin sylvestre, et d'une culture aussi facile.

Le pin *maritime* croît abondamment dans les land[...]
Bordeaux et en Provence. Son tronc n'est jamais par[...]
ment droit, ce qui fait qu'il est impropre à la mâture[...]
il fournit beaucoup de bois de charpente et de bo[...]
brûler, ainsi qu'une grande quantité de résine, de b[...]
de goudron ; il ne réussit dans le nord de la Franc[...]
sur les dunes de la Manche. Il résiste mal aux fortes g[...]
dans la Sologne.

Le pin maritime est associé dans la Provence et le[...]
Languedoc au *pin d'Alep* ou *de Jérusalem*.

269. Le SAPIN COMMUN, ou *sapin argenté*, ou *sap[...]*
Normandie (fig. 64), est un bel arbre, droit comme[...]
flèche, et dont les branches s'élèvent par étages en p[...]
mide ; ses feuilles, d'un vert sombre, sont longues de[...]
5 centimètres. Son écorce est toujours lisse. Le sapin[...]
s'élever à 40 mètres. Son bois, qui sert à la marine[...]
charpente et à la menuiserie, est léger. Le sapin se[...]
surtout à l'exposition du nord et dans les pays froid[...]

Une espèce qu'on appelle *épicéa* ou *pesse*, ou *sapin[...]*
dont le feuillage est d'un vert très sombre, qui croît[...]
rapidement, est très commune en France, surtout dan[...]

Fig. 61.   Sapin argenté.

Vosges. C'est cet arbre résineux qui fournit la *poix jau...*
ou *de Bourgogne*. Son bois sert au même usage que ...
du sapin commun, mais comme il est vibrant, les luth...
l'emploient pour fabriquer des instruments de musique.

270. Le MÉLÈZE est le seul des arbres résineux qui per...
ses feuilles pendant l'hiver. Cet arbre, dont le bois rési...
très bien à l'air et à l'humidité, et qui s'élève à plus ...
30 mètres, est abondant sur les Alpes de la France, de ...
Suisse et du Tyrol; on en extrait la résine connue sous ...
nom de térébenthine de Venise.

271. Le CÈDRE est un arbre magnifique, très rare ...
France.

L'IF s'élève à 12 mètres; c'est, de tous les arbres, cel...
qui croît le plus lentement. Il est peu utile et peu répan...
On le taille à volonté; il porte de petits fruits rouges ...
l'on ne doit pas manger parce qu'ils sont vénéneux ...
que ses feuilles.

Le CYPRÈS est un arbre pyramidal, qui ne se cul...
guère que pour l'ornement ou pour former des abris ...
la vallée du Rhône.

**Arbrisseaux forestiers ou mort-bois à feuilles c...
ques. — 272.** La *bourgène* ou *bourdaine*, assez commu...
dans les bois humides, s'élève à 2 ou 3 mètres. Son b...
est tendre et cassant; mais le charbon qu'on en tire ...
très léger et excellent pour la fabrication de la poudr...
canon; et, pour cette raison, l'administration des poud...
a le droit de mettre cet arbrisseau en réquisition dans ...
bois particuliers.

Le *cornouiller* est un grand arbrisseau ou un p...
arbre qui peut s'élever à 6 ou 7 mètres. Ses fleurs par...
sent de très bonne heure au printemps, et ses fruits rou...
mûrissent très tard en automne; on peut les manger ...
bois de cornouiller est très dur et très fin; lorsqu'il ...
bien sec, on en fait des échelons, des chevilles, des ray...
de roue. Le cornouiller croît avec beaucoup de lenteur ...
vit très longtemps.

Le *fusain*, qu'on appelle vulgairement *bonnet de pr...*

s'élève à 4 ou 5 mètres; ses fleurs, petites et blanchâtres, paraissent en mai et en juin; ses fruits, d'un rouge éclatant, restent presque tout l'hiver sur les rameaux. Son bois est léger, d'un blanc jaunâtre; on en fait des fuseaux et des quenouilles. Son charbon peut servir à la fabrication de la poudre à canon. Ce même charbon, obtenu dans un tube de fer et réduit en poussière, sert aux dessinateurs à tracer des esquisses, parce qu'il s'efface plus facilement que le crayon ordinaire.

Le *noisetier*, ou *coudrier*, croît naturellement dans les bois et dans les haies. Son fruit est bon à manger. Son bois est tendre et n'est pas susceptible de prendre un beau poli. Il ne devient jamais assez gros pour qu'on puisse en faire des ouvrages de quelque importance. On en fait des cerceaux, des échalas, des pieux et différents ouvrages de vannerie.

Le *sureau* est un grand arbrisseau, qui, cultivé avec soin, peut devenir un arbre de 6 à 7 mètres de hauteur; mais on ne le laisse guère croître qu'en haie et en buisson. Le bois des tiges de 4 à 6 ans sert à faire de bons échalas.

La *mancienne*, ou *viorne mancienne*, ou *bourdaine blanche*, est un arbrisseau de 3 à 4 mètres de hauteur, dont les rameaux sont velus; ses fleurs sont blanches et ses petits fruits noirâtres ne contiennent qu'une seule graine. Ses jeunes rameaux sont souples et peuvent servir aux mêmes usages que l'osier.

Le *troène* est remarquable par ses petites fleurs blanches et ses fruits noirs. Cet arbrisseau est à peu près sans utilité; mais on s'en sert volontiers dans les champs et les jardins d'agrément pour faire des haies et des palissades, parce qu'on le taille facilement et qu'il vient à la hauteur qu'on veut.

Mort-bois à feuilles persistantes. — 273. Le *genévrier* est un arbrisseau qui, si on le cultivait, pourrait s'élever à 4 mètres, mais dont on ne prend aucun soin, et qui ne croît guère que sous forme de broussailles dans les terrains incultes et surtout calcaires. Il produit de petits fruits qui

mûrissent en automne au bout de deux ans, don[t]
usage en médecine et avec lesquels on fabrique l[']
vie de genièvre.

Une espèce qui se nomme *sabine* et qui croît [aux]
montagnes dans les régions du Midi, est remarqua[ble par]
son odeur forte et désagréable. On l'utilise dans la [méde-]
cine vétérinaire.

Le *buis* est un arbuste toujours vert, très abonda[nt dans]
les montagnes calcaires de la région du Midi. Sa t[ige est]
quelquefois très grosse. Son bois, d'un jaune pâle,
tissu serré et compact, est excellent pour une fou[le de]
petits ouvrages.

Il y a une espèce que l'on nomme *buis nain*, qui [sert à]
faire des bordures dans les jardins.

Le *houx*, que dans quelques pays on appelle vul[gaire-]
ment *laurier piquant*, vient ordinairement en bui[sson,]
mais dans les clairières des forêts il peut s'élever à [5 ou]
6 mètres. Ses feuilles sont raides et armées de piq[uants.]
Son bois, dur et solide, est très recherché par les [tour-]
neurs. C'est avec son écorce qu'on fait la meilleur[e glu]
pour prendre les oiseaux.

Le *paliure épineux* ou *argalou* est un arbrisseau
épineux qui croît comme la *lavande*, le *romain*, le [*daph-*]
tisque, le *chêne kermès*, dans les bois résineux et les [gar-]
gues ou terres incultes de la région méridionale.

QUESTIONNAIRE.

255 à 267. — Parlez de l'alizier, — du bouleau, — du ch[arme,]
— du chêne, — de l'yeuse, — du chêne-liège, — du châta[ignier,]
— du hêtre, — de l'érable, — du sycomore, — du meris[ier,]
du micocoulier, — de l'orme, — du robinier ou acacia, [— du]
sorbier, — du tilleul.

268 à 271. Parlez du pin sylvestre, — du pin laricio, — [du pin]
maritime, — du sapin, — de l'épicéa, — du mélèze, [— du]
cèdre, — de l'if, — du cyprès.

272. Parlez de la bourgène, — du cornouiller, — du [ ]
— du noisetier, — du sureau, — de la mancienne, — du [ ]

273. Parlez du genévrier, — du buis, — du houx, [— du]
paliure.

SIXIÈME PARTIE

ZOOTECHNIE OU ANIMAUX DOMESTIQUES

TRENTE ET UNIÈME LECTURE

Définitions. — 274. Les animaux domestiques sont les serviteurs de l'homme. Dieu nous les a donnés pour nous aider dans nos travaux, pour nous servir, nous nourrir, quelques-uns même pour nous garder et nous défendre. Tous nous sont utiles. La chèvre et la vache nous donnent du lait, le mouton de la laine ; le cheval, le bœuf, le mulet et l'âne labourent nos champs, portent nos fardeaux, nous portent nous-mêmes ; leur peau sert à de nombreux usages ; et, en outre, la chair du bœuf, de la vache, du veau, du mouton et du porc, est pour nous une excellente nourriture ; la poule, le canard, l'oie, le dindon, le pigeon nous fournissent des œufs, de la viande et de la plume ;

l'abeille, du miel; le ver à soie, un fil précieux dont n[ous]
composons de riches étoffes; enfin, le chien nous gar[de].
Quelle reconnaissance ne devons-nous pas à la Providen[ce]
qui met à notre disposition tant de richesses!

On nomme *gros bétail* le cheval (nom sous lequel [on]
comprend aussi la jument) et les bêtes à cornes, dont [les]
divers noms sont : bœuf, taureau, vache et génisse[;]
mulet et l'âne font aussi partie du gros bétail.

On appelle *petit bétail* les moutons, brebis, agneaux[,]
béliers, qui ne sont qu'une seule et même espèce ; on pe[ut]
y joindre le cochon ou porc, la truie et le verrat, la chèvr[e,]
le chevreau et le bouc.

On appelle *animaux de travail* les animaux qui tir[ent]
les voitures et les charrues et qui portent des fardeaux.

On nomme *animaux de rente* les animaux qui ne tra[-]
vaillent pas, mais auxquels on demande du lait, du beu[rre,]
de la viande, de la laine, du suif, des veaux, des agne[aux]
et des porcelets.

Les volailles, les abeilles, les vers à soie et les lap[ins]
appartiennent aussi aux animaux de rente.

On désigne sous le nom collectif de *bêtes chevalines* [ou]
équidés : le cheval, l'âne et le mulet; *bêtes bovines* [ou]
bovidés : le bœuf et la vache; *bêtes ovines* ou *ovidés* [: le]
mouton et la brebis ; *bêtes porcines* ou *suidés* : le por[c,]
la truie; *bêtes caprines* : le bouc et la chèvre.

Les *oiseaux de basse-cour* comprennent la poul[e,]
dindon, l'oie, le canard, la pintade et le pigeon.

Multiplication. — 275. La multiplication est l'action [de]
propager les races par un bon choix dans les reprod[uc]
teurs. Cette spéculation n'est lucrative qu'autant qu[e le]
cultivateur s'est préalablement rendu compte de la dest[ination]
ultérieure des produits qu'il veut obtenir.

Élevage, éducation. — 276. L'*élevage* est l'art d'éle[ver]
les animaux domestiques. Cette opération est régie pa[r les]
soins, le régime alimentaire et les locaux que deman[dent]
les espèces et les races, eu égard à leur constitutio[n, au]
climat et au sol qu'elles habitent.

L'éducation est la manière de gouverner, de dresser les animaux. Le cheval aime les caresses de l'homme; il plie sous sa volonté. Le bœuf n'est pas moins sociable que le cheval; il obéit à la voix, quoiqu'il ne s'attache pas à l'homme qui le nourrit.

C'est donc à tort qu'on négligerait l'éducation des animaux domestiques ; sans elle, le cheval serait moins intelligent, le bœuf aurait un caractère de sauvagerie et la vache n'abandonnerait plus à des mains caressantes le lait qui remplit ses mamelles.

Entretien. — 277. Sous le nom d'entretien, on entend les soins, l'alimentation que l'on accorde aux animaux adultes de rente ou de travail pour qu'ils se maintiennent en bon état.

Amélioration. — 278. L'amélioration représente tous les efforts, tous les soins qui tendent à rendre les animaux plus parfaits, plus utiles en leur donnant plus d'aptitude au travail ou à l'engraissement, ou en augmentant la valeur vénale de la toison des bêtes à laine.

Engraissement. — 279. L'engraissement est l'opération à l'aide de laquelle on augmente en quantité et en qualité la viande et la graisse chez les animaux domestiques. Engraisser un bœuf est donc augmenter son embonpoint dans le but de rendre son suif plus abondant et sa viande plus savoureuse et plus nourrissante. Un animal gras est triste; sa démarche devient lourde et cadencée et sa sensibilité diminue.

Influence du climat. — 280. Le climat a une grande influence sur la manière d'être des animaux domestiques. Ceux des contrées où la température est sèche et chaude, ont un poil fin et soyeux, une durée d'existence plus longue, une constitution plus vigoureuse, des muscles plus gros, plus énergiques, des os plus petits, plus denses, des cornes plus longues, plus sèches que les animaux qui vivent dans les contrées humides et froides.

Le climat tempéré est le plus favorable. Ainsi une température ni trop sèche, ni trop humide favorise la fermeté

des chairs, la prédominance du tempérament sanguin
richesse du sang et la régularité des fonctions vitales.

Influence du sol. — 281. Généralement les animaux
se multiplient sur les terres argileuses humides ont
grande taille, un tempérament plutôt lymphatique que sa
guin, peu d'énergie et de vigueur, une peau épaisse et
crins longs, abondants et grossiers. Ainsi les chevaux
ont des formes massives, une tête forte, le ventre volu
neux et les pieds très évasés. Les bêtes ovines ont au
une grande taille et une laine lisse, longue et grossière

Les sols calcaires sont les terrains par excellence pour
chevaux et les bêtes à laine. Les premiers se distingue
par beaucoup de finesse, d'agilité et d'énergie; les secon
portent des toisons d'une grande finesse. Les terrains
ceux perméables exercent sur ces animaux les mêm
influences.

Enfin, si les animaux qui vivent dans les vallées ont
défauts et les avantages des animaux qu'on rencontre d
les pays un peu brumeux, ceux qui habitent les montag
sont remarquables par leur grande vigueur et leur exc
lent tempérament. Ces qualités, ils les doivent à l'air qu
est pur et plus vif et aux plantes qui y sont plus nutriti

Influence de l'alimentation. — 282. Les aliments
une grande influence sur le tempérament et la taille des a
maux. On commence, enfin, à comprendre la nécessité
mieux nourrir le bétail. Ainsi, on est convaincu dans be
coup de localités de la vérité de cette maxime : *B*
nourrir, c'est améliorer. C'est pourquoi les animaux qu
y élève reçoivent dans leur jeune âge une abondante a
mentation. Si depuis longtemps on avait mieux comp
en France les avantages que présente une excellente a
mentation, toutes nos races d'animaux domestiques serai
bien autrement perfectionnées qu'elles ne le sont.

C'est en donnant des aliments riches et abondants d
le jeune âge et en évitant une brusque transition en
l'allaitement et le sevrage qu'on arrive à accroître la pré
cité des races.

Influence d'une bonne conformation. — 283. Les bons éleveurs recherchent avec empressement les animaux bien conformés. Ainsi, ils veulent que le *corps* soit cylindrique, bien proportionné, la *poitrine* large et profonde ou descendue, afin que les organes de la respiration y soient plus à l'aise et qu'ils y fonctionnent avec plus de liberté et d'activité; que le *dos* et surtout les *reins* soient étendus, larges et droits, parce qu'ils contiennent la viande la plus savoureuse; que les *hanches* soient longues, développées et très écartées l'une de l'autre, les *cuisses* charnues et coniques, pour que les morceaux de première qualité aient plus de développement; que le *cou* soit court, fin et se confonde avec la partie antérieure du corps; que les *épaules* soient longues, peu saillantes, peu inclinées sur les côtes et arrondies, car alors la chair est plus abondante, se couvre mieux de graisse et n'appartient plus à la viande de basse boucherie.

En outre, ils attachent une grande importance à ce que la *chair*, en général, soit ferme lorsque l'animal est gras, qu'elle se distribue également sur le dos et sur les côtes, parce qu'une chair flasque, qui cède sous la pression de la main, lorsqu'on palpe les endroits sur lesquels elle est abondante, n'est jamais de bonne qualité.

Enfin, ils désirent que la peau soit douce, souple, peu épaisse et recouverte de poils fins et soyeux, afin qu'elle ne s'oppose pas aux fonctions de la transpiration et qu'elle cède plus facilement pendant l'engraissement, lorsque la viande et la graisse s'accumulent sur toutes les parties du corps.

Alimentation du bétail. — 284. La nourriture du bétail doit toujours être de bonne qualité; on ne doit en donner ni trop ni trop peu; il faut en régler la quantité sur les besoins de l'animal. Plus il travaille, plus ses aliments doivent être fortifiants et abondants.

La nourriture qui fortifie le plus les chevaux, c'est l'avoine dans le nord de l'Europe et l'orge dans les pays méridionaux.

L'orge, dans les départements du Nord, est à la
nutritive et rafraîchissante.

Les meilleurs fourrages sont : le foin des prairies narelles, pour tous les animaux ; la luzerne et le sainfo
pour les chevaux, les mulets et les moutons ; le trè
pour les bêtes à cornes ; le seigle, le maïs, les feuille
choux, la vesce, le trèfle incarnat, la bisaille coupé
vert et même les feuilles des arbres remplacent ava
geusement le foin ou l'herbe des prairies naturelle
artificielles.

On peut faire manger au bétail des racines, comm
betterave, le navet, la carotte, le rutabaga, les pomme
terre, le topinambour. Cette nourriture est succule
rafraîchit les animaux et accroît la production du la
mais il faut la leur donner avec quelque précaution, e
faire alterner avec les fourrages secs.

Il n'est pas vrai que la paille soit un mauvais fourra
on l'a dit, mais c'est une erreur. La paille n'est mauva
que quand elle est avariée ou qu'elle a été altérée par
pluies et lorsque le bétail ne reçoit pas de racines ou
pulpes de sucrerie, de distillerie ou de féculerie.

En hiver, on peut employer les feuilles comme fourr
supplémentaire. Pour les faire servir à cet usage, on
récolte en août ou septembre ; on les fait sécher à l'om
ou dans des greniers aérés pour ensuite les entasser fo
ment après les avoir recouvertes d'un lit de paille.

Il ne faut pas ramasser pour cet usage les feuilles
sont déjà sèches ou mortes ; elles ne sont pas nour
santes.

285. Le passage de la nourriture sèche à la nourri
verte, qui a lieu au printemps ou en été, doit se faire a
précaution. Chaque jour, on mêle aux fourrages secs
peu d'herbe verte, et l'on en augmente la dose progres
vement.

Mettre les *animaux au vert*, c'est substituer entièrem
la nourriture verte à la nourriture sèche ; ce qui peu
faire dans la belle saison.

On met les animaux au vert de deux manières. On les conduit dans les prairies et on les y laisse paître librement; où l'on coupe chaque jour la provision d'herbe nécessaire aux animaux, et on la leur apporte dans l'étable. La première manière s'appelle *nourrir le bétail au pâturage*; la seconde, *l'entretenir en stabulation*.

Pour faire passer les animaux du vert à la nourriture sèche, ce qui se fait à la fin de l'automne, il faut aussi quelques précautions; la plus usitée pour les bêtes à cornes et même pour les chevaux est de leur donner du foin et du son farineux légèrement humecté, ou de les mettre à l'eau blanche pendant quelques jours.

On appelle *eau blanche* de l'eau dans laquelle on a délayé de la farine d'orge, ou des recoupettes, ou du son.

286. L'usage du *sel* contribue à entretenir la santé et les forces des animaux : ceux qui endurent beaucoup de fatigue en ont plus besoin que les autres; il est bon aussi de leur en donner dans les temps où les pluies se prolongent et lorsque les foins et les pailles ne sont pas de bonne qualité. L'usage en est plus utile dans le Nord que dans le Midi; on peut s'en passer dans les lieux voisins de la mer ou des sources salées.

Pour donner le sel aux animaux, quelques personnes leur présentent dans le creux de la main; c'est un bon moyen pour les rendre plus familiers et plus doux; mais cela demande trop de temps. Il vaut mieux le projeter en petite quantité sur les racines coupées ou sur les fourrages, ou le faire dissoudre dans une quantité d'eau suffisante, et en arroser le fourrage qu'on se propose de leur donner.

La dépense qu'exige l'achat du sel est bien compensée par la bonne santé des animaux, et même par l'économie du fourrage; 6 kilogrammes de fourrage salé nourrissent aussi bien que 7 à 8 kilogrammes sans sel.

Boissons. — 287. Pour la boisson des animaux, l'eau des rivières, des ruisseaux et des fontaines est la meilleure; ensuite vient celle des lacs et des étangs qui ont un écoulement régulier; celle des mares et des fossés est moins

bonne. L'eau des puits et des citernes doit être expo
quelque temps au contact de l'air avant d'être présen
aux animaux. Celle qui provient de la fonte des nei
n'est pas précisément mauvaise, mais il vaut mieux évi
d'en faire usage, parce qu'elle est toujours trop froide.

En été, il ne faut pas faire boire les chevaux aux sour
mêmes : l'eau y est trop fraîche; en hiver il n'y a rien
craindre.

L'eau des abreuvoirs est mauvaise lorsqu'elle est fe

Fig. 65. — Laveur de racines.

geuse et fétide et lorsqu'elle reçoit le purin qui s'écoule
tas de fumiers.

Il faut laisser boire les animaux à volonté quand ils v
au pâturage ou qu'ils en reviennent.

Quand ils sont nourris à l'étable, il faut les conduir
l'abreuvoir deux fois par jour, le matin de bonne heur
le soir bien avant la nuit, toujours après qu'ils ont
leur repas. Avant de les faire rentrer, on les laisse pren
un peu d'exercice et respirer un air pur.

En hiver, cependant, il suffit de conduire les bête
cornes à l'abreuvoir une fois par jour, à midi.

Préparation des aliments. — **288.** Les aliments ne sont pas donnés au bétail tels qu'on les récolte.

Avant de les leur administrer, on doit secouer ou agiter avec une fourche les vieux foins, les foins moisis ou poudreux ; on doit nettoyer ou cribler les avoines chargées de

Fig. 66. — Coupe-racines.

poussière ou de parties terreuses et les débarrasser complétement des pierres qu'on y observe quelquefois ; on doit aussi nettoyer, laver, couper ou diviser les racines de betterave, de carotte et de navet et les tubercules de la pomme de terre ou du topinambour ; enfin, il est nécessaire de réduire en poudre grossière les divers tourteaux et de faire tremper dans l'eau pendant quelques heures le maïs, la féverole et les pois, si on ne peut diviser ces semences

14

à l'aide de la meule ou au moyen d'un concasseur. Les betteraves divisées mêlées à de la paille hachée constitue un bon mélange, surtout si on le laisse fermenter penda 24 à 36 heures.

C'est en opérant ainsi qu'on donne aux animaux d aliments de meilleure qualité et plus assimilables. Au est-il utile qu'une exploitation possède un *laveur racines* (fig. 65), un *coupe-racines* (fig. 66) et un *hach*

Fig. 67. — Hache-paille.

paille (fig. 67), appareils qui diminuent sensiblement dépenses de main-d'œuvre.

Quand on manque de foin, on peut mêler la quan dont on dispose avec de la bonne paille et diviser le mêla avec un hache-paille pour l'ajouter ensuite à une quan déterminée de drèche, de pulpe de sucrerie ou de distill de betterave, de marc de raisin ou de résidu de fécul

Rations journalières. — 289. Les rations qu'on donne chaque jour aux animaux domestiques varient suivant leur poids et les services qu'on leur demande. Voici les quantités de foin qu'on donne par chaque 100 kilogrammes de poids vif aux animaux de taille et poids moyens :

Cheval de travail.....................	3 kilogr.
Vache...............................	3 —
Bœuf de travail......................	3 —
Bœuf à l'engrais.....................	5 —
Mouton..............................	4 —

Généralement les animaux de petite taille, proportion gardée, exigent plus d'aliments que les animaux de grande taille appartenant à la même espèce et à la même race.

On peut remplacer 100 kilogrammes de bon foin de prairie naturelle ou de prairie artificielle par :

Paille de froment...........	250	à 300	kilogr.
Trèfle ou luzerne verte......	400	450	—
Graine de maïs.............	40	45	—
Racines de betterave........	350	400	—
Racines de carotte..........	250	300	—
Navet......................	300	350	—
Rutabaga	250	300	—
Pulpe de sucrerie..........	150	200	—
Marc de raisin.............	300	350	—
Tourteau de lin ou de colza.	45	50	—
Feuilles sèches d'ormeau....	150	175	—

Les animaux à l'engraissement exigent des rations plus fortes, plus alimentaires que les autres animaux de rente ou de travail.

On appelle *ration d'entretien* la quantité d'aliments nécessaire pour entretenir la vie sans que l'animal ne maigrisse ou diminue de valeur. On appelle *ration de production* les quantités alimentaires dont l'animal a besoin pour produire du lait, du travail, de la viande, etc.

Traitement des animaux. — 290. Les bestiaux sont indispensables à l'agriculture, car sans bestiaux il n'y a point d'engrais : sans engrais, la plupart des champs ne

produiraient presque rien. Plus les bestiaux sont nombreu
plus la terre acquiert de valeur.

Nous devons être pour les animaux des maîtres bon
soigneux, et les traiter avec douceur, leur donner u
nourriture saine, abondante et bien réglée, ne jamais le
fatiguer inutilement et mal à propos, les tenir propres, n
pas les soumettre à un travail excessif, qui finirait par le
énerver et les faire maigrir.

L'animal domestique est un être doué de sentiment
on le traite avec bonté, il s'accoutume à son esclavage
fait volontiers tout ce qu'on exige de lui; mais si on l
maltraite, il devient rétif, mutin, dangereux; la contrain
te sert qu'à l'irriter davantage; les coups de fouet ou d
guillon ne font que le pousser à la révolte.

C'est être bien méchant, bien cruel que de maltraiter u
animal qui ne peut pas se défendre. Il y a des charretie
et des bouviers d'une brutalité féroce. On a vu quelquefo
des jeunes gens imiter leur odieux exemple. Il n'en résul
que du mal. Ce sont les mauvais traitements qui rende
le cheval ombrageux, la vache indocile, le chien hargneu
le mulet revêche, et qui font que le taureau cherche que
quefois à tuer son gardien. Quand, au contraire, on agi
leur égard avec une douceur constante, on n'a qu'à
louer de leur soumission : ils se plient sans répugnance
toutes les habitudes qu'on veut leur imposer.

Une loi, rendue en 1851, inflige des peines sévères au
personnes qui maltraitent les animaux et qui les frappe
sans nécessité.

Devoirs du pâtre. — 291. Un bon gardien doit être vi
lant et fidèle; il faut qu'il soit propre, adroit et patie
qu'il aime les animaux et qu'il les traite avec douceur.
bouvier vigilant remarque tout de suite quand un anim
est triste ou manque d'appétit, ou s'est blessé; il lui do
des soins ou le préserve de la violence ou du choc
autres animaux.

Avant de partir pour le pâturage, le pâtre ou le vach
s'assure si ses animaux sont en bonne santé; il les

boire; puis il les laisse un instant dans la cour, pour avoir le temps de nettoyer l'étable, d'enlever la vieille litière et de débarrasser les râteliers; il ouvre les portes et les fenêtres, afin que l'air se renouvelle partout; et ensuite il se met en route et prend soin que sur son chemin ses animaux ne commettent aucun dégât.

Quand il est arrivé au pâturage, il s'occupe attentivement de ses animaux; il empêche qu'ils ne se battent entre eux; il veille à ce que d'autres bestiaux ne viennent pas les troubler et leur donner le germe de quelque maladie contagieuse; il prend bien garde qu'ils ne s'écartent, qu'ils ne s'échappent, qu'ils ne commettent quelque dégât aux environs du pâturage, dans les bois, dans les vignes, dans les champs; il choisit pour eux l'endroit où se trouve la meilleure herbe; il leur parle de temps en temps, les flatte, les caresse et ne les maltraite jamais.

En revenant, il prend les mêmes précautions qu'à son départ; de retour à la maison, il distribue à chaque animal sa portion de fourrage, après l'avoir examinée et rendue aussi propre que possible; il met de la litière fraîche, et ne se livre au repos qu'après s'être assuré que les animaux ne manquent de rien.

Les charretiers, les bergers doivent agir de la même manière à l'égard des animaux qu'on leur a confiés.

QUESTIONNAIRE.

274. Quels sont les animaux auxquels on donne le nom d'animaux domestiques? — Le bétail est-il indispensable à l'agriculture? — Qu'appelle-t-on gros et petit bétail? — Bétail de travail et de rente? — Quels sont les animaux que l'on désigne sous le nom de bêtes chevalines, bovines, ovines, porcines et caprines?

275. Qu'est-ce que la multiplication?

276. Qu'entend-on par élevage et éducation?

277 à 279. Qu'est-ce que l'entretien? — L'engraissement?

280 à 282. Quelle est l'influence exercée par le climat? — Par le sol? — Par l'alimentation?

283. Quelle est la conformation regardée comme la plus parfaite?

284. Comment doit-on nourrir le bétail? — Quels sont les aliments qu'on donne au bétail? — Est-il vrai que la paille soit un mauvais fourrage? — Les feuilles d'arbres peuvent-elles être données au bétail?

285. Comment fait-on passer les animaux de la nourriture sèche à la nourriture verte? — Comment met-on les animaux au vert? — Comment fait-on passer les animaux de la nourriture verte à la nourriture sèche?

286. L'usage du sel est-il avantageux aux animaux? — Comment leur donne-t-on le sel?

287. Quelle eau faut-il faire boire aux animaux? — Doit-on les faire boire aux sources? — Faut-il tenir les abreuvoirs propres?

288. Quelles sont les préparations qu'on fait subir aux aliments avant de les donner au bétail? — Quand doit-on hacher le foin et la paille?

289. Les rations journalières varient-elles? — Quelle quantité de paille, betterave, etc., faut-il donner pour remplacer 100 kilogrammes de foin?

290. Comment doit-on traiter les animaux? — Quels sont pour les animaux les résultats des bons ou des mauvais traitements?

291. Quelles sont les qualités d'un bon pâtre? Que doit-il faire avant de partir pour le pâturage et quand il en revient?

TRENTE-DEUXIÈME LECTURE

ESPÈCES BOVINE, — CHEVALINE, — MULASSIÈRE, — ASINE, — OVINE, — CAPRINE, — PORCINE.

Espèce bovine. — 292. L'espèce bovine est la plus utile et la plus répandue; elle comprend un grand nombre de races que l'on divise en trois classes : 1° celles qui ont une grande aptitude pour le travail; 2° celles qui donnent beaucoup de lait; 3° celles qui s'engraissent aisément.

Les *meilleures races de travail* sont les suivantes :

1° La *race de Salers* (Cantal; fig. 68) est forte et de grande taille; elle donne naissance à des bœufs qui ont une très grande aptitude pour le travail et qui fournissent

Fig. 68. — Vaches de la race de Salers.

Fig. 69. — Vache de la race d'Aubrac.

une viande d'excellente qualité. Les vaches ne sont pas très laitières. On l'élève sur les pâturages cantaliens.

2° La *race d'Aubrac* (Aveyron; fig. 69) est de taille

Fig. 70. — Taureau parthenais.

Fig. 71. — Taureau garonnais.

moyenne, mais les vaches sont bien plus petites que les taureaux. Les bœufs qui appartiennent à cette race sont très rustiques, mais ils s'engraissent lentement.

3° La *race parthenaise* (Vendée; fig. 70), qu'on nomme aussi *race choletaise*, fournit d'excellents bœufs de travail qui s'engraissent aisément à l'étable. Leur rendement en

Fig. 72. — Vache limousine.

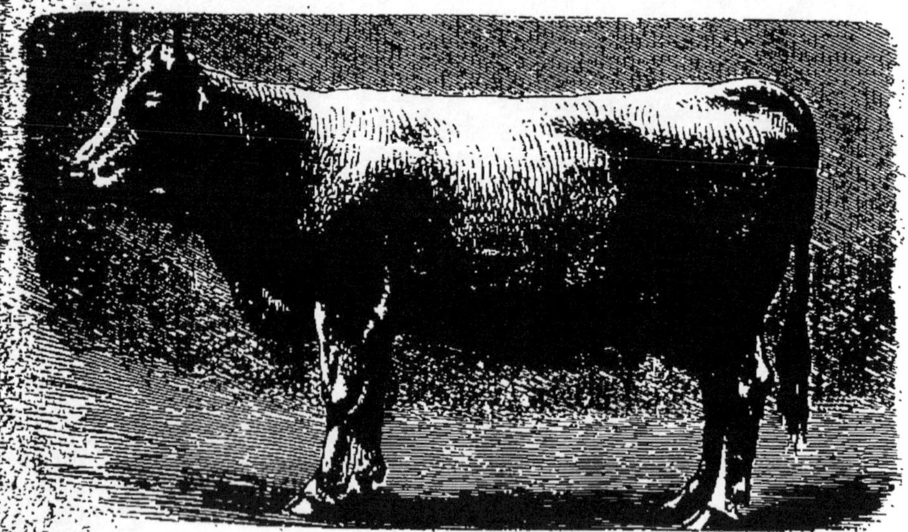

Fig. 73. — Vache femeline.

viande est très satisfaisant. Cette viande est de première qualité.

4° La *race garonnaise* (fig. 71) existe principalement

dans la vallée de la Garonne ; elle est forte et produit de bœufs très vigoureux. Elle fournit une bonne viande.

5° La *race limousine* (Haute-Vienne ; fig. 72) est de

Fig. 74. — Vache tarentaise.

Fig. 75. — Taureau normand.

taille moyenne. Sa conformation s'est bien améliorée depuis 25 ans. Ses bœufs sont de bons travailleurs et se graissent assez facilement.

6° La *race femeline* (Franche-Comté ; fig. 73) est de taille moyenne et bonne travailleuse. Sa viande est fine et tendre.

La *race bazadaise* (Gironde) n'est pas très forte, mais elle a beaucoup d'aptitude pour le travail.

Fig. 76. — Vache flamande

Fig. 77. — Vache bretonne.

Les *meilleures races laitières* sont les suivantes : la *race normande* ou *cotentine* (fig. 75), la *race flamande* (fig. 76), la *race bretonne* (fig. 77), la *race jersiaise*, *race tarentaise* (fig. 74), la *race Schwitz*, la *race hollandaise* (fig. 78) et la *race de Lourdes*.

Fig. 78. — Taureau hollandais.

Fig. 79. — Taureau charolais.

Les races qui *s'engraissent le plus facilement* sont *race charolaise* ou *nivernaise* (fig. 79) et la *race* celle.

La *race Durham* (fig. 80) a été importée d'Angleterre. Cette race, si remarquable par sa belle conformation et sa robe fleur de pêcher, ou blanche, ou rouge foncé, est très précoce et elle s'entretient et s'engraisse avec une grande facilité. Elle est très répandue dans la Normandie, le

Fig. 80. — Vache Durham.

Maine et l'Anjou. On l'a croisée très heureusement avec les races françaises qui ont le plus d'aptitude pour l'engraissement.

293. Le pelage des bêtes bovines est désigné par des noms spéciaux : la *robe bringée* est un mélange de poil rouge et noir; la *robe caille* offre des taches blanches ou brunes sur un fond brun ou blanc; la *robe froment* est jaune rougeâtre plus ou moins clair; la *robe pagne* est composée de poil rouge, noir et blanc; la *robe tigrée* est grise parsemée de petites bandes brunes ou rouge.

La race *flamande* est entièrement rouge foncé ou brun; la race de *Salers* est rouge acajou; la race *normande* est bringée; la *race Schwitz* est gris brun; la *fribourgeoise* ou *montbelliarde* est pie rouge, les races *limousine, agenaise, garonnaise, femeline* ou *comtoise*, sont froment plus ou moins blond; la race *charolaise* est entièrement

blanche; les races d'*Aubrac* et *bazadaise* ont une ro[...]
grise plus ou moins foncée rappelant un peu le pela[...]
du blaireau; la race de *Camargue* est entièrement noi[...]
la robe de la race bretonne et hollandaise est pie noire[...]

294. Les bêtes bovines n'ont pas de dents incisives [...]
mâchoire supérieure, et elles ruminent ou mâchent [...]
seconde fois les aliments qu'elles ont avalés. On détermi[...]
leur âge à l'inspection des incisives. Ainsi, elles ont de[...]
ans quand les dents de lait sont accompagnées [...]
2 grandes dents ou incisives permanentes; deux ans [...]
demi quand on en observe 4, trois ans quand elles s[...]
au nombre de 6, et trois ans et demi quand elles n'[...]
plus de dents de lait. A quatre ans, *la bouche est fait[...]
l'animal est rangé.*

295. Les vaches donnent ordinairement un veau chaq[...]
année; cet animal pèse un quinzième ou un vingtième [...]
poids de sa mère. C'est vers le quinzième jour après [...]
vêlage que le lait a toutes ses qualités. Une vache p[...]
donner jusqu'à 20 et 25 litres de lait par jour, mais [...]
est bonne laitière, quand elle en produit en moyen[...]
6 à 8 litres ou environ 2 000 à 2 500 litres par an.

Généralement, 100 litres de lait donnent 10 à 12 lit[...]
de crème, 4 kilogrammes de beurre. De ces faits, il résu[...]
qu'il faut en moyenne 24 litres de lait ou 4 litres de crè[...]
pour fabriquer 1 kilogramme de beurre.

Il faut, pour fabriquer 1 kilogramme de fromage[...]
Gruyère, 13 à 15 litres de lait, — d'Auvergne, 10 à 12[...]

296. Les bœufs commencent à travailler à l'âge[...]
deux ans, et c'est à l'âge de cinq à six ans qu'on [...]
engraisse pendant la belle saison dans les embouche[...]
durant l'hiver dans les bouveries. Un bœuf qui est b[...]
nourri dans les herbages ou les étables augmente [...]
700 à 900 grammes par jour. Il faut ordinairement 25 [...]
grammes de bon foin pour produire 1 kilogramme [...]
poids brut. Un bœuf gras ordinaire donne à l'abatt[...]
par 100 kilogrammes de poids vif, environ 56 kilogram[...]
de viande et 7 kilogrammes de suif.

Un veau gras rend 65 pour 100 de viande.

Les vaches laitières doivent consommer des aliments à la fois nutritifs et humides, les bœufs de travail des aliments secs, les bœufs d'engrais d'abord des aliments un peu aqueux et ensuite des aliments très nutritifs, comme des pulpes additionnées de tourteaux ou des grains concassés.

On doit accorder tout l'exercice possible aux jeunes animaux et bien les nourrir.

Espèce chevaline. — 297. Des chevaux ont 6 dents incisives à chaque mâchoire. Les dents de lait commencent à tomber à l'âge de trois ans, et elles sont remplacées à cinq ans.

On divise les races chevalines en cinq classes :

1° Les chevaux de gros trait; 2° les chevaux de trait légers; 3° les chevaux demi-sang carrossiers; 4° les chevaux de demi-sang légers; 5° les chevaux pur sang.

Les *races de gros trait* sont les suivantes : *boulonnaise* (Pas-de-Calais), *flamande* (Nord), *picarde* (Somme), *poitevine* (Deux-Sèvres), *franc-comtoise* (Doubs).

Les *races de trait légères* les plus estimées sont les suivantes : *percheronne* (Eure-et-Loir; fig. 81), *bretonne* (Finistère), *lorraine* (Meurthe), *landaise* (Landes), *ardennaise* (Ardennes).

Les *races demi-sang carrossières* sont peu nombreuses. La plus belle et la plus recherchée est la race *normande* (Calvados; fig. 82).

Les *races demi-sang légères* sont : *navarrine* (Basses-Pyrénées), *Merlerault* (Orne) et *limousine* (Haute-Vienne).

Les *races de pur sang* sont au nombre de deux : la race *arabe* et le *cheval anglais*.

298. Les couleurs de robes sont très nombreuses. Les robes simples sont *blanches, noires, alezanes* ou jaune brunâtre, *café au lait, isabelle* ou blanc jaunâtre, *baies*, plus ou moins clair et foncé, *souris* ou gris. Les robes composées sont *gris* clair, foncé, ardoisé, truité, pommelé, selon que les poils blancs ou noirs dominent ou

qu'il existe des taches noires, blanches ou rougeâtres *rouannes*, quand elles sont composées de poils noirs, blancs et rouges ; *pies*, lorsqu'on remarque des taches blanches sur un fond noir.

Dans les robes alezanes, les poils et les crins sont de la

Fig. 81. — Cheval percheron.

même couleur ; dans les robes baies et les robes isabelle, les crins et les extrémités sont toujours noirs. Enfin, *raie de mulet* est une bande foncée ou noire qui se prolonge sur le dos du garrot à la queue.

Un cheval est beau quand il n'a pas de formes massives ou très développées, quand sa tête est peu développée, lorsque ses membres sont nerveux et non empâtés, enfin lorsqu'il a à la fois de l'étoffe, de la finesse, de la vigueur et de l'élégance.

299. Le cheval est plus difficile à élever que le bœuf.

doit vivre une partie de l'année dans un pâturage jusqu'à ce qu'on puisse le dresser ou lui demander des travaux légers et de peu de durée. On doit donner après le sevrage, et jusqu'à l'âge de dix-huit mois à deux ans, une nourri-

Fig. 82. — Cheval carrossier.

ture à la fois tonique et rafraîchissante ou un mélange d'avoine et d'orge préalablement humectée avec de l'eau tiède afin qu'elle soit moins dure. Les fourrages verts donnés en trop grande quantité ont l'inconvénient de rendre les formes trop massives et de les prédisposer à avoir un tempérament lymphatique.

Un cheval adulte doit consommer au moins 1 litre d'avoine par heure de travail. Pendant les semailles ou les grands travaux, on élève souvent cette quantité à 1 litre 1/4 ou 1 litre 1/2.

Espèce mulassière. — 300. Le mulet est produit [par]
le baudet et la jument. On l'élève surtout dans le Poitou [et]
la Gascogne.

Le mulet et la mule sont des animaux très utiles [dans]
les contrées méridionales. Ils ont la corne solide, le p[ied]
allongé, ils supportent bien la chaleur et sont plus sob[res]
que le cheval. On les emploie aussi dans les montag[nes]
comme bêtes de somme ou de trait à cause de la sûreté [de]
leurs pieds.

Ces animaux aiment, comme le cheval, l'air, la lumi[ère,]
la propreté et une bonne litière.

Espèce asine. — 301. L'âne, si utile dans les localité[s où]
les terres sont pauvres ou très morcelées, serait plus do[cile, ou]
moins difficile à diriger si on l'élevait avec plus de d[ou-]
ceur. La sûreté de son pied et sa sobriété sont deven[ues]
proverbiales.

Cet animal vit longtemps et mange toutes les plan[tes,]
même les chardons.

La *race de Poitou* est plus forte que la *race des Pyré[nées]*
et la *race commune*, qui est la plus petite et peut-êtr[e la]
plus gracieuse.

Espèce ovine. — 302. Les bêtes ovines sont très no[m-]
breuses en France dans les contrées où les terres sont [cal-]
caires et perméables. Elles constituent d'importants tr[ou-]
peaux dans les plaines de la Beauce, de la Champagne, [du]
Poitou, de la Provence, etc., et sur les *causses* du Rouer[gue]
et du Quercy.

Ces animaux appartiennent, comme les bêtes bovi[nes,]
aux ruminants ; ils ont les pieds fourchus et n'ont pas [d'in-]
cisives à la mâchoire supérieure. De douze à quinze m[ois,]
2 dents de lait sont remplacées par 2 dents permanen[tes ;]
à deux ans, ils ont 4 dents incisives et 4 dents de rem[pla-]
cement ; à trois ans, ils n'ont plus que 2 dents de lait[;]
à trois ans et demi, la bouche est faite.

303. Les races ovines qui vivent en France peuvent [être]
divisées en quatre classes, savoir :

1° Les *races à laine noire, brune ou rousse : solog[note,]*

(Loir-et-Cher), *landaise* (Landes), *bretonne* (Morbihan), *ardenaise* (Ardennes), *vosgienne* (Vosges). Ces races sont petites, tardives, mal conformées, mais leur chair est excellente.

2º Les *races à laine blanche, grossière et longue :* arté-

Fig. 83. — Bélier mérinos.

sienne (Pas-de-Calais), *cauchoise, picarde, maraîchine* (marais de la Vendée), *barbarine* (bas Languedoc). Ces races sont fortes et élevées, mais elles s'engraissent lentement.

3º Les *races à laine blanche commune : berrichonne* (Indre), *lauraguaise* (Aude), *poitevine* (Deux-Sèvres), *puyricarde* (Bouches-du-Rhône), *ségalaise* ou *lauraguaise* (Aveyron).

4º Les *races à laine blanche ondulée et fine : mérinos* (fig. 83), *roussillonnaise* (Pyrénées-Orientales), *arlésienne* (Bouches-du-Rhône), *métis mérinos* (Ile-de-France, Brie, Beauce).

Les laines ont beaucoup baissé de valeur par suite de l'introduction en Europe des laines de l'Amérique du Sud

et de l'Australie. Autrefois elles se vendaient 3 fr. le kil.
aujourd'hui leur prix ne dépasse pas 1 fr. 50.

Les races étrangères, les meilleures pour la boucherie
sont au nombre de trois : la *race Dishley* (fig. 84), d'une
parfaite conformation, mais un peu exigeante sous le rap-

Fig. 84. — Bélier Dishley.

port de la nourriture; la *race Southdown* (fig. 85), que
l'on propage le plus dans les localités où les terres sont
sèches et de moyenne qualité, et qui se distingue de la
précédente par sa tête et ses pattes noires; la *race de
Charmoise*, qui convient très bien à la région des plaines
du Centre.

La race Dishley croisée avec la race mérinos donne des
animaux qui ont de la taille, une laine brillante et de
moyenne finesse, et qui s'engraissent plus facilement que
les mérinos; on les nomme *Dishley mérinos*.

304. La *plus belle laine*, dans toutes les races, réside sur les épaules, le garrot, le dos et les reins ; la *laine de deuxième qualité* est située à la base de l'encolure, sur les côtes et les côtés du ventre ; les *laines les plus communes* résident sur le front, sous le ventre, sur les fesses et autour de la queue.

Fig. 85. — Bélier Southdown.

Une toison pèse de 1 kilogr. 500 jusqu'à 5 et même 6 kilogrammes, suivant les races, la taille et le développement des animaux. Au lavage à froid les laines perdent de 33 à 35 pour 100, et au lavage à chaud de 33 à 42 pour 100, suivant qu'elles ont plus ou moins de suint ou matière grasse.

305. Les agneaux naissent ordinairement pendant l'hiver ; on les sèvre généralement à la pousse de l'herbe, c'est-à-dire en avril.

On doit éviter de faire pâturer les troupeaux pendant le milieu du jour, lorsque le sol est sec et la chaleur brûlante, et il faut aussi avoir le soin de ne pas les laisser longtemps

sur les pâturages humides. Dans le premier cas, ils me[u]-
rent souvent du *sang de rate*; dans le second, ils gagn[ent]
la *pourriture*, maladie aussi redoutable que les coup[s de]
sang.

Un mouton convenablement engraissé donne à l'aba[ttage]
de 55 à 60 pour 100 de viande nette et 3 à 6 pour 1[00 de]
suif.

C'est avec le lait de brebis qu'on fabrique le froma[ge de]
Roquefort dans le département de l'Aveyron.

Espèce caprine. — 306. La chèvre est commune d[ans]
les contrées montagneuses. C'est avec raison qu'o[n l'a]
toujours regardée comme un animal nuisible, quan[d elle]
est mal gardée, parce qu'elle broute tous les arb[res et]
arbustes.

Le lait qu'elle fournit est utilisé dans la fabric[ation]
d'excellents fromages. La peau des chevreaux sert à fa[bri]-
quer des gants. La viande de chèvre est de moins bo[nne]
qualité que la viande des chevreaux.

Espèce porcine. — 307. Le porc est aussi utile qu[e le]
bœuf; il consomme tout ce qu'on lui donne, s'engr[aisse]
aisément et fournit après sa mort des produits aliment[aires]
très variés. Toutefois, il ne se développe promptement [que]
quand on le renferme dans un bâtiment chaud en hiv[er,]
frais pendant l'été et qu'on lui renouvelle souvent [la]
litière.

On connaît en France six principales races porci[nes:]
la *race augeronne* (Normandie), qui s'engraisse [très]
aisément; la *race craonnaise* (Mayenne; fig. 86[),]
fournit une viande excellente; la *race périgourdine,* [dont]
la chair est très estimée; la *race bressane,* qui est [aussi]
très belle, et la *race pyrénéenne,* qui est noire et c[om]-
mune dans les départements des Hautes et Basses-P[yré]-
nées. Ces diverses races sont supérieures sous tous
rapports à la *race commune,* qui est très tardive et [mal]
conformée.

On propage de plus en plus en France les r[aces]
anglaises, si remarquables pour leur grande précocité

cilité avec laquelle elles s'engraissent. Les plus répandues sont la *race Yorkshire* (fig. 87), à pelage blanc et oreilles

Fig. 86. — Porc craonnais.

Fig. 87. — Porc Yorkshire.

droites et petites, la *race Berkshire* (fig. 88), à pelage truité ou noir.

Les animaux provenant de croisements opérés entre la race craonnaise et la race Yorkshire sont très estimés et se répandent de plus en plus dans les régions du Centre et de l'Ouest.

308. On doit donner aux porcs, pendant les temps froids, des aliments cuits et légèrement chauds. Pendant l'été, on

Fig. 88. — Porc Berkshire.

doit leur donner du trèfle vert dans le but de les rafraîchir. Les porcs à l'engrais exigent des aliments substantiels ou des eaux de vaisselle additionnées de pommes de terre cuites et de substances farineuses.

Les porcs gras donnent à l'abatage de 70 à 75 pour 100 de viande nette.

La durée moyenne de la gestation varie comme suit :

Jument. . .	336 jours.	Brebis......	155 jours.
Anesse.....	350 —	Chèvre.....	155 —
Vache,.....	280 —	Truie.... .	112 —

QUESTIONNAIRE.

292. Quelles sont les meilleures races bovines pour le travail, — pour le lait, — pour l'engraissement?

293. Quels noms donne-t-on aux diverses robes des bêtes bovines? — Quelles sont les robes des principales races françaises?

294. Comment reconnaît-on l'âge d'une bête bovine?

295. Combien une vache donne-t-elle de litres de lait par jour? — Combien faut-il de litres de lait pour faire un kilogramme de beurre? — Combien faut-il de kilogrammes de foin pour produire un kilogramme de poids brut? — Quel est le poids en viande et en suif que peut donner un bœuf gras?

296. Quels sont les avantages que possède la race Durham?

297. Comment divise-t-on les races chevalines, eu égard aux services qu'on leur demande? — Quelles sont les principales races françaises?

298. Comment appelle-t-on les robes des chevaux?

299. Comment élève-t-on le cheval?

300 et 301. Parlez du mulet et de l'âne.

302. Quels sont les principaux caractères de l'espèce ovine?

303. Comment divise-t-on les principales races de bêtes à laine?

304. Sur quelles parties du corps trouve-t-on les plus belles laines et les laines les plus communes?

305. Comment élève-t-on les brebis à laine?

306. Parlez de la chèvre.

307 et 308. Quelles sont les principales races porcines? — Comment élève-t-on le porc?

———

TRENTE-TROISIÈME LECTURE

OISEAUX DE BASSE-COUR : — POULE. — PINTADE. — OIE. — DINDON. — CANARD. — PIGEON.

Oiseaux de basse-cour. — 309. On appelle *oiseaux de basse-cour* les poules, les pigeons, les dindons, les canards, les oies, parce qu'on les élève et qu'on les nourrit dans une *cour* voisine de l'habitation.

Les poules, les oies et les dindons demandent de l'eau en petite quantité, mais toujours fraîche et limpide.

Poule. — 310. Parmi les oiseaux qu'on élève dans la basse-cour, le plus utile est la *poule*, qui donne des œufs en grande quantité.

311. On possède en France six races principales de

poules : 1° la *race commune* (fig. 89), qui est de grosse
moyenne ; 2° la *race de Crèvecœur*, dont le plumage
noir, avec une houppe de même couleur ; cette race
peu coureuse et produit de très beaux œufs, mais en qua
tité moindre que la race commune ; 3° la *race de Hou*

Fig. 89. — Coq, poule et poussins de la race commune.

(fig. 90), qui a cinq doigts à chaque patte et qui est la
estimée dans les fermes des environs de Paris ; 4° la
de la Flèche (fig. 91), qui a une crête dentelée et
fournit une chair excellente ; 5° la *race de Caussade*
est très appréciée dans le Languedoc ; 6° la *race de*
Bresse, qui fournit d'excellentes volailles grasses.
Les *races cochinchinoises* et *Brahma-Pootra* (fig

sont très fortes et très belles, mais leur chair n'est pas de première qualité quand elle a été rôtie.

312. Il naît ordinairement un *poussin* de chaque œuf qu'on a fait couver par une poule ou une dinde. Une poule peut couver treize œufs et une dinde seize à dix-huit.

Les poussins sont pour la *mère couveuse* l'objet de la

Fig. 90. — Coq de Houdan.

surveillance la plus attentive; en grandissant ils prennent le nom de *poulets*, de *coqs* ou de *poules*.

On nourrit les poules en leur donnant de l'avoine, du sarrasin, du millet et d'autres grains; elles aiment à se rouler dans la poussière et à gratter la terre, où elles trouvent des vers, et à chercher des insectes et des graines dans le fumier.

Le poulailler doit être tenu proprement et être abrité du

grand froid et de l'humidité, et assez bien fermé pour que la belette, la fouine, le renard et les autres bêtes malfaisantes ne puissent y pénétrer.

Une poule pond en moyenne cent vingt œufs par an.

Généralement, il faut avoir un coq par quinze ou vingt poules.

On engraisse les poules en les tenant renfermées et en

Fig. 91. — Coq de la Flèche.

les gorgeant au moins deux fois par jour avec de la farine d'orge ou de maïs détrempée avec de l'eau ou du lait. On peut remplacer ce mélange, qui est un peu liquide, par des boulettes ou des pâtons de farine.

Pintade. — La *pintade* (fig. 93) est aussi grosse qu'une poule ordinaire ; elle en diffère par son plumage qui est gris bleuâtre moucheté de taches blanches cerclées de noir et par son cri aigu, perçant et désagréable. Sa chair est très estimée ; elle rappelle celle du faisan.

Dindon. — 313. Le *dindon* est le plus gros des oiseaux de basse-cour, mais il est le plus difficile à élever. C'est surtout dans les contrées sèches et calcaires qu'on le multiplie très en grand. Il perche comme les poules.

La dinde est excellente couveuse. Quand les petits ou *dindonneaux* sont éclos, on doit les conserver pendant plusieurs jours dans un local bien chaud. Si l'aire de la chambre était carrelée, il serait bon de couvrir les car-

Fig. 92. — Coq Brahma-Pootra.

reaux de sable sec ou de sciure de bois. Si le temps est beau, on les laisse sortir avec leur mère vers le dizième ou douzième jour. On leur donne du millet, du chènevis et des œufs émiettés. On doit s'empresser de les rentrer si le temps menace de pluie.

C'est entre le deuxième et le troisième mois que les *dindonneaux prennent le rouge*; on doit éviter qu'ils mangent de l'herbe, il faut leur donner des graines très alimentaires et excitantes et leur faire boire un peu de vin, une ou deux fois par jour.

Quand cette crise est terminée, les dindonneaux so
robustes et ne craignent ni la chaleur, ni la pluie, ni
froid. Après la moisson, on les conduit sur les chaumes
les confiant à la garde d'un enfant ou d'une personne âge.

On engraisse les dindons quand ils ont de six à dix

Fig 93. — Pintade.

mois, avec des noix, du maïs, des boulettes de farine.
Une dinde bien engraissée peut peser jusqu'à 10 kilo
grammes.

Oie. — 314. L'oie est un oiseau très rustique et partout
on l'élève avec facilité. Il fournit de la chair, des plume
à écrire, des plumes de literie et du duvet. L'oie ne se
perche pas.

On connaît deux races assez distinctes l'une de l'autre
1º l'*oie commune* ; 2º l'*oie de Toulouse*, qui est plus fort
et plus belle.

Une oie donne généralement quinze œufs par an. L'éducation des oisons ne présente aucune difficulté. Toutefois il est utile de prendre toutes les précautions nécessaires pour que les oisons ne sortent pas avant la disparition de la rosée et qu'ils n'aillent pas à la pluie pendant les quinze jours qui suivent leur naissance.

Les oies pâturent comme les bêtes à laine ; à cause de leur fiente, qui est brûlante, on doit éviter qu'ils puissent errer sur les prairies naturelles. Généralement, c'est dans les chemins herbeux ou sur les pâtures qu'on les laisse circuler librement.

315. On commence à plumer les oisons quand les bouts de leurs ailes se touchent ou qu'ils sont *croisés*. On les plume une seconde fois pendant le mois de septembre.

Une belle oie qu'on a plumée trois fois dans l'année peut donner de 150 à 300 grammes de plumes et de duvet.

On engraisse les oies pendant les mois d'octobre et de novembre. On les nourrit comme les dindes qu'on veut engraisser. Une belle oie pèse de 6 à 8 kilos.

Canard. — 316. Le *canard* est l'oiseau par excellence des localités qui ont des eaux courantes et stagnantes.

La race dite *canard de Rouen* est plus belle que le *canard commun*.

Les *canetons* ne sont pas délicats, mais on ne les laisse circuler dans les ruisseaux ou les cours d'eau que lorsqu'ils ont de vingt à vingt-cinq jours. Jusqu'à ce moment, on leur donne à manger sur le bord d'un bassin ou d'un réservoir.

On les loge avec les oies.

C'est en septembre que les canards peuvent être livrés à la vente. A cette époque, ils sont *croisés*. Quand ils sont beaux, ils pèsent environ 2 kilos.

Une canne donne par an de trente à quarante œufs.

Pigeon. — 317. Le *pigeon* peuple de nombreux colombiers, surtout dans l'Artois et l'Agenais.

Le colombier est toujours disposé à la partie supérieure d'un bâtiment.

Le *pigeon-colombin* est très commun en France, mais on doit lui préférer les races sédentaires, parce qu'il va chercher sa nourriture dans les champs ensemencés ou couverts de récoltes arrivées à maturité. Cette espèce aime à se percher sur les toits. Le *pigeon romain*, qui est plus gros, s'éloigne rarement des cours de ferme. Le plus beau et le plus facile à élever est le *pigeon mondain*.

Le pigeon est très productif; il fait deux ou trois pontes par an de deux œufs chacune.

On mange ou on vend les pigeonneaux quand ils sont couverts de plumes, mais avant qu'ils puissent voler.

On donne aux pigeons de l'avoine, de la vesce ou du petit blé.

La durée de l'incubation des volailles varie comme suit:

Poule.......	21 jours.	Oie	30 jours.
Dindon......	30 —	Canard......	28 —
Pintade.....	25 —	Pigeon......	16 —

QUESTIONNAIRE.

309. Qu'appelle-t-on oiseaux de basse-cour?

310 à 312. Quelle est l'espèce la plus utile? — Quelles sont les principales races de poules? — Combien une poule donne-t-elle d'œufs par an? — Comment engraisse-t-on les poules?

313. Comment élève-t-on les dindons? — Quelles précautions doit-on prendre quand les dindonneaux prennent le rouge?

314. Parlez de l'élevage des oies.

315. A quelle époque doit-on plumer les oisons?

316. Parlez du canard.

317. Parlez des pigeons.

———

TRENTE-QUATRIÈME LECTURE

VERS A SOIE. — ABEILLES.

Vers à soie. — 318. Les *vers à soie* (fig. 94) sont des chenilles grisâtres que l'on nourrit soigneusement avec des feuilles de mûrier blanc, et qui filent, avec un art admirable, des cocons dont on obtient la soie.

Autrefois on n'élevait des vers à soie que dans nos départements méridionaux, aujourd'hui l'on plante aussi des mûriers dans quelques départements du Centre, afin de pouvoir élever ce précieux insecte.

L'éducation des vers à soie est une occupation aussi

Fig. 94. — Ver à soie.

agréable qu'utile et qui ne dure que pendant deux mois de la belle saison.

Le local où ces éducations se font en grand s'appelle *magnanerie* ; les éducations faites en petit réussissent ordinairement mieux : si elles manquent, la perte est presque nulle, parce qu'elles sont très peu coûteuses.

319. Les œufs de vers à soie se nomme *graine* ; on en hâte l'éclosion à l'aide de la chaleur artificielle. Une once de graine produit de 35 à 40 000 vers à soie.

Une extrême propreté doit être maintenue dans le local réservé aux vers à soie, ainsi qu'une température de + 22° à + 23°.

On les place sur de petites tablettes étagées les unes au-dessus des autres et garnies de papier.

Le *premier âge* des vers dure cinq jours ; on leur donne de la feuille du mûrier douze fois par vingt-quatre heures.

Au bout de cinq jours, les vers, après un sommeil de vingt-quatre heures, ont changé de peau : c'est le *second âge*. Alors on les change de place : le moyen le plus ordinaire est de mettre à leur portée de petites pousses de mûrier sur lesquelles ils grimpent. On enlève ces rameaux et l'on transporte ainsi les vers sur d'autres tablettes. On continue de leur donner des feuilles douze fois par jour. Ce second âge ne dure guère que quatre jours, après quoi les vers s'endorment. Pendant leur sommeil, ils changent de peau ; ils se réveillent vingt-quatre heures après ; c'est le *troisième âge*. Au bout de sept jours surviennent un troisième sommeil et une troisième mue ; c'est le *quatrième âge*. Les vers ont beaucoup grossi, et on leur donne beaucoup de nourriture ; on les *délite* au moins une fois pendant cette période, c'est-à-dire qu'on les enlève de la litière que les débris de feuilles ont formée sous eux. Vers le sixième jour ils s'endorment pour la dernière fois, afin de faire une *quatrième et dernière mue*, quelques-uns en vingt heures, d'autres en vingt-six et plus.

Au commencement de ce *cinquième âge*, on les change de tablette en les espaçant beaucoup plus ; la consommation des feuilles devient très considérable, c'est la *grande frèze*. Au bout de dix jours ils mangent moins, ils sont devenus tout à fait blancs, ils ne grossissent plus : on reconnaît qu'ils vont filer leurs cocons.

Les vers provenant de 1 once de graine (25 grammes) consomment de 800 à 1 000 kilogrammes de feuilles.

Pour faciliter aux vers le moyen de filer, on leur fait de petites *cabanes* avec des ramilles de genêt, de bruyère, de colza ou de bouleau ; les vers montent sur ces ramilles et filent leurs *cocons* (fig. 95). On appelle ainsi la coque dans laquelle ils s'enveloppent et qu'on dévide ensuite pour obtenir de la soie.

320. Le ver, en filant son cocon, se raccourcit peu à peu et se métamorphose en *chrysalide*, c'est-à-dire une sorte de fève d'où sortira un papillon. Six à sept jours après la montée des vers on procède avec précaution au *déramage des cocons.* Alors on les livre de suite aux filateurs ou on les met dans une boîte en fer-blanc qu'on plonge pendant quelques minutes dans l'eau bouillante, pour que la chrysalide périsse et que le cocon ne soit pas percé ni gâté par le papillon qui viendrait à naître.

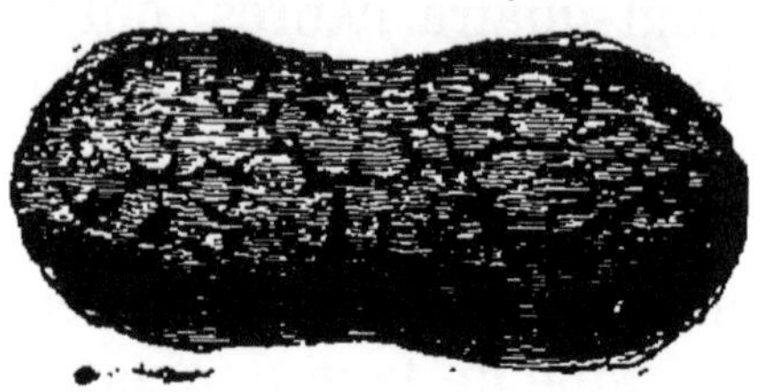

Fig. 95. — Cocon de ver à soie.

Quant aux cocons que l'on conserve pour graine, les papillons en sortent au bout de quelques jours ; ils pondent des œufs en fort grand nombre, que l'on conserve pour l'année suivante dans un endroit frais, et ils meurent au bout d'une douzaine de jours. La ponte a lieu sur un linge très propre. Une femelle en bon état pond de 400 à 500 œufs.

1 kilogramme de cocons produit ordinairement de 50 à 60 grammes de graine.

Les vers provenant de 1 once de graine donnent généralement de 50 à 60 kilogrammes de cocons quand l'éducation a été parfaite.

Enfin, 10 kilogrammes de cocons donnent 1 kilogramme de soie.

Un cocon produit un fil continu dont la longueur varie de 227 à 350 mètres.

Les vers à soie sont exposés à diverses maladies : *la flacherie* ou *morts-flats, la pébrine,* etc., qui déciment parfois des chambrées entières et qui exigent une grande propreté et l'emploi de *graines* obtenues suivant le système Pasteur.

L'éducation a lieu pendant les mois de mai et de juin.

De nos jours, conformément aux instructions qu'on doit à l'immortel Pasteur, on inocule les bêtes bovines pour les préserver de la *péripneumonie,* les bêtes ovines pour les garantir du *charbon* ou du *sang de rate* et de la *cla-*

velée et les bêtes porcines pour les préserver du *rou*

Abeilles. — **321**. Les *abeilles* sont des mouches indu trieuses, qui, avec un art admirable, composent le miel la cire ; les paniers dans lesquels elles travaillent nomment *ruches*; l'endroit où les ruches sont réun s'appelle *rucher*, et doit être garanti des vents du nord, l'est et de l'ouest.

Chaque ruche d'abeilles a une *reine* ou mère (fig.

Fig. 96.   Fig. 97.   Fig. 98.
Abeille ouvrière.   La reine des abeilles.   Faux-bourdon

qui est plus grande que les autres, plusieurs mill d'abeilles *ouvrières* (fig. 96), et quelques centaines mouches appelées *faux-bourdons* (fig. 98).

L'abeille est d'un naturel très doux ; mais quand elle irritée, elle pique ceux qui s'approchent d'elle, et sa piq dans la grande chaleur du jour, est dangereuse. Ceux n'ont point l'habitude de soigner les abeilles ne doi approcher de leurs ruches que doucement, sans faire bruit et sans agiter l'air autour d'elles, surtout quand temps est à l'orage. L'abeille ne pique pas loin de sa ru

Quand l'abeille pique, elle périt ordinairement ensu parce qu'elle laisse son aiguillon dans la plaie.

322. Les abeilles sont très laborieuses et très act Pendant que les unes vont recueillir le suc des fleurs autres, à l'intérieur, travaillent à la confection des ra ou *gâteaux*.

Les rayons des abeilles sont un ouvrage merveilleu sont composés d'alvéoles en cire, d'une construction li lière et uniforme, qu'elles remplissent de miel.

La ruche n'a qu'une étroite ouverture pour l'entrée

sortie des abeilles ; si un gros insecte ou un petit quadru-
pède pénètre dans la ruche, les abeilles l'attaquent, le
tuent, et, ne pouvant le traîner dehors, l'enduisent d'une
couche de cire pour empêcher qu'il ne corrompe l'air de
la ruche.

323. Les jeunes abeilles qui sont nées [dans la belle

Fig. 99. — Ruche villageoise.

Fig. 100. — Ruche à calotte.

saison quittent la ruche pour se loger dans une autre :
c'est ce qu'on appelle un *essaim*. On a soin de recueillir
les essaims quand ils sortent. Ordinairement l'essaim sort
par un très beau jour, entre dix heures du matin et trois
heures de l'après-midi ; il va quelquefois se grouper contre
une branche d'arbre ou contre un mur, en formant comme
une boule ou une grappe. Il se laisse facilement ramasser
à la main. S'il va plus loin, on le poursuit, et on finit toujours par le prendre. On le place dans une nouvelle ruche
qu'on a lavée intérieurement avec de l'eau miellée, et dès
ce moment il commence à travailler.

Les entrées des ruches doivent être exposées au midi.

Un essaim moyen pèse de 2 kilogr. 500 à 3 kilogrammes, et il est formé de 20 000 à 25 000 abeilles.

Les ruches les plus simples sont en osier, en paille (fig. 99) ou en bois léger; elles ont le plus ordinairement un couvercle mobile (fig. 100).

324. Les abeilles remplissent de miel l'intérieur de ce couvercle, que l'on enlève quand on veut pour prendre les rayons dont il est plein, sans rien déranger au reste de la ruche; on le remplace par un autre.

Outre les rayons du couvercle, on enlève au moins une fois par an le contenu des ruches.

Cette opération n'est pas sans danger : celui qui la fait doit avoir un masque en canevas très fin qui lui serre fortement tous les passages par où les abeilles pourraient s'introduire entre ses vêtements et son corps; car elles le piqueraient avec fureur.

On n'enlève jamais aux abeilles tout le miel, on leur en laisse une quantité suffisante pour qu'elles puissent se nourrir pendant l'hiver.

Quand l'hiver se prolonge ou que les premiers jours de printemps sont froids et pluvieux, on porte à manger aux abeilles devant leur ruche ou dedans; on leur donne du vieux miel ou un mélange d'eau et de vin sucré.

Pendant l'hiver, on enduit les ruches de bouse de vache et de terre franche et on les couvre à l'aide d'un capuchon de paille de seigle pour les garantir du froid.

Dans plusieurs contrées, on transporte les ruches pendant l'été, soit dans un endroit voisin de grandes surfaces calcaires occupées par le sainfoin, soit au milieu des forêts dans lesquelles les clairières sont garnies de bruyères. Dans le premier cas, le miel qu'on récolte en abondance est blanc, fin et odorant; dans le second, il a une saveur particulière et une couleur brune analogue au miel produit par les abeilles qui ont butiné dans des champs de sarrasin ou blé noir en fleur.

Une ruche moyenne donne par an de 3 à 6 kilogrammes

de miel et 500 à 700 grammes de cire; elle pèse brut environ 6 kilogrammes.

Aussitôt qu'on a récolté des gâteaux, on doit s'empresser d'en extraire le miel pour le livrer à la vente ou le conserver dans un lieu aéré, plutôt frais que chaud.

On extrait le miel des gâteaux en les plaçant entiers ou divisés en plusieurs parties sur un châssis muni d'un canevas en fil un peu serré qu'on pose au-dessus d'une terrine ou de tout autre vase. On peut exposer le tout à l'action du soleil ou d'une température artificielle de 60 à 65 degrés. Quand le miel et la cire ont passé au travers du canevas, on descend le vase dans une cave, et lorsque la cire a été séparée du miel, on verse le tout sur un tamis de soie placé au-dessus d'une terrine. Le miel le traverse et la cire y reste.

Quelques personnes séparent le miel de la cire en soumettant les gâteaux à une pression, mais ce procédé doit être abandonné.

On fait ensuite fondre la cire dans une eau bouillante pendant environ quinze minutes, on l'épure à l'aide d'un canevas, on la laisse se reposer pour qu'elle s'épure encore et on la verse dans un moule ayant la forme d'une brique de savon.

QUESTIONNAIRE.

318. Qu'est-ce que les vers à soie? — Dans quels départements élève-t-on les vers à soie? — Qu'est-ce qu'une magnanerie?

319. Qu'est-ce que la graine de vers à soie? — Parlez du premier âge des vers à soie; — du second âge; — du troisième et du quatrième âge; — du cinquième âge.

320. Comment facilite-t-on aux vers le moyen de filer leurs cocons? — Comment le ver devient-il chrysalide? — Que deviennent les papillons qui en sortent?

321. Qu'est-ce que les abeilles? — Qu'appelle-t-on ruche et rucher? — Quelles sont les trois sortes d'abeilles qui habitent une ruche?

322. Parlez des travaux des abeilles.

323. Qu'est-ce que les essaims? — Comment les recueille-t-on?

324. Comment enlève-t-on la cire et le miel? — Enlève-t-on tout le miel? — Comment sépare-t-on le miel de la cire?

SEPTIÈME PARTIE

ÉCONOMIE RURALE

TRENTE-CINQUIÈME LECTURE

CAPITAUX AGRICOLES. — FERMIER. — MÉTAYER. — PROPRIÉTAIRE, — ACHAT ET LOCATION D'UN DOMAINE.

Capitaux agricoles. — 325. L'agriculture n'est productive que lorsqu'elle possède tous les capitaux dont elle a besoin.

Les capitaux qui lui sont nécessaires ont été divisés en trois classes, savoir :

1° Les *capitaux engagés*, qui comprennent le capital foncier ou immobilier et le capital mobilier.

Le *capital foncier* est représenté par la valeur de la terre ; il n'est indispensable qu'aux agriculteurs qui achètent un domaine pour le faire valoir.

Le *capital mobilier* sert à acheter tous les objets nécessaires à l'exploitation du sol : instruments, machines, animaux. On le divise en *capital mort* et en *capital vivant* ; le premier, qui est représenté par la valeur de tout le matériel qu'on a acheté, reste engagé jusqu'à la fin du bail et perd sa valeur d'année en année ; le second a permis l'acquisition des animaux de travail et de rente ; il peut augmenter de valeur par le croît du bétail et si les animaux acquièrent annuellement une plus-value.

2° Les *capitaux libres*, qui se subdivisent en capital de circulation et en capital de réserve.

Le *capital de ciculation* ou *capital de roulement* sert à payer les salaires des domestiques, des journaliers et des tâcherons, à acheter des semences et des engrais, à payer les assurances, etc. Il rentre chaque année dans la caisse par la vente des denrées ou des animaux.

Le *capital de réserve* est destiné à faire face à des dépenses imprévues occasionnées par la grêle, la gelée, l'incendie, la mortalité du bétail. Il est confié à un banquier qui le fait valoir afin qu'il ne reste pas improductif, et qu'on en retire un intérêt convenable. Ce capital est bien moins considérable que le capital de circulation.

3° Le *capital de fabrication*, complètement indépendant du capital de culture, n'est utile à un agriculteur que lorsqu'il existe sur le domaine qu'il exploite une industrie agricole, soit une distillerie de betterave, soit une féculerie, etc. Il permet d'acheter en dehors de l'exploitation soit des betteraves, soit des pommes de terre, sans diminuer le capital de circulation. On le dégage ou on le réalise en vendant les produits qu'il a permis de fabriquer.

Dans les fermes où la culture est lucrative, le capital est sept à huit fois plus fort que la rente du sol. Ainsi, lorsque les terres sont louées 40 et 80 francs l'hectare, le capital d'exploitation nécessaire pour les bien cultiver s'élève au minimum dans le premier cas à 280 francs et dans le second à 560 francs Les cultivateurs qui, sur de telles terres, ne possèdent pas ce capital, ne peuvent pas réaliser annuellement des bénéfices satisfaisants.

Fermier. — 326. Le fermier est l'agriculteur qui loue des terres pour les cultiver pendant un temps déterminé et d'après un prix fixé. Il doit posséder tous les capitaux précités, à l'exception du capital foncier et du capital de fabrication s'il n'a aucune industrie annexée à son exploitation.

Lorsqu'un fermier loue des terres pauvres ou peu fertiles, ou qui ont été mal cultivées, il doit exiger du propriétaire un long bail, afin d'avoir la certitude de pouvoir rentrer dans les avances qu'il aura faites à la terre pour l'améliorer, l'assainir, la fertiliser.

Les baux à court terme ne sont admissibles que quand les terres sont bonnes ou fécondes.

Le prix du bail est ordinairement payé en deux termes éloignés l'un de l'autre de six mois environ.

Généralement les terres sont louées de manière à ce qu'elles rapportent à ceux qui les possèdent un intérêt de 3 à 4 pour 100.

Un fermier intelligent, ayant suffisamment de capital et jouissant de la terre en vertu d'un bail de quinze à dix-huit ans, est aussi indépendant et heureux que le propriétaire.

Métayer. — **327.** Le *métayer* ou *colon partiaire* est l'agriculteur qui exploite un domaine après avoir pris l'engagement de partager tous les produits avec le propriétaire du sol. Le métayage est une véritable association : le propriétaire fournit la terre et s'engage à diriger la culture, le colon apporte son outillage et ses bras et ceux de sa famille et de ses domestiques. Le plus ordinairement il ne possède pas de capital de roulement ; souvent même il lui est impossible de fournir en nature ou en argent la moitié du capital engagé par le bétail.

Le métayer court moins de risques que le fermier. Quand sa récolte est mauvaise, si sa part ne lui suffit pas toujours pour vivre largement, du moins il n'a pas à payer la rente du sol entre les mains du propriétaire.

Il existe des contrées en France où les métayers sont encore pauvres, où les colons partiaires vivent au jour le jour, où ils ne cherchent pas à suivre une culture plus lucrative, parce qu'ils n'ont pas de bail et qu'on peut les renvoyer à la fin de chaque année ; il y en a dans lesquelles les colons partiaires vivent pour ainsi dire dans l'aisance, parce que leurs propriétaires les ont aidés par les capitaux sagement employés. Il en sera toujours ainsi toutes les fois que les propriétaires reconnaîtront qu'ils ne seront riches que s'ils enrichissent leurs métayers.

Propriétaire. — 328. Le propriétaire qui se fait agriculteur agit comme cultiverait un fermier, si son domaine est en bon état. Lorsque les terres qu'il possède sont pauvres, humides, etc., il doit suivre une voie différente, adopter une culture fourragère et l'élevage du bétail, et s'engager avec une extrême prudence dans la voie des améliorations, s'il ne veut pas engager immédiatement les capitaux dont il dispose.

La culture qui a pour but l'amélioration d'un domaine est très séduisante, mais elle est pleine de périls.

L'expérience a mille fois démontré qu'il fallait six à dix ans pour réaliser les capitaux consacrés à l'amélioration des terres labourables, des prairies, des chemins, des bâtiments, etc.

Divers propriétaires cultivent leurs domaines à l'aide de *régisseurs* qui, parfois, reçoivent, indépendamment d'une somme fixe et annuelle, un intérêt de tant pour 100 sur les bénéfices réalisés chaque année.

Dans la région du Midi, souvent les régisseurs sont remplacés par des *maîtres valets*, commis qui reçoivent comme gage une somme d'argent et des denrées déterminées : blé, maïs, vin, etc., parce qu'ils se chargent de la nourriture du personnel agricole.

Achat d'un domaine. — 329. Tout agriculteur qui veut acheter un domaine pour le faire valoir doit examiner avant tout s'il a un capital suffisamment élevé pour solder sa valeur et le cultiver. Il vaut mieux être fermier d'une petite exploitation que de cultiver une propriété grevée de dettes ou d'une inscription hypothécaire.

S'il est utile de n'acheter que des terres de bonne qualité, quand on est limité par les capitaux dont on dispose, il est cependant quelquefois avantageux d'acheter des terres pauvres ou ayant une faible valeur foncière. Dans ce cas, on ne devra pas oublier qu'on a intérêt à posséder, à côté

de ces terrains peu fertiles, des terres d'excellente qua
auxquelles, pendant plusieurs années, on ne demand
rien que des fourrages.

Location d'un domaine. — 330. Quiconque veut lo
un domaine doit examiner, avant d'accepter les condi
du propriétaire, la nature, la propreté et la fertilité
terres labourables, la manière d'être du sous-sol, l
des prairies naturelles et des voies de communication
disposition des bâtiments, les débouchés qu'offre la co
trée, l'abondance ou la rareté de la main-d'œuvre et le
des salaires; enfin, il est utile de savoir si la contrée
ferme des marnières, des fours à chaux, des carrières
cendres pyriteuses, etc.

Cet examen terminé, il faut s'enquérir dans la con
du prix de location des terres, des conditions génér
et spéciales inscrites dans les baux et de leur du
moyenne.

Ces études terminées, il ne s'agit plus que d'arrêter
clauses du bail. Le fermier ne devra pas accepter
charges spéciales qui viendraient indirectement accroî
la valeur locative des terres et il devra insister pour qu
lui concède un long bail et qu'on l'autorise à suivre u
culture libre, à la condition, cependant, qu'il n'ensem
cera pas chaque année au delà de la moitié de l'étend
totale des terres labourables en plantes céréales ou indu
trielles. Cette clause satisfera à la fois et ses propres in
rêts et ceux du propriétaire, puisqu'elle ne lui permet
pas d'amoindrir la richesse initiale du sol.

QUESTIONNAIRE.

325. Comment divise-t-on les capitaux agricoles? — Qu'es
que le capital foncier? — Le capital mobilier? — Le capital
circulation? — Le capital de réserve? — Le capital de fabri
tion? — Quel est en général le multiplicateur de la rente
sol?

326. Qu'est-ce qu'un fermier? — Quels sont les avantages
baux à longs termes?

327. Qu'est-ce que le métayer? — Qu'est-ce que le métaya

328. Parlez du propriétaire qui se fait agriculteur.

329. Parlez de l'achat d'un domaine.

330. Quelle est l'étude qu'il faut faire quand on veut louer un domaine? — Quelle est la clause dont on doit demander l'insertion dans le bail?

TRENTE-SIXIÈME LECTURE

ASSOLEMENT OU SUCCESSION DE CULTURE. — JACHÈRE. — SYSTÈME DE CULTURE : CULTURE PASTORALE MIXTE, — CÉRÉALE, — FOURRAGÈRE, — INDUSTRIELLE. — ORGANISATION DES TRAVAUX AGRICOLES.

Assolement. — 331. Pour obtenir du sol arable de bonnes récoltes, il ne suffit pas de le labourer et de le fertiliser, il faut encore en varier les cultures. La terre à laquelle on demande continuellement la même récolte s'épuise et finit par ne plus même indemniser celui qui la cultive.

C'est en adoptant un assolement bien combiné qu'on varie les cultures. On appelle *assolement* ou *succession de cultures* l'ordre dans lequel se succèdent les diverses productions sur un même terrain.

On appelle *rotation* le retour d'un assolement donné sur le même champ.

Tout assolement doit commencer par une *jachère* ou une *culture nettoyante* ou une *plante sarclée*, et chaque culture qui concourt par les binages qu'elle exige au nettoiement du sol doit précéder une culture *salissante* ou une céréale qui favorise la croissance des mauvaises herbes; enfin, il est utile d'intercaler les *plantes étouffantes* ou les cultures fourragères fauchables, entre deux plantes céréales ou entre une avoine, une orge ou un blé de mars et un blé d'automne, ou une plante industrielle.

Un assolement est bien combiné quand toutes les plantes

qu'il comprend s'harmonisent avec le climat sous lequel
cultivé, la nature et la fécondité des terres qu'on exploi
les capitaux qu'on possède, les spéculations animal
qu'on peut entreprendre et les débouchés que présente
contrée dans laquelle on réside.

Une culture est bien dirigée quand on rend à la ter
par les engrais qu'on lui applique, l'azote, l'acide pho
phorique, la potasse et la soude que les plantes lui
enlevés pendant la durée d'une rotation.

Jachère. —— 332. On appelle *jachère* le repos d'un
donné à la terre. Pendant ce temps on donne à la couc
arable deux, trois ou quatre labours pour la diviser, l'aé
et la débarrasser des mauvaises herbes qui l'envahisse

De nos jours, dans beaucoup de localités, on suppri
les jachères et on s'en trouve bien ; car quelle est l'util
des jachères ? C'est d'offrir un pâturage au bétail ou
reposer la terre. Mais, d'un côté, le pâturage fourni par l
jachères est maigre et insuffisant ; de l'autre côté, la ter
ne se repose pas, puisqu'elle se couvre de mauvai
herbes ; et, en réalité, elle ne demande qu'à produire ; se
lement il faut varier ses productions et remplacer l
céréales qui sont épuisantes, soit par des prairies artifi
cielles, qui fécondent naturellement le sol, par des cul
tures comme des racines fourragères, qui exigent de
binages et des sarclages fréquents qui détruisent les mau
vaises herbes. Ainsi les bestiaux, au lieu de la nourritur
insuffisante qu'ils trouvaient sur les jachères, auront en
abondance des aliments excellents : le cultivateur pourr
les nourrir à meilleur marché, et par conséquent, avoir
plus de fumier : or le fumier est la richesse de l'agriculteur

Quoi qu'il en soit, il ne faut pas proscrire absolument
la jachère, car il y a des localités et des circonstances où
elle est encore nécessaire. Ainsi elle doit être conservé
dans les pays où les marnages et les chaulages sont utile
sur les exploitations où le sol est facilement envahi par le
mauvaises herbes, où les moyens de fertilisation sont trè
faibles.

Enfin, la jachère a cet immense avantage qu'on peut la modifier à l'infini dans sa durée, dans son commencement et dans sa fin, et qu'elle exerce une action incontestable sur la puissance et la fertilité du sol.

La jachère est dite *jachère nue* quand, pendant sa durée, la terre reste inculte ou improductive; on l'appelle *jachère verte* quand elle produit une récolte fourragère ou une plante destinée à être enfouie comme engrais vert.

Systèmes de culture. — **333**. On connaît quatre systèmes de culture : la *culture pastorale mixte*, dans laquelle la culture des céréales est alliée aux pâturages ; la *culture céréale*, dans laquelle le froment, le seigle ou le maïs, l'orge et l'avoine occupent annuellement plus de la moitié de l'étendue totale des terres labourables ; la *culture fourragère*, dans laquelle les plantes destinées au bétail occupent une surface plus grande que celle destinée aux céréales ; la *culture industrielle*, qui comprend à la fois des plantes fourragères, des plantes céréales et des plantes industrielles oléagineuses, ou textiles, ou tinctoriales, etc.

Culture pastorale mixte. — **334**. La culture pastorale mixte existe dans la Vendée, l'Anjou, le Limousin, le Bourbonnais, etc. Elle favorise à la fois la production des céréales et l'élevage ou l'engraissement du bétail, ou la production de la viande. Elle est améliorante, parce qu'elle oblige à transformer successivement les terres labourables en pâturages et les pâturages en terres arables. Ainsi, lorsque les champs ont produit plusieurs récoltes de céréales, ils restent pendant deux ou trois, et quelquefois quatre années à l'état de pâturages ou *pâtis* tantôt naturels, tantôt artificiels, si on a semé du trèfle et du ray-grass dans la dernière céréale.

La culture pastorale mixte est simple; elle exige moins de travaux que les autres systèmes de culture; mais elle ne peut être adoptée avec succès que dans les localités où les terres sont encloses par des haies vives ou des palissades, et dans celles où l'atmosphère favorise la végétation de l'herbe.

Culture céréale. — 335. La culture céréale compr[end]
deux assolements principaux :

1° L'*assolement biennal*, qui est composé de deux so[les]
ayant chacune la même étendue. La première année [la]
terre reste en jachère ou on y cultive du maïs ; la seco[nde]
année on y sème du seigle ou du froment, suivant [sa]
nature et sa fécondité.

Cet assolement est répandu dans les régions du Sud [et]
du Sud-Ouest ; il est soutenu par une sole de luzerne [ou]
de sainfoin, située en dehors de la rotation.

2° Dans la plupart des localités où les terres sont enc[ore]
peu fertiles, et où la culture pastorale mixte n'est pas p[os-]
sible, l'assolement le plus suivi est l'*assolement trienn[al]*
qui est ainsi disposé : 1re *année*, jachère ; 2° *année*, blé [ou]
seigle ; 3° *année*, avoine ou orge.

Cet assolement est aussi soutenu par une sole de luze[rne]
ou de sainfoin ; il n'est ni épuisant, ni améliorant ; ma[is il]
est peu favorable au bétail, parce qu'il ne lui fournit [pas]
une abondante nourriture, et il a l'inconvénient d'élever [le]
prix de revient du blé, puisque le tiers des terres labo[u-]
rables reste improductif pendant une année.

On peut, quand on a intérêt à conserver cet assoleme[nt,]
supprimer la jachère nue en semant au printemps [du]
trèfle, de la lupuline ou du sainfoin sur la sole occu[pée]
par l'avoine. L'année suivante on fauche ou on fait pa[turer]
ces plantes et on laboure le sol pour l'ensemencer, com[me]
de coutume, en blé ou en seigle d'automne.

On peut aussi, pendant l'année destinée à la jachè[re]
semer de la vesce, des pois gris, du maïs-fourrage et c[ul-]
tiver une étendue donnée en betteraves, pommes de te[rre]
ou navets.

Culture fourragère. — 336. La culture fourragère [,]
généralement connue sous le nom de *culture alterne*[,]
consiste à faire succéder, en les alternant, les plantes s[ar-]
clées, les céréales, les prairies artificielles et les plan[tes]
industrielles, alternant de telle sorte que la terre ne s[oit]
jamais improductive et qu'il n'y ait point de jachère.

Les assolements qui appartiennent à ce système de culture peuvent être diversifiés à l'infini, selon la nature et la richesse du sol et les débouchés offerts par la contrée.

Voici un assolement de quatre ans sans jachère : *1re année*, betteraves ou pommes de terre fumées; *2e année*, avoine ou orge avec laquelle on sème du trèfle que l'on couvre parfois de fumier long l'hiver suivant, si la terre n'est pas de bonne qualité; *3e année*, coupe du trèfle, qu'on retourne en automne pour les semailles de blé; *4e année*, blé ou escourgeon d'automne.

Quand cet *assolement quadriennal*, auquel on a donné le nom d'*assolement de Norfolk*, est précédé par une abondante fumure et soutenu par une prairie naturelle ou une prairie artificielle située en dehors de la rotation, on dit qu'il appartient à la *culture améliorante*, parce qu'il accroît la fécondité de la terre au lieu de l'épuiser.

Culture industrielle. — 337. Les successions de cultures qui appartiennent à cette classe sont toutes épuisantes, et elles doivent être soutenues par de très fortes fumures. On ne les rencontre que dans les localités où les terres sont fertiles, où les capitaux sont nombreux. Elles comprennent toutes les plantes qui appartiennent au domaine agricole, mais plus particulièrement les céréales et le lin, chanvre, tabac, colza, pavot, œillette, cardère, etc.

Ces assolements sont répandus dans la Flandre, l'Artois, l'Alsace, les vallées du Rhône et de la Garonne, etc.

Organisation des travaux agricoles. — 338. Il ne suffit pas, pour réussir en agriculture, d'avoir combiné un bon assolement, il faut aussi prendre toutes les mesures voulues pour que les travaux des attelages et de la main-d'œuvre soient bien coordonnés, parfaitement organisés. C'est en organisant le travail d'une manière rationnelle, c'est en surveillant sans cesse son exécution qu'on parvient à diminuer les dépenses et à réaliser des bénéfices plus considérables.

En premier lieu, il est très utile de combiner l'assolement qu'on doit suivre, de manière que les animaux de

travail soient occupés pendant toute l'année. L'assolement
triennal peut être cité comme exemple sous ce rapport.
Ainsi, au printemps, les animaux de travail labourent les
terres qui doivent être ensemencées en avoine, celles occupées par les jachères; au mois de juin ils transportent les
foins des champs à la ferme; en juillet ils conduisent les
fumiers sur les jachères et les enterrent; au mois d'août
ils rentrent les céréales; en septembre ils labourent de
nouveau les jachères; en octobre ils traînent les herses sur
les terres ensemencées; en novembre ou décembre ils exécutent des labours d'hiver ou conduisent la marne
qu'on appliquera sur la sole qui sera ensemencée l'année
suivante en avoine.

En général, diminuer les dépenses par tous les moyens
possibles, éviter les pertes de force, substituer le travail à
la tâche au travail à la journée, remplacer en partie le travail des journaliers par le travail des machines, surveiller
continuellement le départ et la rentrée des attelages, la
distribution de la nourriture, la récolte et la conservation
des engrais, être juste et sévère envers tous les agents de
la culture, s'imposer la mission que chaque objet, chaque
véhicule occupe la place qui lui est destinée, ne négliger
jamais de donner l'exemple du travail et de l'ordre, c'est
prouver qu'on est à la hauteur de sa mission, c'est être en
droit de compter sur une complète réussite.

QUESTIONNAIRE.

331. Qu'est-ce qu'un assolement? — Qu'appelle-t-on rotation?
— Quelles sont les cultures nettoyantes, cultures salissantes,
cultures étouffantes?

332. Qu'est-ce que la jachère? — Quel est l'avantage de la
suppression des jachères? — Qu'appelle-t-on jachère nue et
jachère verte?

333. Combien connait-on de systèmes de culture?

334. Parlez de la culture pastorale mixte.

335. Parlez de la culture des céréales, — de l'assolement
biennal, — de l'assolement triennal.

336. Parlez de la culture fourragère ou de la culture alterne?

337. Dites quelques mots de la culture industrielle.

338. Comment doit-on organiser les travaux agricoles?

TRENTE-SEPTIÈME LECTURE

CIRCONSTANCES QUI INFLUENT SUR LES SYSTÈMES AGRICOLES. — DÉBUT OU PRISE DE POSSESSION D'UN DOMAINE. — COMPTA- BILITÉ.

Circonstances qui influent sur les systèmes agricoles. — 339. Un grand nombre de circonstances influent sur le choix et la réussite des divers systèmes de culture. La manière d'être du *climat* détermine toujours les spéculations agricoles qu'on peut entreprendre. Ainsi, le climat du Midi est tellement sec et favorable à la végé- tation des plantes arbustives, qu'il oblige l'agriculteur à spéculer de préférence sur la production du vin, de l'huile et de la soie. Le climat du Nord-Ouest, étant toujours brumeux, favorise la production de l'herbe et oblige à spé- culer à l'aide des herbages ou des *embouches* sur l'élevage du cheval, l'engraissement des bêtes à cornes et la pro- duction du beurre et du fromage.

La *nature* et la *fertilité du sol* exercent une influence non moins puissante. Quand la terre est légère et peu fertile, il faut adopter de préférence la culture pastorale mixte ; par contre, lorsque la terre est un peu argileuse et féconde, on a intérêt à suivre un assolement comprenant des plantes exigeantes, et à spéculer sur l'entretien et l'en- graissement du bétail à l'étable.

L'étendue des exploitations influe aussi dans le choix du système cultural qu'on peut adopter. Ainsi, les *petites exploitations*, où les travaux se font toujours à bras, cul- tivent de préférence les gros légumes, pommes de terre hâtives, haricots, etc., et les plantes industrielles. La cul- ture des *moyennes exploitations* varie aussi suivant la nature et la richesse du sol ; mais il est rare qu'on y conserve la jachère. Les *grandes exploitations* adoptent ordinaire- ment une culture ayant pour soutien ou la jachère ou l'exis- tence des prairies artificielles. C'est sur de telles fermes qu'on spécule ordinairement en grand sur la multiplication ou l'entretien des bêtes à laine.

L'*abondance* ou la *rareté de la main-d'œuvre* et le *taux des salaires* autorisent ou ne permettent pas de cultiver les plantes-racines ou les plantes industrielles sur de grandes étendues. C'est pourquoi il est toujours utile, avant d'entreprendre de telles spéculations végétales, de bien connaître si, à l'époque des binages et des sarclages ou au moment d'opérer les récoltes, on pourra disposer d'une main-d'œuvre suffisante et laborieuse.

Mais il ne suffit pas de faire naître des produits, il faut aussi pouvoir les vendre facilement et à des prix rémunérateurs. On devra donc, avant d'adopter une culture différente de celles qui sont suivies dans la contrée, examiner l'*état des routes* qui conduisent aux marchés, et si ces mêmes *marchés sont assez importants* pour qu'on puisse y écouler facilement les produits fournis par les végétaux qu'on désire introduire sur le domaine. Généralement le bétail circule plus aisément sur des chemins en mauvais état que des voitures chargées de graines de colza, de tiges de chanvre, de betteraves à sucre ou de foin.

Enfin, il est indispensable, avant d'entreprendre la culture d'un domaine, d'examiner si les *capitaux* dont on dispose suffiront aux avances réclamées par les cultures et s'ils permettront d'acheter le matériel et le bétail qu'il sera utile de posséder. La culture des plantes industrielles engage un capital beaucoup plus élevé que celui qui est nécessaire pour cultiver les plantes fourragères et les plantes céréales. C'est commettre une très grande faute que d'entreprendre la culture d'un domaine ou d'adopter un système de culture qui exige un capital plus fort que celui dont on dispose. On a dit avec raison : *à petits capitaux petite fumure ; à petite fumure petites récoltes ; à petites récoltes, petits profits.*

Prise de possession d'un domaine. — 340 L'agriculteur qui prend possession d'un domaine, soit comme propriétaire, soit comme fermier, soit comme métayer, se doit lui-même d'étudier les terres qui le composent, afin de bien connaître leurs propriétés physiques. Cette étude, si elle est faite avec soin et complétée par des renseignements recueillis dans la contrée, lui permettra de savoir : à quels moments de l'année la terre devient sèche ou humide ; à quelles époques elle doit être labourée le plus avantageusement et si elle n'a pas le défaut, au printemps, sous l'influence des hâles, de se prendre en mottes dures ; quelles sont les mauvaises herbes qui l'envahissent et à quels moments ces plantes nuisibles apparaissent ; si les semailles doivent être faites de bonne heure en automne, etc.

L'agriculteur doit ensuite examiner les prairies pour les assainir si elles sont humides ou marécageuses, pour y arracher les mauvaises plantes qui y croissent.

Il devra, en outre, se demander s'il ne devra pas conserver la jachère jusqu'à ce que les terres aient été bien labourées, et surtout débarrassées des plantes indigènes à racines traçantes et vivaces.

Enfin l'agriculteur prendra toutes les mesures voulues pour recueillir les engrais liquides, fabriquer des composts et donner la plus grande extension possible à la fabrication des fumiers, et il devra examiner la nature de la couche arable, et chercher à se procurer ou de la chaux ou de la marne, si elle est argileuse, schisteuse, granitique ou sablonneuse.

Tous ces travaux doivent être entrepris avec sagesse. En agriculture plus que dans toute autre industrie, *le temps est un grand maître*, et il permet toujours d'éviter des revers souvent irréparables.

Comptabilité. — **341.** C'est par la comptabilité ou des *écritures régulièrement tenues* qu'on s'éclaire sur la valeur respective des diverses spéculations qu'on peut entreprendre. Malheureusement bien peu de cultivateurs ont une comptabilité ou, pour mieux dire, des registres sur lesquels ils inscrivent les produits qu'ils ont récoltés, les animaux, les engrais et les instruments qu'ils ont achetés, les salaires qu'ils ont payés aux journaliers ou aux tâcherons, et les denrées ou les animaux qu'ils ont vendus à crédit au comptant.

On connaît deux sortes de comptabilité : la *comptabilité en partie simple*, qui est celle que doivent tenir la plupart des cultivateurs, et la *comptabilité en partie double*, qui exige un certain nombre de registres, et qui oblige à passer de nombreuses écritures. Cette dernière méthode est seule qui permette de déterminer le prix de revient des divers produits de l'agriculture, et de savoir exactement, à la fin de chaque année, si l'exploitation est réellement en perte ou en bénéfice.

Quiconque veut adopter une comptabilité doit inventorier tous les objets mobiliers existant sur le domaine. Le détail est ensuite transcrit sur un registre ayant pour titre : *inventaire*.

Le registre sur lequel on inscrit, par ordre de dates, les recettes et les dépenses, se nomme *livre de caisse*; il est disposé de la manière suivante :

RECETTES			DÉPENSES		
DATES	OPÉRATIONS	F. C.	DATES	OPÉRATIONS	F. C.
2 juin.	Vente à Robin, 20 hectolitres de blé à 18 fr.	360 »	1er juin.	Payé au maréchal.	33 30
				— les gages de Nicolas. . .	300 »
6 —	Vente d'un veau .	45 50	2 —		

A la fin de chaque semaine ou de chaque mois, on balance les recettes avec les dépenses, afin de pouvoir vérifier la caisse et rectifier les erreurs qu'on aurait pu faire.

Les denrées récoltées : grains, foin, lin, etc., sont mentionnées sur le registre appelé : *livre de magasin*. Chaque denrée emmagasinée a un compte spécial disposé comme il suit :

ENTRÉE	BLÉ			SORTIE	
DATES	DENRÉES	LITRES	DATES	DENRÉES	LITRES
4 juin.	Battu au fléau. .	650	5 juin.	Envoyé au moulin.	200
8 —	— à la machine.	2 000	12 —	Vendu à Colson. .	1 000

En balançant l'entrée avec la sortie, on voit tout de suite la quantité de blé qui existe encore en magasin.

Le registre qu'on appelle *livre de paye* contient un certain nombre de feuilles divisées en colonnes, dans lesquelles on mentionne le travail des journaliers. Si la paye a lieu tous les huit ou quinze jours, on inscrit au livre de caisse la somme qu'on a payée, sans détailler celles qui concernent chaque ouvrier. Voici comment sont disposées les feuilles :

DU 1er AU 6 JUIN								
NOMS	1	2	3	4	5	6	TOTAUX	PRIX	A PAYER
Pierre.	1 j.	1 j.	»	1/2	1 j.	1 j.	4 j. 1/2	2 fr. 50	11 fr. 25
Benoît.	1	1/2	1 j.	1 j.	1	1	5 1/2	2 20	12 50
René.	1	1	1	1/2	1	1	5 1/2	2 50	13 75
Dubois.	1/2	»	1	1	1	1	4 1/2	1 50	6 75
									44 fr. 25

A la fin de l'année, on fait un nouvel inventaire sur lequel on inscrit l'argent et les valeurs mobilières qu'on a en caisse, et les sommes qui sont dues pour les ventes faites à terme, et on déduit du total les dettes qui n'ont pas été soldées. Alors on balance le reliquat avec le montant de l'inventaire opéré à pareille époque l'année précédente. La différence indique le bénéfice ou la perte de l'année.

Ainsi, le compte annuel doit être établi de la manière suivante :

Montant de l'inventaire..............	24 600	»
Argent en caisse....................	800	»
Valeurs mobilières..................	11 400	»
Ventes non soldées.................	3 400	»
Total...............	40 200	»

Si on devait, pour diverses acquisitions faites et non soldées, une somme totale s'élevant à 1 360 francs, il faudrait déduire cette somme des 40 200 francs, ce qui donnerait 38 840 francs. Or, si le compte général de l'année précédente avait accusé un avoir total de 34 320 francs, le bénéfice réalisé pendant l'année s'élèverait à 4 520 francs.

Lorsqu'on vend ou achète à crédit, on est forcé d'avoir un registre spécial qui a pour titre : *livre des débiteurs et des créditeurs*, et sur lequel on ouvre des comptes à tous les débiteurs et créditeurs.

Le *débiteur* est celui qui doit à l'exploitation ; le *créditeur* est celui auquel on doit.

La direction d'une exploitation est plus facile ainsi que la tenue des registres de la comptabilité lorsque l'agriculteur possède un *plan figuratif* du domaine qu'il cultive, avec la contenance de chaque champ.

Lorsque ce plan est exact, il permet *d'assoler les terres labourables* d'une manière satisfaisante, c'est-à-dire de les diviser en autant de groupes que l'assolement adopté comprend de soles. Ainsi, une exploitation de 100 hectares qui voudrait appliquer l'un des deux assolements ci-après :

1° Un assolement triennal ;

2° Un assolement quadriennal,

Ayant chacun *une sole hors de rotation* destinée à être occupée par une prairie artificielle à longue durée ; luzerne, sainfoin, devrait comprendre :

1° Quatre soles de 25 hectares chacune ;

2° Cinq soles de 20 hectares chacune.

Chaque année, dans le premier cas, l'exploitation possèderait 50 hectares en céréales et 50 hectares en plantes fourragères, et, dans le second, 40 hectares en céréales et 60 hectares en fourrages.

Inventaire annuel. — Tout agriculteur désireux de connaître, chaque année, d'une manière exacte, sa situation financière, doit, à la même époque, inventorier toutes ses *valeurs mobilières.*

Le matériel : instruments, machines, véhicules, etc., doit subir annuellement une dépréciation de 8 à 10 pour 100 pour usure. Les denrées : foin, paille, grains, etc., doivent être évaluées d'après la cote commerciale des marchés de la contrée. Le plus ordinairement les animaux de travail et de rente sont estimés par des cultivateurs experts.

QUESTIONNAIRE.

339. Quelles sont les circonstances qui influent sur le choix des systèmes agricoles? — Quelle est l'influence du climat? — de la nature et de la fertilité du sol? — de l'étendue des exploitations? — de l'abondance ou de la rareté de la main-d'œuvre? — de l'état des routes et des débouchés? — des capitaux?

340. Comment faut-il procéder lorsqu'on prend possession d'un domaine?

341. Qu'est-ce que la comptabilité? — Combien y a-t-il de systèmes de comptabilité? — Parlez de l'inventaire, — du livre de caisse, — du livre de magasin, — du livre de paye. — Comment connaît-on le bénéfice ou la perte de l'année? — Qu'appelle-t-on débiteur et créditeur?

HUITIÈME PARTIE

CULTURE DES JARDINS

TRENTE-HUITIÈME LECTURE

DIVISION DE L'HORTICULTURE : JARDIN FRUITIER. — JARDIN POTAGER. — JARDIN D'AGRÉMENT. — CHOIX D'UN JARDIN. — EXPOSITION. — PRÉPARATION DU TERRAIN. — TERREAU. — OPÉRATIONS CULTURALES. — SEMIS. — MOYENS DE PRÉSERVER LES PLANTES DU FROID. — ARROSAGES. — RÉCOLTE ET CONSERVATION DES GRAINES.

Division de l'horticulture. — 342. L'*horticulture* est l'art de cultiver et d'entretenir les jardins. On lui a donné aussi le nom de *jardinage*.

L'horticulture comprend trois parties bien différentes les unes des autres : 1° *jardin fruitier*, dans lequel on cultive exclusivement des *arbres à fruits* ; 2° *jardin potager*, où on cultive surtout les légumes ; 3° le *jardin d'agrément*, que l'on appelait autrefois *jardin à fleurs* ou *jardin fleuriste*, parce qu'on n'y rencontre que des plantes et arbustes d'ornement.

343. La culture des jardins est aussi agréable qu'avantageuse.

Il y a dans le voisinage des villes de grands jardins qui

l'on cultive pour en vendre les produits. Mais dans les villages éloignés des villes il n'y a presque jamais de jardinier de profession : chacun doit donc, autant que possible, cultiver un petit jardin qui lui fournira les fruits et les légumes nécessaires à sa consommation.

La culture d'un petit jardin n'est jamais embarrassante ; elle se fait, pour ainsi dire, à moments perdus, quelquefois le matin avant de partir pour le travail, quelquefois le soir en revenant.

Choix d'un jardin. — 344. Quand on veut établir un jardin, il faut choisir le meilleur terrain dont on puisse disposer, à portée de la maison.

A la vérité, il y a presque autant de variétés de sol que de localités ; souvent un demi-hectare offre plusieurs natures de terrain. Mais avec du temps, des soins, des engrais et des transports de terre, il n'est personne qui ne puisse établir un jardin dans un enclos voisin de son habitation.

Il est à désirer que la couche de bonne terre, dans un jardin, soit très profonde ; autrement les légumes d'hiver et plusieurs sortes d'arbres, entre autres les poiriers, n'y réussiraient que médiocrement.

Si la couche de terre n'est pas profonde, on ne doit pas pour cela renoncer à avoir un jardin. On pourra y cultiver encore avec succès plusieurs légumes, des fleurs et quelques arbres, par exemple, les pommiers, les pruniers dont les racines s'étendent beaucoup et s'enfoncent peu.

La meilleure terre pour les jardins, comme pour toutes les cultures, est la terre *franche*. Les terres très légères et les terres fortes et tenaces ne conviennent ni les unes ni les autres au jardinage.

Dans une terre légère sans excès, les légumes et les arbres peuvent réussir ; ils ne poussent pas avec beaucoup de vigueur, et les fruits ne deviennent pas très gros, non plus que les légumes ; mais les uns et les autres sont généralement savoureux et délicats, et mûrissent d'assez bonne heure.

Quand les terres fortes ne sont pas trop argileuses, les

diverses cultures potagères y réussissent, quoique un peu tard : les engrais qu'on y emploie ne sont jamais perdus, et l'effet s'en fait sentir longtemps. Mais, si l'argile s'y trouve en trop grande quantité, le terrain ne se laisse pas assez facilement pénétrer par l'air ni par les racines ; il conserve l'humidité et fait périr les végétaux ; la chaleur le dessèche fortement ; il se fend, et, par suite, il presse et étrangle les racines.

On remédie aux inconvénients des terres fortes en y répandant du sable, de la marne, des débris de démolitions, en les retournant par des labours fréquents et profonds, en les exposant à l'action des gelées à glace. L'hiver est un excellent jardinier ; il améliore considérablement une terre qu'on a eu soin de remuer et de soulever pendant le mois de novembre.

Le sol d'un marais desséché est fertile, et convient parfaitement à certaines cultures, surtout à celles des choux, des carottes, des artichauts, des haricots verts.

Exposition. — 345. Dans un jardin, on peut, à la vérité, tirer parti de toutes les expositions, même de celle du nord, qui, dans les étés secs et chauds, se trouve quelquefois avantageuse ; mais on peut dire qu'en général, excepté dans quelques-uns de nos départements méridionaux, l'exposition du midi et celles qui s'en rapprochent, comme celles de l'est et du sud-ouest, sont les meilleures. Elles exigent plus de soin et d'arrosement, mais elles payent plus généreusement les peines du cultivateur.

Dans un jardin situé en plaine, on a au pied des murs les diverses expositions. En effet, le long du mur situé au nord, on a l'exposition du midi, et ainsi des autres.

Préparation du terrain. — 346. Pour créer un jardin, il est bon de défoncer entièrement le sol à 0 m. 60 de profondeur, en sorte que le dessus soit mis dans le fond, et que le fond soit mis par-dessus, mais seulement dans le cas où la bonne terre est profonde ; autrement il ne faudrait pas défoncer au delà de 0 m. 40.

Lorsqu'on opère ainsi, on défonce tout le jardin, et non

pas seulement les endroits où seront plantés les arbres.

Cette opération, à la vérité, sera surtout très utile aux arbres, qui, dans cette terre remuée, pousseront des racines en grande quantité; mais elle sera aussi fort avantageuse aux légumes. Il est vrai qu'un grand nombre, comme les laitues, les chicorées, les oignons, peuvent s'en passer; mais ceux dont les racines descendent profondément dans le sol, comme les artichauts, les asperges, les carottes, les salsifis, les choux, réussiront mieux.

Le défonçage n'est pas indispensable quand on veut créer un jardin sur un fond profond et de bonne qualité. Alors on se contente de bêcher le terrain jusqu'à 30 centimètres de profondeur.

En défonçant ou en bêchant le sol du jardin, il faut soigneusement enlever toutes les pierres et les racines des plantes vivaces : chiendent, etc. On peut, si l'on veut, mettre les cailloux dans les allées, les briser et les recouvrir de gravier et de sable, ce qui empêchera l'herbe d'y pousser.

Emploi du terreau. — 347. Il est utile de mêler du *terreau* à la terre du jardin. Ce mélange est quelquefois indispensable pour obtenir de beaux produits.

On appelle *terreau* toute espèce de débris végétaux, entièrement décomposés par l'effet du temps et réduits en une terre douce, pulvérulente et très noire, et qui est un excellent engrais, surtout pour les légumes annuels : salades, melons, concombres, etc., et les fleurs.

On appelle *terreau de couche* le fumier qui a servi à faire des couches l'année précédente; ce fumier, décomposé par le temps, est comme réduit en une sorte de poudre noire très grossière; il communique au sol de la fécondité et de la chaleur; il ne saurait être trop divisé; c'est pourquoi, avant de le répandre, on l'émiette à l'aide de la fourche, du râteau ou de la main.

On peut obtenir du terreau avec des feuilles. Dans un coin du jardin, on fait une fosse à l'abri du soleil, on y entasse des feuilles de toutes sortes d'arbres; on peut jeter aussi dans la fosse des mousses, des fougères, toutes espèces de mauvaises herbes, les débris de légumes, même des fruits pourris. Au bout de deux ans, cette masse décomposée forme un terreau moins actif, il est vrai, que celui des couches, mais peut-être plus durable.

Un jardinier soigneux ne doit rien laisser perdre, il doit tirer parti de tout.

Il est bon de ne pas mêler avec les autres débris les feuilles de chêne, ni celles du hêtre, du noyer, ou des arbres résineux : elles sont acides; il ne faut les employer que lorsqu'elles sont tout à fait réduites en terreau après avoir été mêlées à de la chaux vive; ce qui exige plus de temps que pour les autres feuilles.

Opérations horticoles. — 348. Les principaux soins qu'exige le jardin sont les labours, les binages, le sarclage, les arrosages, etc.

Le *labour* du jardin se fait à l'aide de la bêche (fig. 101) et de la houe fourchue ou de la fourche à dents plates (fig. 103), lorsque la terre est forte ou engazonnée, et accidentellement du pic et de la houe.

L'emploi de la bêche consiste à couper une tranche de terre, à la soulever, à retourner le dessus dessous; et, si la terre n'est pas émiettée, à la briser avec le plat de la bêche après l'avoir divisée par quelques coups du tranchant.

Pour couper la tranche de terre, vous appuyez la bêche contre le sol; puis, mettant un pied dessus et tenant le manche des deux mains, vous pressez du pied et vous faites entrer la bêche jusqu'à ce que le bord supérieur de la lame effleure la surface du sol; la bêche se trouve ainsi enfoncée à la profondeur d'environ 20 à 25 centimètres.

Il faut préférer, non pas la bêche la moins chère, mais la meilleure. Elle servira mieux et durera bien plus longtemps. Une bonne bêche, dont le fer est bien corroyé d'acier sans être trempé trop sec, peut durer plusieurs années.

Si la terre est un peu forte et sujette à se durcir ou si

le contient des pierres, on emploie une houe dont l'extrémité présente deux crochets qui entament mieux le sol.

On peut aussi se servir de la bêche bretonne, qui est légèrement recourbée en dedans.

La *pioche* est un instrument de fer long et étroit, un peu

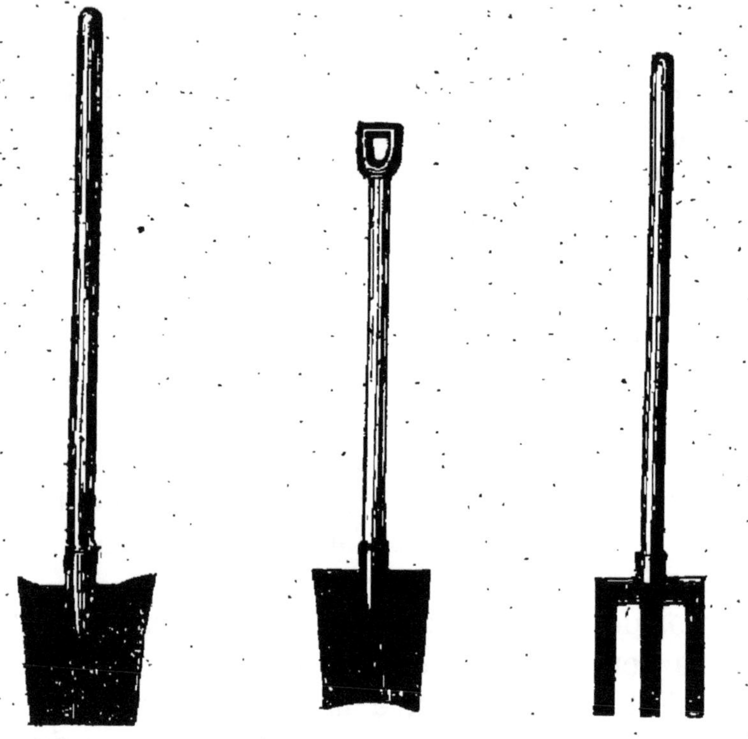

Fig. 101.
Bêche.

Fig. 102.
Bêche avec
manche à poignée.

Fig. 103.
Fourche à dents
plates.

recourbé vers son extrémité tranchante, qui sert à remuer la terre et à y faire des trous. L'ouvrier en piochant se tient plus ou moins baissé vers la terre.

La pioche piémontaise est double : l'une de ses extrémités est semblable à celle de la pioche commune ; l'autre est terminée en pointe ; on la nomme *tournée*.

Le fer du *pic* est plus étroit et long au moins de 60 centimètres, ce qui lui donne beaucoup de force et lui permet d'entamer le sol le plus dur.

La *houe* ou *pioche à lame large* a un fer assez semblable à celui de la bêche, mais notablement recourbé ; le sens dans lequel le fer est courbé se rapproche de celui du manche; quelquefois le fer est triangulaire et terminé en pointe.

Pour façonner le terrain à la houe, l'ouvrier se tient courbé très près de terre, il entame le sol en avançant, et il rejette derrière lui la terre remuée.

On se sert aussi du mot *labourer* pour indiquer le travail de la houe pleine et de la houe fourchue, aussi bien que pour désigner celui de la bêche.

La *serfouette* ou *sarcloir* sert à remuer légèrement une terre qui a déjà été travaillée; c'est une petite houe dont ordinairement une des extrémités est à deux fourchons.

La *binette* sert à enlever les mauvaises herbes et à trancher leurs racines, c'est une espèce de truelle courbe à bords tranchants.

Biner, c'est donner une seconde ou troisième façon à une terre déjà labourée; on se sert pour cela des instruments nommés binette, serfouette.

Le *sarclage* est encore plus nécessaire dans les jardins que dans les champs. Il faut tenir continuellement le sol net et le débarrasser des mauvaises herbes, qui épuiseraient les sucs de la terre et qui étoufferaient les semis et les plantations. On sarcle avec la main.

Le *râteau* est un instrument de fer ou de bois, armé de dents plus ou moins rapprochées, qui sert à unir et à égaliser la terre qu'on a façonnée, et à nettoyer les planches du jardin.

La *ratissoire* sert à nettoyer les allées. Il y en a une dont on se sert en la tirant à soi; elle est la meilleure quand la sécheresse a durci les allées.

L'autre ratissoire se pousse en avant, elle convient mieux quand le sol est ramolli par l'humidité.

Semis. — 349. La plupart des plantes potagères se reproduisent de graines. Selon que la graine est plus ou moins fine, on sème à la volée, on enterre la graine plus ou moins profondément, ou on dépose la semence à la main soit dans de petits sillons, soit dans de petits trous.

on recouvre ensuite la semence, soit à la main, soit à l'aide du *râteau*.

On *sème sur place* lorsqu'on a l'intention de laisser grandir les plantes dans le terrain où on les a semées. On *sème pour repiquer* lorsqu'on doit enlever les plantes devenues un peu fortes, pour les placer dans un terrain où on les espacera davantage et où elles pourront se développer plus à l'aise; cette transplantation s'appelle *repiquage*.

Quelquefois les plantes repiquées, ayant pris de l'accroissement, sont transplantées encore une fois dans un terrain qu'elles doivent définitivement occuper : on dit alors qu'elles sont *plantées à demeure*.

Pour que le semis lève plus promptement et que la végétation soit plus active, on peut *semer sur ados* où *côtière*.

L'*ados* est une portion de terrain *adossée* à un abri, ou inclinée de manière à recevoir moins obliquement les rayons du soleil; c'est comme une petite colline artificielle inclinée vers le midi, le sud-ouest ou le sud-est.

On *sème sur couches* quand on veut activer plus encore la végétation.

Les couches sont des tas de fumiers qu'on dépose dans des fosses garnies d'un peu de feuilles ; sur le fumier l'on étend du terreau ou de la terre très fine. Les graines semées dans ce terreau, activées par la chaleur du fumier, poussent très vite.

Pour hâter les produits et obtenir des *primeurs*, c'est-à-dire des fruits et des légumes venus avant leur saison, les jardiniers de profession font des couches qui sont assez dispendieuses et exigent une grande surveillance.

Le simple cultivateur peut aussi faire pour son usage une petite couche économique, qui lui donnera très peu de peine et qui lui sera avantageuse.

Au commencement du printemps, dans un endroit abrité, on creuse une fosse profonde de 0 m. 50, large de 1 m. 32; longueur à volonté, par exemple 2 ou 3 mètres; on la remplit de fumier d'écurie, auquel on peut mêler un tiers de feuilles sèches; le tout excédera de 0m.35 le niveau du sol. Recouvrez ensuite cette masse de fumier avec du terreau disposé en talus sur les côtés et légèrement bombé vers le milieu.

Le fumier de la couche s'échauffera d'abord beaucoup. Quand il aura *jeté son feu*, ce qui aura lieu au bout de deux ou trois jours, on sèmera sur le terreau de la couche les graines qu'on désire faire germer promptement. Il sera très utile d'abriter le semis par un paillasson.

Moyen de préserver les plantes du froid. — 350. Pour préserver du froid les semis faits sur couche, on place de distance en distance des demi-cercles de tonneaux, au-dessus desquels on étend des *paillassons* pendant la nuit, ou même le jour quand on craint la gelée ou lorsque le soleil est trop ardent.

Les *paillassons* se fabriquent avec des poignées de paille de seigle qu'on lie les unes aux autres par de la ficelle, et quelquefois par de l'osier. On achète des paillassons, mais on peut fabriquer ceux dont on a besoin.

Voici comment on les fait :

On plante en terre six piquets formant trois rangs parallèles, distants entre eux de toute la longueur qu'on assigne aux paillassons et situés aux deux tiers de leur largeur. On étend, au moyen de ces six chevilles, trois ficelles; on prend ensuite sucessivement une petite poignée de paille que l'on attache par des nœuds coulants à chacune des trois cordes tendues, au moyen d'une navette entourée de ficelle. On continue de la même manière.

On ne donne pas ordinairement aux paillassons une longueur de plus de 3 mètres. Ils se roulent très facilement, et on les conserve à l'abri de la pluie pendant la belle saison.

Les *cloches* ou *verrines* sont des ustensiles en verre d'une seule pièce, ayant la forme d'une cloche sans battant. Elles sont destinées à couvrir les jeunes plants et à conserver autour d'eux la chaleur transmise par la fermentation de la couche, sans les priver de l'influence de la lumière et de la chaleur du soleil. Ces cloches sont les moins chères.

Il y a des cloches à facettes formées par l'assemblage d'un certain nombre de petites lames de verre fixées à l'aide d'une sorte de charpente en plomb.

Les *châssis* sont des cadres ou panneaux vitrés rectangulaires en bois ou en fer, que l'on pose sur les coffres des couches.

On élève et on abaisse au besoin ces panneaux sur l'un des côtés du châssis, au moyen de crémaillères en bois, et on les fixe contre l'impétuosité du vent au moyen de crochets en fer.

Mais cette toiture si mince de carreaux de vitre devient insuffisante pendant un grand nombre de nuits froides et de jours sans soleil : on a recours alors aux paillassons, et on les étend sur les panneaux.

Arrosages. — 351. La pluie et la rosée ne suffisent point pour entretenir en état d'humidité convenable le sol des jardins : les plantes qu'on y cultive ont presque toutes besoin d'être fréquemment arrosées.

On doit arroser ni trop ni trop peu, et n'employer, s'il est possible, que de l'eau exposée à l'air au moins depuis quelques heures.

A cet effet, on a ordinairement dans le jardin un tonneau ou une grande pierre creuse ou bassin, dans lequel on verse d'avance l'eau tirée d'une citerne, d'un puits ou d'une rivière : on puise ensuite l'eau dans le bassin à l'aide d'un arrosoir, et on la répand sur les légumes et sur les fleurs. C'est ce qu'on appelle l'*arrosage à la main*; on arrose les plantes déjà fortes *à la gueule* et les semis et les petites plantes *à la pomme*, qui a des trous plus ou moins petits.

Si le jardin est un peu grand, on peut y enterrer de distance en distance des tonneaux qui communiquent entre eux par des tuyaux.

Le premier tonneau est placé près du puits; on y verse l'eau, qui, de là, se répand dans tous les autres, et le jardinier remplit son arrosoir dans le tonneau le plus voisin des planches qu'il veut arroser, ce qui épargne beaucoup de temps et de peine.

Pendant l'été, on arrose plus volontiers le soir parce que, si l'on arrosait le matin, l'ardeur du soleil ferait trop promptement évaporer l'humidité et durcirait la terre. Au printemps, on arrose au milieu du jour; en automne, on arrose plus volontiers le matin, parce que la fraîcheur des nuits rend l'arrosage du soir inutile, et aussi dans la crainte des gelées.

Dans les parties les plus méridionales de la France on n'arrose guère à la main, parce que, à cause de l'exclusive chaleur, l'eau épandue à l'aide des arrosoirs est bientôt évaporée, et qu'il faut sans cesse recommencer ce travail pénible. On arrose par *imbibition* ou *irrigation*.

Voici comment on opère : on divise le potager en billons ou en planches fort étroites, dont la terre est relevée sur les deux bords et légèrement creusée au milieu. Chacune de ces planches est séparée par un intervalle de 30 à 40 centimètres, formant une rigole bouchée seulement à l'une de ses extrémités.

L'eau, entrant dans la première rigole au sommet de la pente du terrain, circule entre toutes les planches ou entre tous les sillons, et les imbibe suffisamment, sans donner au jardinier d'autre fatigue que celle de boucher et de déboucher la première ouverture.

Ainsi, dans ces contrées, on ne peut guère cultiver avec avantage un jardin un peu grand que dans le voisinage d'un cours d'eau, d'un ruisseau ou dans les terrains qui sont naturellement assez frais pour se passer d'un arrosage fréquent.

Récolte et conservation des graines. — **352.** On appelle *porte-graines* ou *mères* les pieds que l'on destine à fournir les semences pour l'année suivante; et comme de bonnes graines donnent de beaux plants, l'une des occupations essentielles du jardinier est d'élever avec le plus grand soin les porte-graines.

Le jardinier doit visiter souvent ses porte-graines, pour ne pas laisser échapper, à son détriment, le moment favorable de recueillir les semences. On ne récolte les graines que lorsqu'elles sont parfaitement mûres.

La récolte terminée, on s'occupe de bien éplucher les semences, on en sépare tous les corps étrangers, les insectes et les graines des mauvaises herbes. On les renferme ensuite dans des sacs de papier très fort ou de toile, que l'on *étiquette* du nom de la plante.

Il est bon de visiter tous les mois les sacs, pour s'assurer que les graines se conservent en bon état.

La faculté germinative des graines ne peut se conserver chez quelques espèces, comme le panais, l'arroche, que pendant un an; mais elle persiste chez la plupart pendant deux à trois ans. Les graines de melon, de concombre, de choux conservent leur faculté germinative pendant cinq à six années.

Les graines de chou ou de navet sont souvent attaquées par les *mites*. Les pois et les lentilles sont ordinairement ravagées intérieurement par un insecte noirâtre appelé *bruche*.

QUESTIONNAIRE.

342. Comment divise-t-on l'horticulture?

343. Est-il utile que chacun cultive un petit jardin?

344. Toute espèce de terrain est-elle convenable pour l'établissement d'un jardin? — La couche de bonne terre, dans un jardin, doit-elle être profonde? — Quelle est la meilleure terre pour les jardins? — Comment remédie-t-on aux inconvénients des terres fortes? — Le sol d'un marais desséché est-il fertile?

345. Quelle est, dans un jardin, l'influence de l'exposition?

346. Quelle préparation doit donner à la terre celui qui veut créer un jardin?

347. Qu'est-ce que le terreau? — Comment obtient-on du terreau avec des feuilles?

348. Comment laboure-t-on le sol des jardins? — Quel est l'emploi de la bêche? — Parlez de la pioche, — du pic, — de la houe. — Comment se sert-on de la houe? — Parlez de la serfouette, — de la binette. — Qu'est-ce que biner? — Parlez du râteau, — des ratissoires.

349. Comment sème-t-on? — Qu'est-ce que semer sur place? — Qu'est-ce que repiquer? — Qu'est-ce que planter à demeure? — Qu'est-ce qu'un ados? — Qu'est-ce que semer sur couches?

350. Comment préserve-t-on les semis du froid? — Qu'est-ce que les paillassons? — Quel est l'usage des cloches? — Qu'est-ce que les châssis? — Quel en est l'emploi?

351. Pourquoi faut-il arroser? — De quelle eau doit-on se servir pour arroser? — Comment dispose-t-on les tonneaux d'arrosage? — A quel moment de la journée doit-on arroser? — Comment arrose-t-on les jardins dans le midi de la France?

352. Qu'est-ce que les porte-graines? — Quels soins doit-on donner aux porte-graines? — Combien de temps dure la faculté germinative des graines?

TRENTE-NEUVIÈME LECTURE

Jardin fruitier.

POIRIERS QUI DOIVENT ÊTRE GREFFÉS SUR FRANC OU SUR COGNASSIER. — DISTANCES A RÉSERVER ENTRE LES ARBRES. — VARIÉTÉS DE POIRES ET DE PÊCHES QU'ON PEUT PLANTER LE LONG DES ESPALIERS. — VARIÉTÉS DE POIRES A PLANTER DANS LES SOLS ARGILEUX ET LÉGERS, LORSQUE LES ARBRES DOIVENT ÊTRE DIRIGÉS EN PYRAMIDES. — RÉCOLTE ET CONSERVATION DES FRUITS.

Poiriers greffés sur franc et sur cognassier. — 353. Le jardin fruitier proprement dit ne renferme que des arbres fruitiers de diverses formes.

On doit choisir de préférence les poiriers greffés sur cognassier à ceux qui ont été greffés sur franc, à moins que le sol ne soit argileux, ou froid, ou calcaire. Généralement, les poiriers greffés sur franc sont plus vigoureux, plus développés, mais ils sont toujours moins productifs que les poiriers qui ont été greffés sur cognassier.

Il n'y a d'exception, à ces règles générales, que pour les terrains où le cognassier pousse vigoureusement. Ainsi, dans de tels sols, on a intérêt à planter greffées sur franc les variétés suivantes : beurré d'Angleterre, Bonne-Louise, Colmar d'Aremberg, Williams, beurré Clairgeau et belle Angevine.

Distances à réserver entre les arbres. — 354. Si l'on veut avoir : 1° des *poiriers pyramides*, il faut planter des sujets de un à trois ans de greffe ; 2° des *poiriers hautes tiges* en *plein vent*, des arbres de un à deux ans de greffe. Les premiers doivent être espacés de 3 à 4 mètres dans les bons sols, et de 2 à 3 mètres dans les terrains médiocres. On plante les seconds à distance de 8 à 10 mètres.

Les poiriers qu'on veut diriger en *espaliers* doivent être plantés dans les bons terrains de 5 à 6 mètres de distance et dans les terrains médiocres de 3 à 4 mètres seulement.

On plante les *pommiers pyramides* quand ils ont deux ans au plus de greffe. On espace les *pommiers de plein vent* de 10 à 12 mètres.

Les *pêchers* et les *abricotiers* qu'on se propose de cultiver en espaliers doivent avoir de un à deux ans de greffe. Si les pêchers doivent être dirigés en oblique, on les espace de 1 mètre ; s'ils doivent présenter une *palmette simple*, de 8 à 10 mètres ; une *palmette double*, de 5 à 8 mètres. Quand ils doivent avoir la *forme carrée*, on les éloigne de 8 à 10 mètres dans les bons sols, et de 5 à 8 mètres dans les terres de moyenne qualité.

Les *abricotiers de plein vent* seront éloignés de 6 mètres.

Les *pruniers* et les *cerisiers* qu'on a l'intention de planter en *espaliers*, auront de un à deux ans de greffe. Les mêmes arbres de plein vent seront espacés de 6 mètres.

Poiriers et pêchers à planter aux diverses expositions. — 355. Les arbres qu'il faut planter les premiers sont les pêchers, puis les abricotiers, et ensuite les pruniers ; le poirier et surtout le pommier sont les arbres que l'on plante en dernier lieu,

Si le sol du jardin fruitier est argileux ou argilo-calcaire, on plantera contre les *espaliers situés au nord* les variétés de *poires* suivantes : duchesse d'Angoulême, Bonne-Louise d'Avranches, Williams, beurré d'Amanlis. Si la terre est sablonneuse ou silico-argileuse, on plantera de préférence les variétés ci-après : beurré magnifique, beurré Hardy, beurré d'Amanlis, duchesse d'Angoulême, Louise-Bonne, Williams, Saint-Michel-archange.

On garnira les *espaliers situés au sud* avec les *pêchers* suivants, si le sol est argileux ou argilo-siliceux : grosse mignonne, Madeleine, Chevreuse hâtive, belle de Vitry, Bourdine, teton de Vénus. Si le sol est sablonneux ou silico-argileux, on plantera les *pêchers* ci-après : grosse mignonne, Madeleine, de Malte, galande admirable jaune et pourprée hâtive, ou les *poires* suivantes : Saint-Germain, crassane, beurré gris d'hiver, de Rans, passe-Colmar, bon chrétien d'hiver, Messire-Jean.

Le long des *espaliers situés à l'est et à l'ouest*, on plantera sur le *sol argileux*, les *poiriers* suivants : beurré Hardy, beurré Diel, beurré d'Aremberg, beurré Clairgeau, beurré Capiaumont, beurré gris doré, doyenné d'hiver, Van Mons, Léon-Leclerc, triomphe de Jodoigne, passe-Colmar. Si le *sol est léger*, on choisira de préférence les *poiriers* ci-après : beurré Bretonneau, beurré d'Amanlis, beurré Capiaumont, délices d'Hardempont, beurré d'Aremberg, Bonne-Louise d'Avranches, beurré magnifique, doyenné d'hiver.

A l'intérieur du *premier terrain*, on plantera les *poiriers pyramides* suivants : beurrés magnifique, Bretonneau, superfin, Amanlis, Capiaumont, bon chrétien d'été, Bonne-Louise d'Avranches, doyenné d'hiver et doyenné d'Alençon, duchesse d'Angoulême, épargne, Suzette de Bavay, triomphe de Jodoigne, Messire-Jean, seigneur Esperen, Colmar d'Aremberg et belle de Berry ou curé. Dans le *second terrain*, on dirigera en pyramides les *poiriers* ci-après : ananas, beurré Hardy, beurré d'Aremberg, doyenné d'hiver, beurré gris doré, belle de Flandre, passe-Colmar, Angleterre, beurré d'Amanlis, bon chrétien d'été, duchesse d'Angoulême, épargne, Suzette de Bavay, belle Angevine, bergamote, beurré Capiaumont, belle de Berry.

Pommiers en cordons. — 356. Les bords des plates-bandes pourront être occupés par des *pommiers établis en cordons*. Ces arbres seront greffés sur paradis et plantés à 2 mètres les uns des autres. On les soutient à l'aide d'un fil de fer bien tendu.

Les pommiers *reinette du Canada*, *reinette franche*, *calvile* et *api rose* réussissent bien dirigés en cordons sur un ou deux fils de fer superposés.

Récolte des fruits. — 357. Les fruits qu'on veut conserver ne doivent être récoltés ni trop tôt, ni trop tard.

Conservation des fruits. — 358. On les conserve dans un local spécial appelé *fruitier*. Ce bâtiment doit être situé au rez-de-chaussée ou au premier ; il ne doit pas être humide, parce que l'humidité nuit à la bonne conservation des fruits, et il ne doit avoir qu'une fenêtre exposée au levant, parfaitement close et munie intérieurement d'un volet. Les murs seront garnis de tablettes ayant 0 m. 40 de largeur, et étagées les unes au-dessus des autres de 0 m. 30.

C'est sur ces tablettes que l'on range les fruits avec soin. On doit les couvrir d'une feuille de papier pour les préserver de la poussière. Quand toutes les tablettes ont été garnies de fruits, le local doit rester clos et un peu sombre.

QUESTIONNAIRE.

353. Dans quel sol doit-on planter les poiriers greffés sur franc et sur cognassier ?

354. Quelle est la distance à réserver dans les bons et mauvais terrains, entre les arbres en espaliers, en pyramides et en plein vent ?

355. Quelles sont les poires et les pêches qu'on peut planter le long d'un mur exposé au nord, au sud, à l'est et à l'ouest ? — Quelles sont les variétés de poires qu'il faut diriger en pyramides ?

356. Qu'appelle-t-on pommiers dirigés en cordons ?

357. Quand doit-on récolter les fruits ?

358. Comment conserve-t-on les fruits ? — Qu'est-ce qu'un fruitier ?

QUARANTIÈME LECTURE

Jardin potager.

DIVISION DES LÉGUMES. — LÉGUMES CULTIVÉS POUR LEURS RACINES CHARNUES, — LEURS RACINES TUBERCULEUSES, — LEURS RACINES BULBEUSES, — LEURS POUSSES.

Division des légumes. — 359. Les *légumes* ou plantes potagères se divisent en cinq classes, selon qu'on mange ou leurs racines, ou leurs tiges et leurs feuilles, ou leurs fleurs, ou leurs fruits, ou leurs graines.

Les légumes dont on mange les racines sont de trois sortes. Quelques racines alimentaires sont *charnues* et fibreuses : ce sont les carottes, les navets, les panais, les salsifis, les radis, les betteraves ; d'autres sont *tuberculeuses*, c'est-à-dire fournissent des renflements charnus, de forme irrégulière : la pomme de terre est la plus importante. Les troisièmes sont *bulbeuses*, c'est-à-dire composées d'écailles placées les unes à côté des autres, ayant une saveur et une odeur âcre, piquante et faisant même pleurer : ce sont l'oignon, l'ail, l'échalote, la ciboule et le poireau.

Parmi les légumes dont on mange les *feuilles* et les *tiges*, les uns se mangent cuits : ce sont les asperges, le céleri, le cardon, l'oseille et les épinards ; les autres se mangent crus et accommodés à l'huile et au vinaigre ; on les nomme *salades* : ce sont la laitue, la chicorée, la mâche, le cresson et le pourpier. Les troisièmes, qu'on appelle *fournitures*, ne servent qu'à assaisonner les autres aliments ; les principaux sont le persil, le cerfeuil et l'estragon.

Les *végétaux à fleurs* nourrissantes sont les artichaut et les choux-fleurs.

Parmi les plantes potagères qu'on cultive pour leurs *fruits*, les plus importantes sont le melon, le *cornichon*, les potirons, les concombres et la tomate.

Les légumes qu'on cultive pour leurs *graines* sont surtout les fèves, les pois, les lentilles et les haricots.

Légumes cultivés pour leurs racines charnues.— 360.
La culture de la CAROTTE est facile. On peut semer la
carotte hâtive de Hollande en septembre et l'abriter, pendant l'hiver, par une légère cou-
che de long fumier ou d'écurie,
ou de paille.

On sème la *carotte rouge
longue* ou la *carotte rouge demi-
longue pointue* (fig. 104), ou la
carotte demi-longue nantaise
ou la *carotte demi-courte de
Guérande*, qui ont l'une et l'autre des racines obtuses, depuis
la fin de l'hiver jusqu'en juin.
Il est utile que le sol soit profond, ait été bien labouré en
automne et au printemps, et ait
été fumé trois ou quatre mois à
l'avance. Sans ces précautions,
il arrive souvent que les carottes
fourchent ou se bifurquent.

Le semis se fait toujours en
lignes. Comme les graines sont
petites, on les recouvre simplement au râteau. Le semis doit
être un peu épais; on éclaircit
ensuite, quand les carottes ont
la grosseur du doigt, en arrachant les plus rapprochées : elles
sont alors très délicates, et on
les mange avec plaisir. La graine

Fig. 104. — Carotte rouge
demi-longue.

de carotte se conserve bonne pendant deux ans.

La récolte des carottes se fait à l'approche des gelées.
On conserve ces racines dans du sable sec déposé dans des
caves saines.

361. Le NAVET a l'avantage de croître en très peu de
temps. La qualité de sa racine dépend beaucoup du ter-

rain ; le plus sablonneux, le plus frais est celui qui leur convient le mieux. Dans les terres un peu fortes ou substantielles, ils deviennent très gros, mais ils sont fades, filandreux et n'ont pas une saveur sucrée.

Pour avoir des navets hâtifs, on peut semer en avril et mai, mais avec la précaution de choisir de la vieille graine, pour qu'ils soient moins sujets à monter.

Le *navet des Vertus*, le *navet rond de Croissy*, le *navet de Montmagny* (fig. 105), et le navet blanc plat hâtif sont de très bonnes variétés.

362. On peut semer le PANAIS ROND et LONG pendant les mois de mars et d'avril dans toutes sortes de terrains. On répand la graine en rayons éloignés les uns des autres de 0 m. 40. Il est plus rustique que la carotte ; mais comme on n'en fait pas une grande consommation, on fera bien de n'en garnir qu'une très petite planche.

Fig. 105. — Navet de Montmagny.

363. Le terrain dans lequel on sème le SALSIFIS doit être meuble, profond et assez frais. On peut semer en mars et avril, en ayant soin d'arroser jusqu'à l'apparition du jeune plant. Le salsifis n'est point sensible au froid, et il n'est pas nécessaire de le couvrir pendant l'hiver. Sa racine est blanc-jaunâtre.

La SCORSONÈRE (fig. 106) est une sorte de salsifis dont la racine est plus grosse et a une écorce noire : elle demande plus d'engrais et de chaleur. Ce n'est guère que la seconde année que la racine est assez grosse pour être mangée. Les scorsonères montent promptement en graine, mais leur racine n'en est pas moins bonne.

364. Les RADIS ou *petites raves* sont très hâtifs et fournissent leurs produits en peu de temps. On peut en avoir pendant presque toute l'année. A la fin de l'hiver et au printemps, on les sème sur couche; pendant le reste de l'année, on les sème en pleine terre, à l'ombre, dans un sol léger. On a soin de les entretenir dans une douce humidité. Pour n'en jamais manquer, il faut les semer en petite quantité tous les quinze jours. Le *radis écarlate à bout blanc* est précoce et estimé.

On appelle ordinairement *radis noir d'hiver* ou *gros radis*, une variété à grosse racine qui se garde aisément tout l'hiver dans le sable frais. On le sème en juin ou juillet.

Pour cultiver la BETTE-RAVE dans un jardin, on sème en mars ou avril,

Fig. 106. — Botte de scorsonères.

en lignes; on éclaircit le jeune plant quand il a trois ou quatre feuilles; on doit choisir les variétés à racines petites et à *chair rouge foncé* et très sucrée.

Légumes cultivés pour leurs racines tuberculeuses. — 365. La POMME DE TERRE, dans les jardins, se cultive tout à fait comme en plein champ; mais on n'y plante guère que quelques espèces hâtives, qui mûrissent plus tôt que les autres, et qu'on appelle pour cette raison *pommes de terre précoces, pommes de terre de Saint-Jean, pommes de terre Marjolin.*

Légumes cultivés pour leurs racines bulbeuses.
366. Les quatre principales variétés d'OIGNON cultivées dans les jardins sont le rouge, le rouge pâle, le jaune et le blanc. L'*oignon rouge* est le plus agréable au goût. L'*oignon rouge pâle* se conserve le mieux et le plus longtemps; il en est de même de l'*oignon jaune paille des Vertus* et de l'*oignon rouge pâle de Niort*. L'*oignon blanc* est doux et hâtif; il ne se conserve pas très bien.

Le terrain le plus convenable aux oignons est une terre assez forte qui ait été fumée l'année précédente. On peut semer en août et repiquer en octobre; on peut aussi semer en octobre et repiquer en février; dans ces deux cas, malgré une bonne couverture de fumier, la gelée est encore à craindre.

Ordinairement, on sème en mars et avril, par planches, 100 grammes par are; on recouvre le semis d'une légère couche ou on le trépigne : la graine lève trois semaines après, on sarcle ensuite ; en juin, on éclaircit, et on laisse 0 m. 10 de distance entre chaque plant. Lorsque l'oignon a atteint sa grosseur, ce qui a lieu ordinairement en juillet et août, on rabat les fanes avec le dos du râteau afin de le faire mûrir plus complètement. On l'arrache quand les fanes sont sèches.

On conserve les oignons dans un local à l'abri de la gelée.

367. On multiplie l'AIL par ses gousses, qu'on plante au mois de mars, en ayant soin de placer la tête en haut, à environ 0 m. 07 de profondeur et 0 m. 12 de distance. Quand les feuilles sont sèches, on arrache les bulbes.

L'ÉCHALOTE se cultive comme l'ail : cependant il faut moins l'enfoncer en terre; on la déchausse quand les bulbes sont formés pour empêcher qu'ils ne s'échauffent. Comme la croissance de l'échalote est très rapide, on peut la récolter au commencement de l'été.

368. La CIBOULE est annuelle et croît fort vite; on peut la semer depuis février jusqu'en mai, pour repiquer deux plantes ensemble jusqu'en juillet.

La CIVETTE ou *appétit* est vivace; on la cultive ordinairement en bordures; elle ne produit pas de graine, et se multiplie par ses caïeux, que l'on sépare en éclatant les touffes en automne et au printemps.

Le POIREAU se sème clair, en mars; on le repique pro-

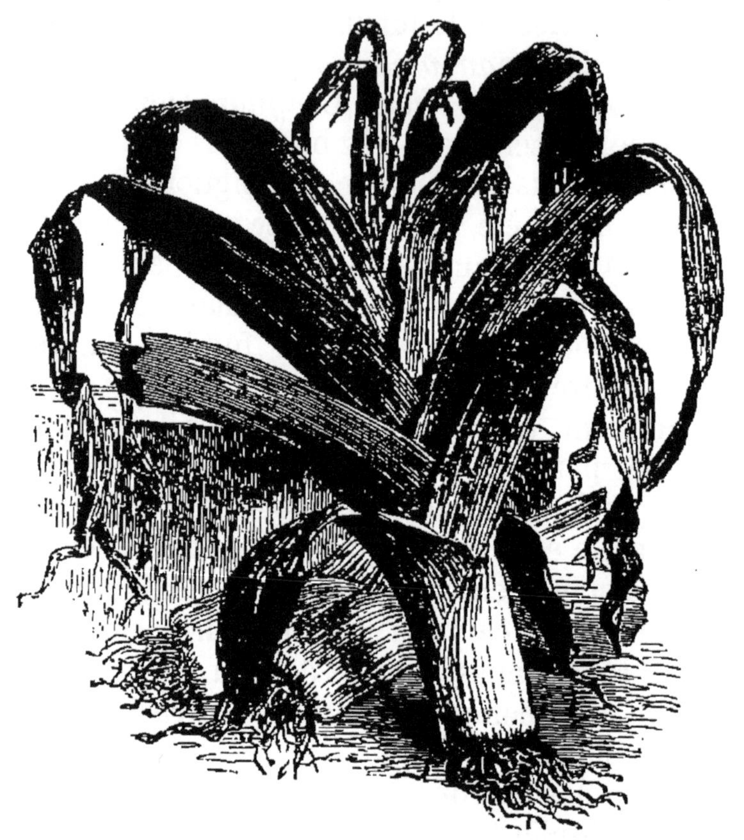

Fig. 107. — Poireau très gros de Rouen.

fondément en mai et juin, en espaçant les plants de 0 m. 15. On arrose assez souvent et l'on rogne les feuilles deux ou trois fois pendant l'été.

Le *poireau court* est moins répandu que le *poireau long*. Le *poireau très gros de Rouen* (fig. 107) est extrêmement rustique.

Légumes cultivés pour leurs pousses. — 369. Quelquefois on sème les ASPERGES sur place; le plus souvent on prend des *pattes* ou *griffes* (fig. 108) ou racines venant d'un semis de deux ans, et on les plante en automne ou au printemps. Voici comment on procède : on choisit une terre meuble, riche, profonde, et surtout point humide. On la partage en fosses de 0 m. 30 de profondeur et de 0 m. 75 à 1 mètre de largeur, séparées par des berges de 0 m. 50, on remplit ces fosses de bonne terre et de fumier, et l'on y place les pattes d'asperges de 0 m. 35 à 0 m. 40 les unes des

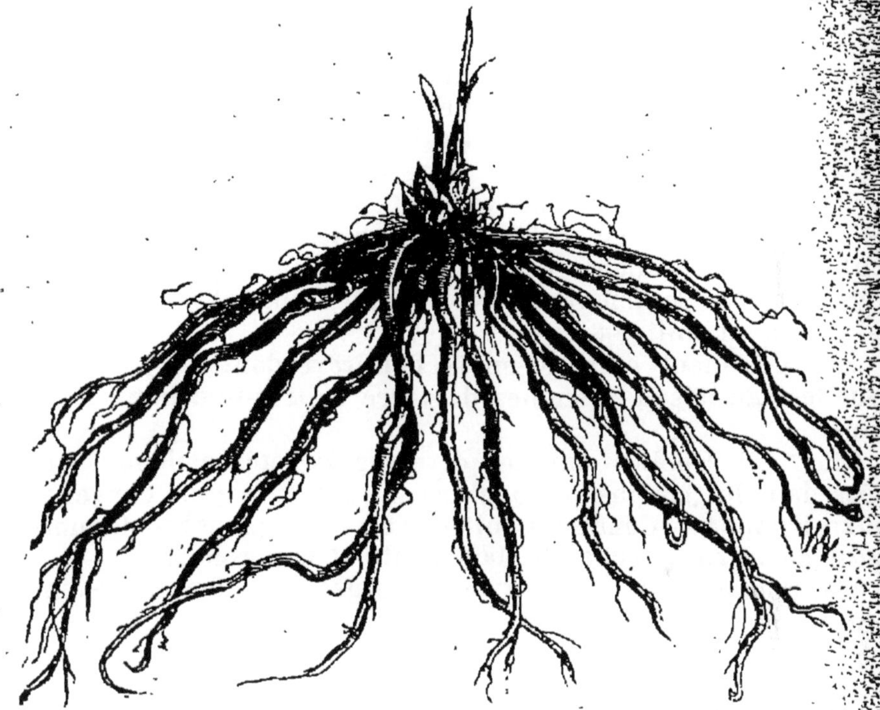

Fig. 108. — Griffe d'asperge d'un an.

autres en étendant bien leurs racines; on les recouvre ensuite de 0 m. 08 à 0 m. 10 de terre.

Pendant la première année on sarcle et l'on bine. Au commencement de novembre, on coupe les montants à une hauteur de 0 m. 03, on recharge les plantes de 0 m. 03 à 0 m. 05 de terre prise sur les ados, et l'on laboure légèrement autour des plants. Au commencement de la deuxième année, on découvre les asperges, on les charge de terreau ou de fumier consommé, et, par-dessus, de la terre qu'on a retirée. On opère au mois de novembre et au printemps de la troisième année, comme précédemment. Au printemps de la quatrième année, après avoir encore donné une couverture de fumier et chargé le terrain, on peut récolter de belles asperges. A la cinquième année, la plantation est en plein rapport. Une aspergerie bien soignée dure très longtemps.

QUESTIONNAIRE.

359. Comment divise-t-on les légumes? — Quelles sont les plantes potagères dont on mange les racines? — Quelles sont celles dont on mange les feuilles et les tiges? — Quels sont les végétaux à fleurs nourrissantes? — Quelles sont les plantes potagères qu'on cultive pour leurs fruits et leurs graines?

360 à 362. Comment cultive-t-on la carotte dans les jardins? — Comment cultive-t-on le navet dans les jardins? — Comment cultive-t-on le panais?

363 et 364. Comment cultive-t-on le salsifis et la scorsonère? — Comment cultive-t-on les radis?

365. Comment cultive-t-on la betterave dans les jardins? — Quelles variétés de pommes de terre cultive-t-on dans les jardins?

366 à 368. Quelles sont les diverses variétés d'oignons cultivées dans les jardins? — Quel est le terrain le plus convenable aux oignons? — Comment cultive-t-on les oignons? — Comment cultive-t-on l'ail, l'échalote, la ciboule et le poireau?

369. Comment plante-t-on les asperges? — Comment soigne-t-on les plantations d'asperges?

———

QUARANTE ET UNIÈME LECTURE

LÉGUMES (SUITE). — LÉGUMES CULTIVÉS POUR LEURS TIGES ET LEURS FEUILLES, — POUR LEURS FLEURS, — POUR LEURS FRUITS.

Légumes cultivés pour leurs tiges et leurs feuilles. — 370. Pour cultiver le CÉLERI, on choisit un bon terrain, un peu frais, et l'on sème au commencement du printemps.

Il vaut encore mieux semer sur couche. On prend ensuite les plants d'une belle venue, et on les repique en lignes

Fig. 109. — Céleri à côtes.

peu serrées dans une fosse profonde de 0 m. 25. A mesure que le céleri s'élève, on réunit les feuilles en faisceau et l'on amoncelle le terreau : par là on rend la tige et les feuilles plus blanches et plus tendres. On peut laisser le céleri dans cet état pendant l'hiver, mais il est plus prudent de l'abriter des grands froids avec de la paille.

Les céleris à côtes ou pleins diffèrent les uns des autres par la coloration de leurs feuilles et la largeur de leurs côtes. Le plus recherché est le *céleri plein blanc à grosses côtes* (fig. 109).

Le *céleri rave* ou *céleri boule* doit être butté modérément.

371. On sème le CARDON en avril dans de petits pots qu'on protège par des cloches ou des paillassons; on repique à 1 mètre de distance quand les plants ont 0 m. 12 de hauteur, et l'on arrose fréquemment. Au mois de septembre on lie les feuilles et on enterre les pieds à la cave ou dans une serre à légumes.

372. L'OSEILLE se multiplie de semis, ou par la sépara-

tion des touffes; ordinairement on la cultive en bordure autour des carrés; elle est bonne à couper environ trois ou quatre mois après qu'elle a levé; plus on la coupe souvent, plus elle devient belle. Il est utile d'en mettre à toutes les expositions, afin d'en avoir continuellement : les feuilles les moins vertes et les moins frappées des rayons du soleil sont les moins acides.

373. Les ÉPINARDS demandent une terre un peu fraîche. Afin de ne pas en manquer, on sème au printemps toutes les trois semaines; les semis exécutés en août et septembre fournissent des produits à la fin de l'automne et de l'hiver et au commencement du printemps. On doit couper les feuilles et non pas les arracher avec la main. Ils en fournissent jusqu'à la formation des graines. L'*épinard de Viroflay* a des feuilles très larges.

374. On distingue deux principales espèces de LAITUE :

Fig. 110. — Laitue d'hiver.

la laitue *pommée* (fig. 110) ou simplement *laitue*, et la laitue *romaine* ou simplement *romaine* (fig. 111). Chacune de ces espèces comprend un grand nombre de variétés.

On sème la graine de laitue, et ensuite on met en place le jeune plant. Afin d'en avoir toute la belle saison, on sème de temps en temps, d'abord sur couche, ensuite en pleine terre, jusqu'en juillet. Ceux qui veulent en avoir au commencement du printemps sèment, en août ou septembre; la *laitue de passion* ou la *romaine d'hiver* et la repiquent en octobre ou novembre, dans un lieu bien exposé et bien abrité des vents du nord.

La CHICORÉE FRISÉE (fig. 112) se cultive comme la laitue.

Fig. 111. — Romaine blonde.

La *chicorée frisée fine de Rouen* a des feuilles très finement découpées. Huit jours avant de mettre en place les chicorées, on coupe un peu les feuilles (en conservant le cœur), pour que le pied se fortifie.

Pour faire blanchir les laitues, et surtout les chicorées et les romaines, on les lie vers le milieu, quand elles sont arrivées à une certaine grosseur; les romaines, qui sont plus allongées que les laitues, doivent être liées vers le milieu et à la partie supérieure. Trois semaines après elles sont bonnes à être coupées; on ne doit les lier que par un temps sec et ne les arroser ensuite qu'au pied.

La MACHE ou *doucette* est très rustique et n'exige aucun soin : il suffit d'en répandre des graines dans le jardin ou de l'y laisser grainer, pour en avoir en abondance. Comme elle monte en graine très promptement, il faut, si l'on veut en avoir longtemps, en semer tous les quinze jours, depuis le milieu d'août jusqu'à la fin de septembre.

Le CRESSON vient naturellement dans les fontaines et dans les ruisseaux, où l'on peut le cueillir ; les jardiniers ne s'en occupent pas, si ce n'est aux environs des grandes villes, où ils le cultivent dans des bassins ou réservoirs alimentés par une eau courante.

Le *cresson alénois* se sème en pleine terre, en place et à mi-ombre tous les vingt jours.

La culture du POURPIER n'exige aucun soin ; seulement,

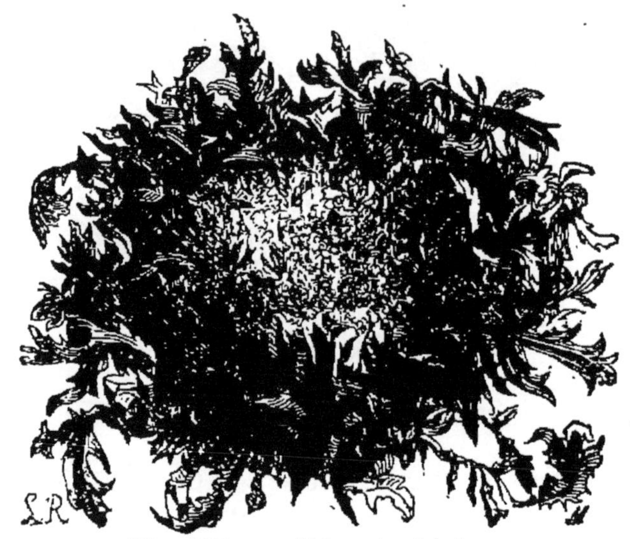

Fig. 112. — Chicorée frisée.

si l'on ne veut pas en manquer, on fait de quinzaine en quinzaine un semis, qu'on recouvre extrêmement peu parce que sa graine est d'une extrême finesse ; on sème depuis le mois de mai jusqu'à la fin de l'été.

375. Le PERSIL se cultive ordinairement en bordure. Cette petite plante vient à peu près partout ; on sème en mars ou en avril ; la graine est assez longtemps à lever. Il faut abriter quelques pieds avec de la litière ou des paillassons, pour conserver leurs feuilles pendant l'hiver. Le plus estimé est le *persil frisé*.

Tous les sols conviennent au CERFEUIL ; afin de n'en pas manquer, il faut en semer peu à la fois, et souvent, ce qui est d'autant plus nécessaire que cette plante monte très promptement. Dans les mois les plus chauds, on sème à l'ombre; le grand semis pour l'hiver se fait en septembre et en octobre; on doit l'abriter pendant les froids.

L'ESTRAGON est vivace, se cultive en bordure et se multiplie par la séparation des pieds. On doit le couper souvent, afin d'obtenir des feuilles tendres. Dans la région du Nord, on le protège contre les grands froids en le couvrant d'une longue litière.

Légumes cultivés pour leurs fleurs. — 376. On multiplie les ARTICHAUTS au moyen des œilletons que l'on détache des vieux pieds qui ont passé l'hiver.

Pour cultiver l'artichaut on choisit, autant que possible, une terre franche, substantielle et profonde. On plante à 1 mètre de distance, dans un même trou, un œilleton ou deux jusqu'au cœur seulement; si les deux œilletons reprennent, on arrache le plus faible; on sarcle; on arrose souvent. L'artichaut aime à avoir la tête au soleil et le pied dans l'eau. En cueillant le fruit, on coupe le *montant* aussi bas que l'on peut.

La conservation des artichauts pendant l'hiver est assez difficile, parce qu'ils craignent également le froid et la pourriture. En novembre, on les butte; à l'approche des gelées, on les couvre d'une litière bien sèche. Au printemps, on enlève cette couverture, on bêche, on ôte les feuilles mortes ou pourries, on œilletonne et l'on arrose si cela est nécessaire.

Pour œilletonner les artichauts, on met, à l'aide de la bêche, la souche à découvert; on éclate, avec le pouce ou avec un couteau, les œilletons qui se trouvent autour du cœur, jusqu'au gros de la souche.

L'artichaut donne de bons produits pendant trois ans, ensuite il faut l'arracher.

377. Les principales espèces de CHOUX sont les choux verts, les choux pommés, et les choux-fleurs.

A. Les *choux verts* sont ceux qui s'élèvent beaucoup et ne pomment pas. Il y en a plusieurs variétés, comme le *chou de Bruxelles*, le *chou vert frisé*, le *chou vert à grosses côtes* et le *chou vert du Poitou* (fig. 113).

On sème les choux verts depuis février jusqu'en juillet. Lorsque le plant a quelques feuilles, on le repique à la distance de 0 m. 65. Pendant l'été on sarcle et l'on arrose de

Fig. 113. — Chou vert du Poitou.

temps en temps. A la fin d'août on commence à couper les feuilles les plus rapprochées du sol pour les bestiaux, ce qui fait profiter la tige et croître les rameaux dans l'aisselle des feuilles, puis on coupe les nouvelles pousses pour les manger et les rameaux comestibles se succèdent pendant l'hiver.

Le chou de Bruxelles fournit de petites pommes à l'aisselle des feuilles.

B. Les *choux pommés* sont ceux dont les feuilles, très grandes, se recouvrant les unes les autres, forment une tête arrondie. Cette catégorie comprend : 1° les *choux pommés cabus ou à feuilles lisses*; le *chou d'York*, le *chou de Bonneuil*, le *chou d'Allemagne* ou *quintal* (fig.

Fig. 114. — Chou cabus quintal.

114); 2° les *choux Milan* (fig. 115), qu'on appelle aussi *choux pommés à feuilles frisées ou cloquées.*

Fig. 115. — Chou de Milan des Vertus.

On sème les choux pommés cabus en avril, sur couche ou en pleine terre, et l'on met en place en mai ou juin; on peut semer les choux de Milan à la fin de l'été pour les repiquer en octobre et novembre. Les travaux d'entretien sont des sarclages, et, en faisant cette opération, on doit butter légèrement les pieds et arroser. On peut encore semer en automne, couvrir et repiquer au printemps. Alors on obtiendra quelques produits en été.

Les choux qui pomment à la fin de l'été craignent beaucoup la pourriture et un peu la gelée. A l'approche des froids, on arrache les pieds, on les porte dans la serre, ou on les enterre dans un endroit sableux en les couchant les uns à côté des autres en ayant soin de diriger les pommes vers le nord.

On consomme les choux de Bruxelles et les choux plantés en automne à la fin de l'hiver, et les choux plantés en juin vers la fin de l'été et pendant l'automne.

C. Les *choux-fleurs* (fig. 116) sont des choux dont les rameaux et les fleurs forment tête par leur réunion.

Fig. 116. — Chou-fleur Lenormand.

Les choux-fleurs exigent un sol un peu léger, très meuble, bien fumé et entretenu dans une douce humidité; il faut souvent sarcler et butter. En semant en automne, on réussit difficilement. Au printemps, on fait des semis successifs, d'abord sur couche, et ensuite en pleine terre; puis on met en place, de manière à obtenir des produits le plus long-temps possible.

378. Le *brocoli* ressemble au chou-fleur et se cultive de même; on le mange à la fin de l'hiver.

Légumes cultivés pour leurs fruits. — **379.** Dans le midi de la France, les MELONS ne demandent que peu de soins ; dans les autres parties de notre pays on les cultive sur couche, sous châssis ou sous cloche. On peut aussi obtenir, sans l'aide de châssis, des *melons maraîchers* dans un sol bien préparé, bien fumé, disposé en encaissement, exposé au midi et bien abrité. Pour les melons en pleine terre, il est presque indispensable d'avoir des cloches de verre ; sous chaque cloche on sème deux graines, puis on supprime le plant le plus faible.

Il faut tailler les melons ; si on ne les taillait pas, ils ne donneraient pas de bons produits. Cette taille consiste à couper avec l'ongle les rameaux surabondants afin de faire mieux profiter les autres, et à pincer ceux qu'on a conservés. Ainsi, on pince la jeune tige et tous ses rameaux, à l'exception des deux plus beaux : c'est la *première taille*. Ces deux-ci continuent de pousser vigoureusement et se garnissent bientôt de fleurs. A mesure que ces rameaux et les branches qu'ils ont produites s'étendent, on les pince au-dessus du troisième au sixième œil, ou même plus bas si la branche est faible ; c'est la *seconde taille*. Quand on juge que le pied est suffisamment chargé de fruits noués, on empêche les autres de se former, et l'on pince l'extrémité des branches, afin de faire refluer la sève dans les fruits.

Les melons exigent des soins assidus. On donne de l'air aux jeunes plants en soulevant les cloches ; on les abrite par des paillassons pendant les nuits fraîches du printemps, on arrose souvent, mais très peu à la fois, et en ayant soin de ne pas mouiller les feuilles : on tient le terrain parfaitement propre et meuble. Lorsque les fruits sont noués, on met une tuile dessous : on les abrite des grands coups de soleil. Les fruits noués parviennent à maturité dans l'espace de deux à trois mois.

380. On cultive les COURGES, les CONCOMBRES et les POTIRONS à peu près comme les melons, mais avec beaucoup moins de soins et sans cloche. La seconde taille que nous avons indiquée pour les melons est la seule qui soit nécessaire aux concombres et aux potirons. La variété dite

potiron rouge vif d'Étampes (fig. 117) est très belle et excellente.

Fig. 117. — Potiron d'Étampes.

381. La culture de la TOMATE est très facile : en février on sème sur couche et l'on repique, ou l'on sème en mars

Fig. 118. — Tomate palissée.

ou avril sur place à une exposition chaude. Pour hâter la maturité des fruits on palisse les tiges (fig. 118), on pince

l'extrémité des rameaux qui sont chargés de tomates et
on les dégarnit un peu de feuilles.

382. Le FRAISIER produit un fruit excellent. On plante
ordinairement les fraisiers en bordure; il est bon de les
arroser fréquemment depuis le mois de mai jusqu'à la fin
d'août. Comme il pousse une grande quantité de *filets* ou
tiges latérales, on doit les en débarrasser de temps en temps,
et ces filets ou *coulants* qu'on a coupés servent à multiplier
les fraisiers. On doit extirper soigneusement les mauvaises

Fig. 119. — Fraisier des Alpes avec filets.

herbes, et renouveler les vieux pieds, en sorte qu'ils ne
dépassent pas trois à quatre ans.

On plante aussi le fraisier des Alpes en planches. Dans
ce dernier cas, il est utile, avant et à la fin de chaque hiver,
de couvrir le sol de fumier pailleux très divisé. Ce *paillis*
protège les fraisiers contre l'effet du déchaussement et il
maintient une certaine fraîcheur dans le sol pendant les
sécheresses et rend les arrosages moins fréquents. Il a, en
outre, l'avantage de ne pas permettre aux fraises d'être en
contact avec le sol, ce qui empêche les fortes pluies de les
couvrir de particules terreuses et de les rendre ainsi moins
comestibles, moins agréables.

On cultive de préférence dans les jardins le fraisier des
Alpes, qu'on appelle aussi fraisier *des quatre saisons* ou
fraisier *de tous les mois* (fig. 120). Son fruit est petit,
allongé et très parfumé.

Les variétés (fig. 119 et 120) dites *princesse royale, vicomtesse Héricart de Thury, Victoria, Le docteur Morère, Marguerite et Lucie*, etc., ne donnent des fruits que pendant les mois de mai et de juin, mais ces fruits sont très remarquable ; on les cultive en planches ou en bordures.

C'est en juin et juillet qu'on plante en pépinière les plants fournis par les filets pour les mettre en place pendant la première quinzaine de septembre dans une terre bien fumée et préparée.

Fig. 120. — Fraise des quatre saisons.

Les fraises qui viennent sans culture dans les bois sont petites, mais d'une saveur exquise.

QUESTIONNAIRE.

370 et 371. Comment cultive-t-on le céleri ? — Comment cultive-t-on le cardon ?

372 et 373. Comment cultive-t-on l'oseille ? — Comment cultive-t-on les épinards ?

374. Combien distingue-t-on de sortes de laitues ? — Comment fait-on blanchir les chicorées et les laitues ? — Comment cultive-t-on la mâche ou doucette ? — Comment cultive-t-on le cresson de fontaine et le cresson alénois ? — Comment cultive-t-on le pourpier ?

375. Comment cultive-t-on le persil, le cerfeuil et l'estragon ?

376. Comment multiplie-t-on les artichauts ? — Comment conserve-t-on les plants d'artichauts pendant l'hiver ? — Combien de temps dure un plant d'artichauts ?

377. Quelles sont les principales espèces de choux ? — Comment cultive-t-on les choux verts ? — Qu'est-ce que les choux pommés cabus et les choux pommés Milan ? — Comment cultive-t-on les choux pommés ? — Qu'est-ce que les choux-fleurs ? — Comment cultive-t-on les choux-fleurs ?

378. Comment cultive-t-on le brocoli ?

379 à 381. Parlez du melon. — Faut-il tailler les melons ? — Comment cultive-t-on les melons ? — Comment cultive-t-on les potirons et les concombres ? — Comment cultive-t-on la tomate ?

382. Comment cultive-t-on le fraisier ?

QUARANTE-DEUXIÈME LECTURE

Jardin d'agrément.

CULTURE DES FLEURS. — JARDINS FRANÇAIS ET ANGLAIS. — MOYEN DE SE PROCURER DES FLEURS. — ARBUSTES D'ORNEMENT. — PLANTES VIVACES. — PLANTES ANNUELLES. — ARBRISSEAUX A FEUILLES PERSISTANTES.

383. La culture des fleurs est pour l'homme laborieux un délassement plein de charme ; c'est en même temps pour les femmes et pour les jeunes filles une occupation aussi innocente qu'agréable.

On peut sans beaucoup de frais cultiver les fleurs dans un jardin potager, en consacrant à cette culture les bandes étroites qui entourent les carrés de légumes et qu'on nomme *plates-bandes*. A la vérité, en agissant ainsi, on récolte quelques légumes de moins, mais on en est amplement dédommagé par la beauté et l'éclat des fleurs, qui donnent au jardin l'aspect le plus élégant et le plus gracieux.

Les plates-bandes, du côté de l'allée, seront bordées de fraisiers, qu'il faudra entretenir avec soin, et renouveler tous les trois ans, si l'on veut en obtenir à la fois des fruits et de belles touffes de verdure.

On peut aussi choisir comme bordure le *buis nain* ou le *thym*, plante aromatique vivace, très aimée des abeilles. On plante ces abrisseaux en automne, dans un rayon de 0 m. 10, en laissant dépasser la partie supérieure des tiges de 0 m. 05 à 0 m. 10.

384. Les jardins d'agrément proprement dits se divisent en deux classes : les parterres français, les jardins anglais.

Les *parterres français* ne présentent que des plates-bandes droites ou circulaires, bordées de buis et séparées par des allées sablées plus ou moins larges. Ces plates-bandes sont toujours symétriques et on embrasse d'un seul coup d'œil toute l'étendue du jardin qu'elles occupent.

Les *jardins anglais* se composent d'un tapis de gazon traversé par des allées sinueuses et sablées et ornées çà et là de corbeilles de fleurs semées sur place ou transplantées ou de massifs d'arbustes à fleurs, plus ou moins élevés.

Ces jardins ont le grand avantage de dissimuler parfaitement l'exiguïté d'une surface. Le gazon présente tantôt une surface régulière, tantôt une surface naturellement ondulée ou rendue telle par le travail. Le tracé des allées présente des difficultés qui obligent à bien les étudier. Une allée est bien tracée quand elle fuit légèrement, en s'arrondissant, ou qu'elle se déroule ou serpente à la vue.

Les corbeilles qu'on dispose au premier et au second plan, suffisent toujours pour orner le centre des jardins d'une faible étendue. Lorsqu'elles ont été bien disposées et qu'elles alternent de manière à dissimuler l'étendue sans contrarier ni heurter le regard, la vue, en errant sur l'ensemble, contemple un délicieux tableau, où les corbeilles apparaissent comme de riches bordures encadrées dans un beau tapis de verdure.

385. On peut souvent se procurer à peu près sans dépenses des graines et des touffes de fleurs, ainsi que des pieds d'arbustes. Tous les ans, les propriétaires qui ont à la campagne un jardin d'agrément, le font nettoyer à la fin de l'hiver, et font arracher tous les rejets qui poussent au pied des arbustes. Ces rejets n'ont aucune valeur comme objet de commerce et les jardiniers se font un plaisir de les donner.

Quant aux graines de fleurs, les propriétaires qui aiment l'horticulture en récoltent toujours beaucoup plus qu'ils n'en emploient ; ils aiment aussi à en donner.

La culture des fleurs établit entre ceux qui les aiment une foule de relations agréables : on fait des échanges, et l'on parvient, avec le temps, à avoir, presque sans frais, une multitude de belles et bonnes plantes.

On cultive comme plants d'ornement : 1° des arbustes ; 2° des plantes vivaces ; 3° des plantes annuelles.

Il est surtout avantageux de cultiver les plantes vivaces ;

elles n'exigent presque aucun soin ; la plupart même n'ont pas besoin d'arrosement.

Mais, en général, la floraison de la plupart des plantes vivaces ne dure qu'une saison ; il est donc indispensable de semer diverses plantes annuelles si l'on veut avoir des fleurs depuis le printemps jusqu'en automne.

Arbustes d'ornement. — 386. Le *chèvrefeuille* est un arbuste sarmenteux, qu'on peut laisser monter et s'étendre en palissades, et qui, en mai et juin, et quelquefois plus tard, donne d'assez jolies fleurs. Il se multiplie de rejetons et de marcottes. Le *chèvrefeuille de Chine* conserve ses feuilles toute l'année et ses fleurs sont odorantes, il faut le planter le long d'un mur exposé au midi ou au sud-ouest. Multiplication par marcottes.

La *coronille des jardins* se couvre de jolies fleurs jaunes et brunes d'avril en juin. On la multiplie par marcottes et drageons.

La *deutzie crénelée* est un très joli arbrisseau ; il se couvre en mai et juin d'une multitude de petites fleurs blanches. On le multiplie d'éclats et de boutures.

Le *genêt d'Espagne*, dont les rameaux, semblables à du jonc, sont peu garnis de feuilles, produit en abondance, dans les mois de juillet et d'août, de belles et grandes fleurs en grappes d'un beau jaune, à odeur suave ; il se reproduit de semis.

Le *jasmin blanc commun* produit, de juillet en octobre, des fleurs blanches d'une odeur agréable ; il les donne en abondance, si on a soin de le tondre au printemps et de l'arroser pendant l'été. Il se reproduit de boutures.

L'*Hortensia* se distingue par son remarquable feuillage, ses belles grosses fleurs roses. Cet arbuste est très beau dans les localités où le climat est tempéré ; ses fleurs sont bleues quand il végète dans des terres schisteuses et volcaniques. On le multiplie de rejetons.

Le *lilas* est un arbrisseau dont les fleurs charmantes, d'une odeur suave, s'épanouissent en mai ; une variété a les fleurs blanches. Multiplication par éclats.

La *rose* est véritablement la reine des fleurs par sa beauté et par son parfum. Le rosier est rustique, et s'accommode de tous les terrains et de toutes les expositions. Il y a une variété infinie de rosiers à fleurs roses, rouges, blanches, jaunes et couleur de chair.

Les variétés qu'on appelle *remontantes* ont la propriété de fleurir deux fois chaque année.

Le *rosier de Bengale* n'a point d'odeur, mais a le précieux avantage de fleurir pendant presque toute la belle saison. On peut le couper au pied avant les gelées, et recouvrir ses racines de paille : la floraison de l'été suivant n'en sera pas moins abondante. La variété dite *Hermosa* est semi-double et très belle.

Les rosiers se multiplient ordinairement de boutures et de rejetons, ou bien on les écussonne sur l'*églantier* ou rosier *sauvage*.

Le *seringa* ou *syringa*, qui forme des buissons de 3 mètres de hauteur, se couvre, en juin, de fleurs blanches d'une odeur agréable, mais forte. Multiplication par éclats.

Les *spirées* sont de charmants arbrisseaux. Celui à *feuilles de prunier* se couvre de fleurs blanches en avril et mai. Multiplication par boutures.

Le *weigélia à fleurs roses* s'élève de 1 à 2 mètres. En avril ou mai, il produit de nombreuses fleurs roses très élégantes. On doit le planter dans une terre légère.

Plantes vivaces. — 387. L'*achillée* ou *bouton d'argent* fleurit de juillet en septembre, et exige peu d'arrosements. Multiplication par éclats.

L'*ancolie des jardins* est une belle plante; elle fleurit au printemps; ses couleurs sont très variées.

L'*aster œil du Christ* produit, en août et septembre, des fleurs nombreuses en étoile; le centre est jaune et les rayons sont d'un beau bleu. Division des touffes.

La *campanule des jardins* donne, depuis juin jusqu'en septembre, de grandes fleurs blanches ou bleues. Éclats, ou graines qu'on doit très peu recouvrir.

Les *cannas* ou *balisiers* ont des feuilles très larges et d'un grand effet; leurs fleurs, d'un rouge écarlate, jaune, etc., apparaissent d'août en septembre. Multiplication par la séparation des racines, qu'on arrache en novembre et qu'on conserve en cave comme les tubercules du dahlia.

Le *chrysanthème à grandes fleurs* (fig. 121) produit en automne des fleurs capitulées de couleur ou de forme très variables. Les variétés obtenues de semis dans ces dernières années sont très remarquables et parfois très singulières. On y admire tous les coloris possibles. Ces magnifiques plantes automnales se propagent par éclats de pieds et par boutures.

Fig. 121. — Chrysanthème vivace.

La *corbeille d'or*, plante très basse, se couvre en mai de petites fleurs en bouquets, d'un jaune d'or très éclatant. Semis et marcottes.

La *croix de Jérusalem*, simple ou double, donne en juin et juillet des fleurs d'un rouge éclatant. La double doit être garantie du froid. Graines, boutures, éclats.

Le *dahlia*, fleur magnifique, présentant toutes les nuances, a, comme la pomme de terre, des tubercules à l'aide desquels on le multiplie. Ces tubercules sont vivaces, lorsqu'on a soin, pendant l'hiver, de les mettre à l'abri de la gelée. Les dahlias les plus estimés sont ceux qui ont des fleurs à pétales bien imbriqués et réguliers.

Le *bégonia tuberculeux* (fig. 122) est regardé comme une magnifique plante annuelle. On arrache ses tubercules dès que les gelées d'automne ont altéré ses feuilles pour les conserver dans un local très sain et à l'abri du froid. Ses fleurs très nombreuses sont roses, rouges, jaunes, blanches, simples ou doubles. Elles s'épanouissent de juin en octobre.

Le *diclytra* ou *diclytra* offre, aux mois de mai et d'août, d'élégantes grappes d'un joli rose. Multiplication par éclats.

L'*épilobe à épi* donne, de juillet en septembre, des fleurs purpurines ou blanches. Multiplication par éclats.

La *gesse vivace* produit de très belles grappes de fleurs pourpre rosé de juillet en septembre. Multiplication par semis exécutés en place au printemps.

Les *glaïeuls* existent aujourd'hui dans tous les jardins.

Fig. 122. — Bégonia tuberculeux.

Le *G. gandavensis* a produit des variétés nombreuses et très remarquables. On plante ses bulbes en avril pour les arracher en octobre et les conserver pendant l'hiver à l'abri de la gelée.

L'*hémérocale* donne en juin des fleurs jaunes, semblables à celles du lis, d'une odeur agréable. Séparation des racines.

Le *lis blanc* est une fleur magnifique, très odorante ; il fleurit en juin, ainsi que le *lis orangé*, dont les fleurs, d'un rouge safrané, sont parsemées de petites taches noires. Séparation des caïeux tous les trois ans.

Le *muflier*, ou *mufle de veau*, ou *gueule de lion*, donne, depuis mai jusqu'en août, de grandes fleurs en épis, rouges, blanches ou pourprées. Semis, boutures.

Le *muguet* vient sans culture dans les bois, qu'embaume, au mois de mai, le parfum de ses jolies fleurs blanches. Il réussit difficilement dans les jardins.

Le *narcisse des poètes* donne, en mai, une fleur blanche, odorante, simple ou double. Graines ou caïeux. Le *narcisse jaune double* est très décoratif.

Les *œillets*, si connus par leur odeur douce et suave, se multiplient par graines ou par marcottes. Les plus recherchés sont ceux dont le calice ne crève pas et dont les pétales sont arrondis.

Les épaisses touffes de l'*œillet mignardise* se couvrent, en mai et en juin, d'une abondance de fleurs simples ou doubles, rouges, blanches ou rosées, qui répandent l'odeur la plus agréable. Multiplication de graines ou par éclats en août.

L'*œillet de poète* ou *bouquet parfait* donne en juin et en juillet des fleurs nombreuses dont les nuances varient sur le même pied. Cette plante ne dure que trois ans. Semis, boutures ou éclats.

Les *phlox*, charmantes plantes très propres à décorer les plates-bandes. Multiplication par la division des touffes. Les fleurs s'épanouissent vers la fin de l'été ; leur coloris est éclatant et varié.

Le *pied d'alouette vivace* (Delphinium) produit en juin ou juillet des fleurs en épis d'un beau bleu d'azur ayant beaucoup d'éclat. Multiplication en séparant les touffes.

La *pivoine* donne, en avril, mai et juin, de grandes fleurs très remarquables par la vivacité et la variété de leurs couleurs. Semis et séparation des touffes.

La *primevère* fleurit dès le commencement du printemps ; il y en a de plusieurs couleurs, à fleurs simples et à fleurs doubles. Semis et séparation des touffes.

Le *saxifrage de Sibérie* produit, au printemps, des grappes de fleurs d'un beau rose. Séparation des touffes tous les trois ans.

La *valériane des jardins* fleurit de mai en juillet; ses fleurs sont roses, blanches et rouges. Semis ou séparation des touffes.

La *violette*, fleur charmante qui semble vouloir se cacher, et que son parfum fait reconnaître, est l'emblème de la modestie. Elle paraît avec les premiers beaux jours et dure jusqu'en avril. La violette à fleurs doubles est plus odorante que la simple; celle dite *des quatre saisons* fleurit de nouveau pendant l'automne. Multiplication par la séparation des touffes.

Plantes annuelles. — 388. Toutes les plantes annuelles se renouvellent par le semis. On peut les semer sur couche, afin d'en jouir plus tôt, et les mettre ensuite en place.

La *balsamine* fait pendant l'été la décoration des jardins par ses fleurs aussi élégantes que variées. La *balsamine-camellia* est la plus remarquable.

Les *coréopsis des teinturiers*, plante élégante à fleurs terminales d'un jaune doré à disque brun, ou entièrement rouge brun, se sème au printemps.

Le *géranium* et le *pelargonium* sont vivaces, mais on les cultive ordinairement comme des plantes annuelles. Ces plantes sont aujourd'hui très connues parce qu'elles sont très décoratives. Les plus belles sont rouge foncé, roses, rouge saumon et blanches. On les propage par boutures faites en septembre et conservées l'hiver à l'abri de la gelée et de l'humidité.

Les *giroflées* sont des fleurs belles et odorantes dont les espèces sont nombreuses. Celles qu'on appelle *violier, bâton d'or, giroflée brune*, se sèment au printemps, se plantent en automne, et fleurissent au printemps suivant.

La giroflée *quarantaine* est aussi agréable. On la sème au printemps soit sur couche, soit en pleine terre; puis on la transplante. La *grosse espèce*, qui fleurit au printemps et qui est très belle, demande un abri pendant l'hiver.

Le *haricot d'Espagne* est une plante grimpante qui, pendant presque tout l'été, se charge de belles grappes écarlates. Il faut le semer quand les gelées ne sont plus à craindre.

Le *liseron* ou *volubilis* et la *capucine à fleurs pourpres* ont des tiges grimpantes. On les sème en place en avril et mai.

L'*œillet d'Inde nain* produit de charmantes petites fleurs rayées et orange, de juillet à octobre. On le sème en avril et en mai. Les plantes sont un peu élevées.

Le *pétunia* (fig. 123) se couvre de belles fleurs

Fig. 123. — Pétunia simple.

blanches ou panachées, simples ou doubles, exhalant une odeur douce vers le soir. On le sème en avril et mai pour le repiquer en juin. Il orne très bien les corbeilles.

Le *pois de senteur* ou *gesse odorante* est une plante grimpante dont les jolies fleurs, d'une odeur très agréable, durent presque tout l'été. On sème en place depuis mars jusqu'en juin.

La *reine-marguerite* (fig. 124) est encore plus précieuse ; il y en a de toutes couleurs ; ses fleurs charmantes embellissent les jardins depuis août jusqu'aux gelées. Les variétés dites *pivoine* et *pyramidale* ont des fleurs pleines et fort belles.

Le *réséda* est très peu remarquable par ses fleurs verdâtres, mais il exhale une odeur délicieuse, et il embaume le jardin jusqu'au commencement de l'hiver. On doit le semer en place ; il supporte assez difficilement la transplantation.

Le *souci anémone* est très remarquable. Sa fleur est double et d'une belle nuance jaune. On le sème

Fig. 124. — Reine-marguerite pivoine.

en mars pour le repiquer à une bonne exposition.

Le *zinnia* (fig. 125) produit, de juillet en novembre, de grandes et très belles fleurs doubles présentant un grand nombre de coloris. Cette plante se transplante aisément. On la sème en avril.

Arbrisseaux à feuilles persistantes. — 389. Dans le but d'avoir toujours de la verdure dans les jardins à fleurs, ou le long des habitations ou des murs, on plante des arbustes qui ont la propriété de conserver leurs *feuilles toujours vertes.*

Les espèces les plus répandues sont les suivantes :

Le *troène du Japon*, qui demande une bonne exposition ; les *nerpruns*, qu'on appelle vulgairement *alaternes* ; l'*aucuba du Japon*, qui doit être planté dans une terre légère à mi-soleil ; le *laurier amande*, qui croît vigoureusement dans un endroit demi-ombragé ; le *mahonia*, qui demande une terre légère et fraîche; le *jasmin jaune*, qui croît très bien à une bonne exposition; le *laurier-tin*, qui épanouit ses jolies ombelles à la fin de l'hiver quand il est bien exposé.

Fig. 123. — Zinnia double.

On peut garnir promptement les murs d'une verdure perpétuelle avec le lierre d'Irlande.

La *vigne vierge* n'a pas des feuilles persistantes, mais ses parties herbacées prennent une belle teinte rouge en septembre et octobre.

Au nombre des espèces résineuses, on peut signaler le *pinsapo*, le *cèdre du Liban*, le *cèdre pleureur*, les *sapins*

Douglasii, *Nordmanniana* et *de Cilicie*, le pin du Lord Weymouth, le Wellingtonia gigantea et le séquoia toujours vert. Les *thuias dorés* et *argentés* forment des boules très décoratives quand ils sont isolés.

QUESTIONNAIRE.

383. Quel est l'avantage de la culture des fleurs? — Comment doit-on border les plates-bandes?

384. Qu'appelle-t-on parterre français? — Qu'est-ce qu'un jardin anglais?

385. Quelles sont les trois sortes de plantes que l'on cultive pour les fleurs?

386. Parlez du chèvrefeuille, — de la coronille, — du genêt d'Espagne, — du lilas, — de la rose, — du seringa, — des spirées, — du weigélia.

387. Parlez de l'achillée, — de l'aster œil de Christ, — de la campanule, — du canna, — des chrysanthèmes, — de la corbeille d'or, — de la couronne impériale, — de la croix de Jérusalem, — du dahlia, — du diélytra, — de l'épilobe, — de la gesse vivace, — de l'hémérocalle, — du lis blanc, — du muflier, — du muguet, — du narcisse, — de l'œillet, — de l'œillet de poète, — des phlox, — des pieds d'alouette vivaces, — de la pivoine, — de la primevère, — du saxifrage, — de la valériane, — de la violette.

388. Comment cultive-t-on les plantes annuelles? — Parlez de la balsamine, — du coréopsis, — des giroflées, — du haricot d'Espagne, — du liseron, — de la mauve, — de l'œillet d'Inde, — du pétunia, — des pois de senteur, — de la reine-marguerite, — du réséda, — du souci anémone, — du zinnia.

389. Quels sont les arbustes à feuilles persistantes qu'on peut planter dans un jardin?

QUARANTE-TROISIÈME LECTURE

PLANTES, — ANIMAUX, — INSECTES NUISIBLES A L'HORTICULTURE.

Plantes parasites. — 390. Les rosiers, les poiriers, les fraisiers, etc., ont souvent leurs feuilles couvertes de champignons spéciaux qui leur donnent un aspect blanchâtre. Ces végétaux parasites diminuent la vitalité des plantes sur lesquelles ils se développent, mais ils ne compromettent pas leur existence. On ne connaît aucun moyen de prévenir le développement de ces parasites. Les végétaux qui ont leurs feuilles comme saupoudrées de blanc sont, dit-on, *attaqués par le blanc* ou *par le meunier*.

Animaux nuisibles. — 391. Les *rats*, les *mulots*, les *loirs*, etc., causent de grands dommages dans les jardins fruitiers.

Le meilleur moyen pour détruire ces animaux est, il faut bien en convenir, d'avoir un bon chat. On peut cependant employer les ratières, souricières, quatre-en-chiffre, pot en terre et autres pièges. On peut employer la mort-aux-rats et d'autres poisons, mais il faut les placer dans des endroits où les chats et surtout les enfants ne puissent les atteindre.

Insectes nuisibles. — 392. La *courtilière* ou *taupe-grillon* vit sous terre, infeste dans les jardins les couches et les carrés et coupe les racines des plantes qui se trouvent sur son passage. Pour la détruire, on remplit ses trous d'eau, et l'on y jette ensuite quelques gouttes d'huile de colza; cet insecte, obligé de fuir, traverse la goutte d'huile, qui remplit ses organes respiratoires et le fait mourir par asphyxie. On peut aussi mettre en terre çà et là des cloches renversées et contenant un peu d'eau. Les courtilières qui circulent la nuit à la surface des carrés y tombent et ne peuvent plus en sortir.

393. Quant aux *fourmis*, si avides de substances sucrées, on les attire et on les prend au moyen de feuilles de papier enduites de miel; ou bien l'on a soin de tenir des pots renversés près des fourmilières : les fourmis viennent y chercher un abri pour y déposer leurs œufs, et on les détruit; ou bien, quand la colonie est rassemblée, on jette sur le monceau de terre qu'elle habite, ainsi que dans les alentours, de la chaux vive en poudre, que l'on éteint immédiatement après avec de l'eau; ou bien enfin, on met à leur portée une bouteille en verre blanc contenant de l'eau sucrée ou miellée.

Les *pucerons* détournent à leur profit les sucs destinés à la nutrition des jeunes organes des plantes, qu'ils sucent avec leur trompe. La fumée ou une infusion de tabac, de tannée, la dissolution aqueuse de suie ou de cendre, peuvent servir à délivrer les arbres de la présence des pucerons. L'*altise* ou *puceron noir sauteur* s'attaque aux semis de choux ou de navets. On arrête ses ravages en mouillant les jeunes plantes et en les saupoudrant de cendres tamisées ou de poudre de chaux.

394. Les *limaçons* et les *limaces* doivent être poursuivis un à un, surtout au printemps ; la bave argentée qu'ils laissent derrière eux met suffisamment l'observateur sur leurs traces. Dans les pays méridionaux, on fait la chasse aux plus gros pour les manger, après les avoir fait jeûner pendant une semaine.

Les *perce-oreilles*, dont le corps est terminé par une espèce de pince, dévorent, dans leur jeunesse, les feuilles des arbres, et surtout celles du pêcher, les boutons et les fleurs des œillets, etc. ; à un âge plus avancé, ils se logent dans les fruits, et surtout dans le raisin. Ces insectes craignent le grand jour ; on profite de cette aversion pour leur tendre des pièges ; on place près des espaliers des ergots de coq, des têtes de pavot ou œillette, ou des pots très étroits ; les perce-oreilles s'y réfugient en grand nombre : alors on les ramasse pour les écraser.

395. Les *punaises* attaquent surtout les espaliers et recherchent les fruits les plus mûrs, dans lesquels elles font des trous de 5 à 6 millimètres de profondeur : on les distingue à leur odeur fétide. Elles périssent dès que les nuits ou matinées sont fraîches. Elles redoutent le grand jour et les secousses du vent : elles se réfugient entre les murs et les branches, soit tapies sur la surface d'une feuille, soit enfoncées dans les crevasses du crépi de la muraille. Le *tigre* aussi s'attache spécialement aux feuilles, dont il ronge le parenchyme. On fait la guerre à ces insectes en secouant fortement les branches des arbres, surtout à l'approche d'un orage ou d'une forte pluie, et en

blanchissant la muraille des espaliers avec de la chaux.

Le tigre est un petit hémiptère ayant 3 à 4 millimètres de long.

La *lisette* s'attache avec autant de friandise aux jeunes bourgeons qu'aux feuilles séminales. On en préserve les pêchers, qu'elle attaque spécialement, en secouant les branches et en l'écrasant par terre.

Cet insecte appelé souvent *coupe bourgeons*, est un petit coléoptère bleu foncé du genre Rhynchite ; il a aussi 3 à 4 millimètres de long.

Les *vers de terre*, ou *hachées*, ou *lombrics*, nuisent aux semis en ce qu'ils tirent et entraînent dans leurs trous les feuilles des jeunes plantes, telles que celles de l'oignon, etc. On parvient à les détruire par les moyens suivants : lorsque le temps est humide sans être froid, on leur donne la chasse au moyen d'une lanterne sourde, avant le lever du soleil ou une heure ou deux après son coucher.

La *guêpe commune* s'attaque de préférence aux fruits du pêcher, de l'abricotier et de la vigne. On en détruit beaucoup en suspendant çà et là le long des espaliers des fioles contenant de l'eau sucrée ou miellée.

QUESTIONNAIRE.

390. Quels sont les végétaux parasites nuisibles à l'horticulture ?

391 et 392. Comment détruit-on les rats, les mulots et les loirs, — la courtilière ?

393. Parlez des fourmis et des pucerons.

394 et 395. Parlez des limaçons et des limaces, — des perce-oreilles, — des punaises, — de la lisette, — des lombrics.

FIN.

TABLE ALPHABÉTIQUE

RACES ANIMALES

MENTIONNÉES DANS CE LIVRE

TABLE DES MATIÈRES

CINQUIÈME PARTIE

Arboriculture et sylviculture.

SIXIÈME PARTIE

Zootechnie ou animaux domestiques.

SEPTIÈME PARTIE

Économie rurale.

HUITIÈME PARTIE

Horticulture ou culture des jardins.

Coulommiers. — Imp. Paul BRODARD. — 627-96.